Oracle
数据库管理与开发

李 然 主编

王 芳
滕 琳 参编
孙 庚

清华大学出版社
北 京

内 容 简 介

本书系统、全面地介绍有关 Oracle 开发的各类知识。全书共分 17 章，内容包括 Oracle 11g 简介、Oracle 体系结构，参数文件与实例，SQL＊Plus 命令，SQL 语句基础，PL/SQL 编程基础，函数、过程、包和触发器，表对象，数据对象，管理表空间和数据文件，用户的安全设置，数据导入与导出，备份和恢复，数据库闪回和审计技术，Oracle 图形管理工具，项目实战等。

本书在内容选取、章节安排、难易程度等方面充分考虑教学的需要，力求使概念准确清晰、重点明确、内容广泛、便于取舍。本书可作为本科计算机专业、软件学院、高职软件专业及相关专业的教材，也适合 Oracle 爱好者及初、中级 Web 程序开发人员参考使用。

本书封面贴有清华大学出版社防伪标签，无标签者不得销售。

版权所有，侵权必究。举报：010-62782989，beiqinquan@tup.tsinghua.edu.cn。

图书在版编目（CIP）数据

Oracle 数据库管理与开发/李然主编. —北京：清华大学出版社，2018（2021.8 重印）
ISBN 978-7-302-50510-5

Ⅰ. ①O… Ⅱ. ①李… Ⅲ. ①关系数据库系统－教材 Ⅳ. ①TP311.138

中国版本图书馆 CIP 数据核字(2018)第 134762 号

责任编辑：张　玥　赵晓宁
封面设计：常雪影
责任校对：梁　毅
责任印制：朱雨萌

出版发行：清华大学出版社
　　　　网　　址：http://www.tup.com.cn，http://www.wqbook.com
　　　　地　　址：北京清华大学学研大厦 A 座　　　邮　　编：100084
　　　　社 总 机：010-62770175　　　　　　　　　　邮　　购：010-83470235
　　　　投稿与读者服务：010-62776969，c-service@tup.tsinghua.edu.cn
　　　　质量反馈：010-62772015，zhiliang@tup.tsinghua.edu.cn
　　　　课件下载：http://www.tup.com.cn，010-83470236
印 装 者：三河市龙大印装有限公司
经　　销：全国新华书店
开　　本：185mm×260mm　　　印　张：19.5　　　字　数：460 千字
版　　次：2018 年 6 月第 1 版　　　　　　　　　印　次：2021 年 8 月第 3 次印刷
定　　价：59.00 元

产品编号：074886-01

前言
FOREWORD

Oracle数据库系统是美国Oracle(甲骨文)公司提供的以分布式数据库为核心的一组软件产品,是目前应用最广泛的数据库管理系统。作为一个通用的数据库管理系统,它的系统可移植性好、使用方便、功能强,适用于各类大、中、小、微计算机环境,是一种高效率、高可靠性的适应高吞吐量的数据库解决方案。Oracle已拥有众多的用户,也是大学数据库技术类课程的首选内容。

目前在高校教学中介绍数据库原理与技术的教材比较多,本书是作者在长期从事数据库课程教学和科研的基础上,为满足"数据库原理及应用"课程的教学需求而编写,内容循序渐进、深入浅出、系统全面。读者可以充分利用Oracle平台来深刻理解并掌握数据库概念及原理,充分掌握数据库应用技术,利用Oracle开发工具进行数据库应用系统的初步设计与开发,达到理论联系实际、提高解决问题能力的教学目的与教学效果。

本书由李然、王芳、滕琳、孙庚编写,李然任主编。其中李然编写第10~第17章及第1章的1.3节和1.4节;王芳编写第2和第3章及第1章的1.1节和1.2节;滕琳编写第4~第6章;孙庚编写第7~第9章。全书由李然统稿。学生杜心雨参与了部分程序的调试。本书在编写过程中参阅了大量的参考书目和文献资料,本书的出版得到了清华大学出版社的大力支持,责任编辑张玥为本书付出了辛勤的劳动,在此一并表示衷心的感谢。

由于编者水平有限,书中难免有不足之处,敬请读者批评指正。编者的邮箱是liran@dlou.edu.cn。

编 者
于大连海洋大学
2017年10月

目录
CONTENTS

第1章　Oracle 11g 简介 ······················· 1
　1.1　Oracle 的发展历史 ························· 1
　1.2　Oracle 11g 新特性 ························· 2
　1.3　Oracle 安装及卸载 ························· 3
　　　1.3.1　安装 Oracle ························· 3
　　　1.3.2　Oracle 安装及卸载 ······················ 9
　1.4　Oracle 数据库启动与关闭 ····················· 11
　　　1.4.1　启动数据库 ························· 11
　　　1.4.2　关闭数据库 ························· 13

第2章　Oracle 体系结构 ······················· 15
　2.1　物理结构 ····························· 15
　　　2.1.1　数据文件 ··························· 15
　　　2.1.2　日志文件 ··························· 15
　　　2.1.3　控制文件 ··························· 16
　2.2　逻辑结构 ····························· 16
　　　2.2.1　数据块 ···························· 16
　　　2.2.2　区间 ···························· 18
　　　2.2.3　段 ····························· 18
　　　2.2.4　表空间 ···························· 18

第3章　参数文件与实例 ························ 20
　3.1　参数文件 ····························· 20
　　　3.1.1　参数文件的定义和作用 ······················ 20
　　　3.1.2　参数文件分类 ························· 20
　　　3.1.3　参数文件的读取 ························ 21
　3.2　实例 ······························· 21
　　　3.2.1　内存结构 ··························· 21
　　　3.2.2　后台进程 ··························· 23

第4章　SQL * Plus 命令 ······················· 25
　4.1　环境设置命令 ···························· 25
　　　4.1.1　set 命令 ··························· 25
　　　4.1.2　show 命令 ·························· 26
　4.2　用 SQL * Plus 生成报表 ······················· 27
　　　4.2.1　设置标题：ttitle 和 btitle ···················· 28

		4.2.2 设置报表尺寸 ·· 30

        4.2.2 设置报表尺寸 ·· 30
        4.2.3 设置列 column ··· 30

第 5 章 SQL 语句基础 ··· 33
  5.1 SQL 语言简介 ··· 33
        5.1.1 SQL 语言的优点 ··· 33
        5.1.2 SQL 与 SQL*Plus、PL/SQL 的区别 ···································· 33
        5.1.3 SQL 的常用术语 ··· 34
        5.1.4 SQL 语言的组成 ··· 34
  5.2 SQL 语言的数据类型 ·· 34
  5.3 管理表 ··· 35
        5.3.1 定义基本表 ·· 35
        5.3.2 修改表结构 ·· 36
        5.3.3 删除基本表 ·· 37
        5.3.4 插入数据语句 ··· 37
  5.4 数据查询语句 ··· 38
        5.4.1 简单查询,只有必须的查询子句 ·· 38
        5.4.2 条件查询 ··· 39
        5.4.3 排序结果表 ·· 40
        5.4.4 聚集函数 ··· 41
  5.5 数据更新语句 ··· 43
        5.5.1 插入 ·· 43
        5.5.2 删除 ·· 43
        5.5.3 修改 ·· 44

第 6 章 PL/SQL 编程基础 ··· 45
  6.1 PL/SQL 程序设计 ··· 45
        6.1.1 什么是 PL/SQL ·· 45
        6.1.2 PL/SQL 的好处 ·· 45
        6.1.3 PL/SQL 可用的 SQL 语句 ··· 45
        6.1.4 运行 PL/SQL 程序 ··· 46
  6.2 PL/SQL 块结构和组成元素 ·· 46
        6.2.1 PL/SQL 块 ··· 46
        6.2.2 PL/SQL 结构 ·· 47
        6.2.3 标识符 ··· 47
        6.2.4 PL/SQL 变量类型 ··· 47
        6.2.5 运算符 ··· 49
        6.2.6 变量赋值 ··· 50
        6.2.7 注释 ·· 51
  6.3 PL/SQL 流程控制语句 ··· 52
        6.3.1 条件语句 ··· 52
        6.3.2 case 表达式 ··· 53
        6.3.3 循环 ·· 53
        6.3.4 标号和 goto ··· 55
  6.4 游标的使用 ·· 55

		6.4.1 游标概念	55
		6.4.2 处理显式游标	56
		6.4.3 处理隐式游标	58
		6.4.4 游标修改和删除操作	58

第 7 章　函数、过程、包和触发器　60

- 7.1　函数　60
  - 7.1.1　创建函数　60
  - 7.1.2　函数的调用　61
  - 7.1.3　参数默认值　61
- 7.2　存储过程　62
  - 7.2.1　建立存储过程　62
  - 7.2.2　调用存储过程　63
- 7.3　包的创建和应用　63
  - 7.3.1　包的定义　64
  - 7.3.2　删除过程、函数和包　67
- 7.4　触发器　68
  - 7.4.1　触发器类型　68
  - 7.4.2　创建触发器　68
  - 7.4.3　触发器触发次序　69
  - 7.4.4　创建 DML 触发器　69
  - 7.4.5　删除触发器　70

第 8 章　表对象　71

- 8.1　表的概念　71
- 8.2　创建表　71
- 8.3　表的完整性约束　72
  - 8.3.1　非空约束　72
  - 8.3.2　主键约束　73
  - 8.3.3　外键约束　74
  - 8.3.4　唯一约束　75
  - 8.3.5　条件约束　76
  - 8.3.6　删除约束　76
- 8.4　修改表　76
  - 8.4.1　修改表的状态　76
  - 8.4.2　修改字段　77
  - 8.4.3　修改表名　79
- 8.5　删除表　79

第 9 章　数据对象　80

- 9.1　索引　80
  - 9.1.1　创建索引　80
  - 9.1.2　修改索引　81
  - 9.1.3　删除索引　81
  - 9.1.4　查看索引　82

9.2 簇 82
9.2.1 管理簇的准则 82
9.2.2 创建簇 83
9.2.3 更改簇 84
9.2.4 删除簇 84
9.3 视图 85
9.3.1 视图的概念 85
9.3.2 视图的创建与查询 86
9.3.3 管理视图 87
9.4 序列 88
9.4.1 创建序列 88
9.4.2 管理序列 89
9.5 同义词 90

第10章 管理控制文件和日志文件 93
10.1 管理控制文件 93
10.1.1 控制文件的管理 93
10.1.2 创建控制文件 94
10.1.3 添加、重命名或移动控制文件 96
10.1.4 备份控制文件 96
10.1.5 删除控制文件 96
10.1.6 控制文件的数据字典视图 96
10.2 重做日志文件 97
10.2.1 设置重做日志文件 98
10.2.2 创建重做日志文件组和日志文件成员 98
10.2.3 重命名、移动日志文件成员 100
10.2.4 强制重做日志切换 101
10.2.5 清除重做日志文件 102
10.2.6 删除重做日志文件组和日志文件成员 102
10.2.7 重做日志文件的数据字典视图 104
10.3 归档日志文件 105
10.3.1 归档模式和非归档模式的选择 105
10.3.2 归档模式的管理 105
10.3.3 归档目的地管理 107
10.3.4 归档日志文件的常用信息查询 111
10.3.5 检查点 113
10.3.6 快速恢复区 114

第11章 管理表空间和数据文件 117
11.1 表空间类型 117
11.1.1 本地管理表空间 117
11.1.2 自动段管理 119
11.1.3 手动段管理 119
11.1.4 Oracle数据库中的表空间分类 121
11.2 表空间以及数据文件的脱机和联机 125

11.3 用户表空间以及数据文件的维护 129
11.4 只读表空间 139

第 12 章 用户的安全设置 143
12.1 用户账户的安全性管理 143
12.1.1 用户身份认证方式 143
12.1.2 用户密码的安全性管理 145
12.1.3 用户账户的资源限制 153
12.1.4 用户默认表空间和使用配额 157
12.2 权限与角色 159
12.2.1 系统权限 161
12.2.2 用户角色 166
12.2.3 对象权限 171

第 13 章 数据导入与导出 175
13.1 传统的数据导入导出工具 exp/imp 175
13.1.1 exp/imp 的使用前提 175
13.1.2 exp/imp 的执行方式 176
13.1.3 exp/imp 的参数 178
13.2 数据泵导入导出工具 expdp/impdp 181
13.2.1 expdp/impdp 的使用前提 181
13.2.2 expdp/impdp 的执行方式 182
13.2.3 expdp/impdp 的参数 188
13.3 数据加载工具 SQL*Loader 190
13.4 外部表 192

第 14 章 备份和恢复 195
14.1 数据库备份与恢复的种类 195
14.2 冷备份 196
14.2.1 冷备份操作步骤 196
14.2.2 备份完整实例 196
14.2.3 冷恢复 199
14.3 热备份 201
14.3.1 热备份的步骤 201
14.3.2 热备份的实例 202
14.3.3 热备份的恢复 205
14.3.4 数据库运行时数据文件破坏的数据库恢复 206
14.3.5 数据库关闭时数据文件破坏的数据库恢复 209
14.3.6 关闭数据库状态下的数据库恢复 212

第 15 章 数据库闪回和审计技术 215
15.1 数据库闪回概述 215
15.1.1 闪回配置 216
15.1.2 查询闪回 216
15.1.3 表闪回 218
15.1.4 删除闪回 220

15.1.5　数据库闪回 ⋯⋯⋯⋯⋯⋯⋯⋯⋯⋯⋯⋯⋯⋯⋯⋯⋯⋯⋯⋯⋯⋯⋯⋯⋯⋯⋯⋯⋯ 222
　　　15.1.6　闪回版本查询 ⋯⋯⋯⋯⋯⋯⋯⋯⋯⋯⋯⋯⋯⋯⋯⋯⋯⋯⋯⋯⋯⋯⋯⋯⋯⋯⋯ 225
　　　15.1.7　闪回事务查询 ⋯⋯⋯⋯⋯⋯⋯⋯⋯⋯⋯⋯⋯⋯⋯⋯⋯⋯⋯⋯⋯⋯⋯⋯⋯⋯⋯ 227
　　　15.1.8　闪回数据归档 ⋯⋯⋯⋯⋯⋯⋯⋯⋯⋯⋯⋯⋯⋯⋯⋯⋯⋯⋯⋯⋯⋯⋯⋯⋯⋯⋯ 229
　15.2　数据库审计 ⋯⋯⋯⋯⋯⋯⋯⋯⋯⋯⋯⋯⋯⋯⋯⋯⋯⋯⋯⋯⋯⋯⋯⋯⋯⋯⋯⋯⋯⋯⋯⋯⋯ 230
　　　15.2.1　审计概述 ⋯⋯⋯⋯⋯⋯⋯⋯⋯⋯⋯⋯⋯⋯⋯⋯⋯⋯⋯⋯⋯⋯⋯⋯⋯⋯⋯⋯⋯ 230
　　　15.2.2　审计的分类 ⋯⋯⋯⋯⋯⋯⋯⋯⋯⋯⋯⋯⋯⋯⋯⋯⋯⋯⋯⋯⋯⋯⋯⋯⋯⋯⋯⋯ 230
　　　15.2.3　审计的设置 ⋯⋯⋯⋯⋯⋯⋯⋯⋯⋯⋯⋯⋯⋯⋯⋯⋯⋯⋯⋯⋯⋯⋯⋯⋯⋯⋯⋯ 231
　　　15.2.4　语句审计 ⋯⋯⋯⋯⋯⋯⋯⋯⋯⋯⋯⋯⋯⋯⋯⋯⋯⋯⋯⋯⋯⋯⋯⋯⋯⋯⋯⋯⋯ 232
　　　15.2.5　权限审计 ⋯⋯⋯⋯⋯⋯⋯⋯⋯⋯⋯⋯⋯⋯⋯⋯⋯⋯⋯⋯⋯⋯⋯⋯⋯⋯⋯⋯⋯ 236
　　　15.2.6　对象审计 ⋯⋯⋯⋯⋯⋯⋯⋯⋯⋯⋯⋯⋯⋯⋯⋯⋯⋯⋯⋯⋯⋯⋯⋯⋯⋯⋯⋯⋯ 237
　　　15.2.7　细粒度审计 ⋯⋯⋯⋯⋯⋯⋯⋯⋯⋯⋯⋯⋯⋯⋯⋯⋯⋯⋯⋯⋯⋯⋯⋯⋯⋯⋯⋯ 240
　　　15.2.8　细粒度审计策略的管理 ⋯⋯⋯⋯⋯⋯⋯⋯⋯⋯⋯⋯⋯⋯⋯⋯⋯⋯⋯⋯⋯⋯⋯ 243
　　　15.2.9　细粒度审计数据字典视图 ⋯⋯⋯⋯⋯⋯⋯⋯⋯⋯⋯⋯⋯⋯⋯⋯⋯⋯⋯⋯⋯⋯ 244

第 16 章　Oracle 图形管理工具 ⋯⋯⋯⋯⋯⋯⋯⋯⋯⋯⋯⋯⋯⋯⋯⋯⋯⋯⋯⋯⋯⋯⋯⋯⋯⋯⋯ 245
　16.1　Oracle 企业管理器 ⋯⋯⋯⋯⋯⋯⋯⋯⋯⋯⋯⋯⋯⋯⋯⋯⋯⋯⋯⋯⋯⋯⋯⋯⋯⋯⋯⋯⋯⋯ 245
　　　16.1.1　数据库性能 ⋯⋯⋯⋯⋯⋯⋯⋯⋯⋯⋯⋯⋯⋯⋯⋯⋯⋯⋯⋯⋯⋯⋯⋯⋯⋯⋯⋯ 245
　　　16.1.2　数据表的管理 ⋯⋯⋯⋯⋯⋯⋯⋯⋯⋯⋯⋯⋯⋯⋯⋯⋯⋯⋯⋯⋯⋯⋯⋯⋯⋯⋯ 247
　　　16.1.3　表空间与数据文件 ⋯⋯⋯⋯⋯⋯⋯⋯⋯⋯⋯⋯⋯⋯⋯⋯⋯⋯⋯⋯⋯⋯⋯⋯⋯ 253
　　　16.1.4　用户管理 ⋯⋯⋯⋯⋯⋯⋯⋯⋯⋯⋯⋯⋯⋯⋯⋯⋯⋯⋯⋯⋯⋯⋯⋯⋯⋯⋯⋯⋯ 255
　　　16.1.5　权限管理 ⋯⋯⋯⋯⋯⋯⋯⋯⋯⋯⋯⋯⋯⋯⋯⋯⋯⋯⋯⋯⋯⋯⋯⋯⋯⋯⋯⋯⋯ 259
　　　16.1.6　角色管理 ⋯⋯⋯⋯⋯⋯⋯⋯⋯⋯⋯⋯⋯⋯⋯⋯⋯⋯⋯⋯⋯⋯⋯⋯⋯⋯⋯⋯⋯ 262
　　　16.1.7　备份 ⋯⋯⋯⋯⋯⋯⋯⋯⋯⋯⋯⋯⋯⋯⋯⋯⋯⋯⋯⋯⋯⋯⋯⋯⋯⋯⋯⋯⋯⋯⋯ 266
　　　16.1.8　恢复 ⋯⋯⋯⋯⋯⋯⋯⋯⋯⋯⋯⋯⋯⋯⋯⋯⋯⋯⋯⋯⋯⋯⋯⋯⋯⋯⋯⋯⋯⋯⋯ 269
　　　16.1.9　数据泵 ⋯⋯⋯⋯⋯⋯⋯⋯⋯⋯⋯⋯⋯⋯⋯⋯⋯⋯⋯⋯⋯⋯⋯⋯⋯⋯⋯⋯⋯⋯ 273
　16.2　Oracle SQL Developer ⋯⋯⋯⋯⋯⋯⋯⋯⋯⋯⋯⋯⋯⋯⋯⋯⋯⋯⋯⋯⋯⋯⋯⋯⋯⋯⋯⋯⋯ 281

第 17 章　项目实战——小型超市管理系统 ⋯⋯⋯⋯⋯⋯⋯⋯⋯⋯⋯⋯⋯⋯⋯⋯⋯⋯⋯⋯⋯⋯ 288
　17.1　任务与要求 ⋯⋯⋯⋯⋯⋯⋯⋯⋯⋯⋯⋯⋯⋯⋯⋯⋯⋯⋯⋯⋯⋯⋯⋯⋯⋯⋯⋯⋯⋯⋯⋯⋯ 288
　　　17.1.1　任务描述 ⋯⋯⋯⋯⋯⋯⋯⋯⋯⋯⋯⋯⋯⋯⋯⋯⋯⋯⋯⋯⋯⋯⋯⋯⋯⋯⋯⋯⋯ 288
　　　17.1.2　设计要求 ⋯⋯⋯⋯⋯⋯⋯⋯⋯⋯⋯⋯⋯⋯⋯⋯⋯⋯⋯⋯⋯⋯⋯⋯⋯⋯⋯⋯⋯ 288
　17.2　需求分析 ⋯⋯⋯⋯⋯⋯⋯⋯⋯⋯⋯⋯⋯⋯⋯⋯⋯⋯⋯⋯⋯⋯⋯⋯⋯⋯⋯⋯⋯⋯⋯⋯⋯⋯ 289
　　　17.2.1　数据需求 ⋯⋯⋯⋯⋯⋯⋯⋯⋯⋯⋯⋯⋯⋯⋯⋯⋯⋯⋯⋯⋯⋯⋯⋯⋯⋯⋯⋯⋯ 289
　　　17.2.2　事务需求 ⋯⋯⋯⋯⋯⋯⋯⋯⋯⋯⋯⋯⋯⋯⋯⋯⋯⋯⋯⋯⋯⋯⋯⋯⋯⋯⋯⋯⋯ 289
　17.3　概要设计 ⋯⋯⋯⋯⋯⋯⋯⋯⋯⋯⋯⋯⋯⋯⋯⋯⋯⋯⋯⋯⋯⋯⋯⋯⋯⋯⋯⋯⋯⋯⋯⋯⋯⋯ 289
　17.4　逻辑设计 ⋯⋯⋯⋯⋯⋯⋯⋯⋯⋯⋯⋯⋯⋯⋯⋯⋯⋯⋯⋯⋯⋯⋯⋯⋯⋯⋯⋯⋯⋯⋯⋯⋯⋯ 290
　17.5　物理设计 ⋯⋯⋯⋯⋯⋯⋯⋯⋯⋯⋯⋯⋯⋯⋯⋯⋯⋯⋯⋯⋯⋯⋯⋯⋯⋯⋯⋯⋯⋯⋯⋯⋯⋯ 292
　17.6　数据库建立 ⋯⋯⋯⋯⋯⋯⋯⋯⋯⋯⋯⋯⋯⋯⋯⋯⋯⋯⋯⋯⋯⋯⋯⋯⋯⋯⋯⋯⋯⋯⋯⋯⋯ 292
　　　17.6.1　创建数据表 ⋯⋯⋯⋯⋯⋯⋯⋯⋯⋯⋯⋯⋯⋯⋯⋯⋯⋯⋯⋯⋯⋯⋯⋯⋯⋯⋯⋯ 292
　　　17.6.2　数据初始化 ⋯⋯⋯⋯⋯⋯⋯⋯⋯⋯⋯⋯⋯⋯⋯⋯⋯⋯⋯⋯⋯⋯⋯⋯⋯⋯⋯⋯ 294
　17.7　数据库用户权限管理 ⋯⋯⋯⋯⋯⋯⋯⋯⋯⋯⋯⋯⋯⋯⋯⋯⋯⋯⋯⋯⋯⋯⋯⋯⋯⋯⋯⋯⋯ 296
　　　17.7.1　用户权限类型 ⋯⋯⋯⋯⋯⋯⋯⋯⋯⋯⋯⋯⋯⋯⋯⋯⋯⋯⋯⋯⋯⋯⋯⋯⋯⋯⋯ 296
　　　17.7.2　触发器 ⋯⋯⋯⋯⋯⋯⋯⋯⋯⋯⋯⋯⋯⋯⋯⋯⋯⋯⋯⋯⋯⋯⋯⋯⋯⋯⋯⋯⋯⋯ 296

参考文献 ⋯⋯⋯⋯⋯⋯⋯⋯⋯⋯⋯⋯⋯⋯⋯⋯⋯⋯⋯⋯⋯⋯⋯⋯⋯⋯⋯⋯⋯⋯⋯⋯⋯⋯⋯⋯⋯⋯ 299

第 1 章 Oracle 11g 简介
CHAPTER 1

1.1 Oracle 的发展历史

随着计算机技术、通信技术和互联网技术的发展,人类已经进入了信息化时代。信息资源已经成为最重要和最宝贵的资源,确保信息资源的存储及有效性变得非常重要。保存信息的核心技术就是数据库技术,当前最为广泛使用的是关系型数据库。

Oracle RDBMS(Relational Database Management System)是 Oracle 公司的一款关系数据库管理系统,在数据库领域一直处于领先地位,是当前最流行的关系数据库管理系统之一。Oracle 数据库系统可移植性好、使用方便、功能强大,适用于各类大、中、小型计算机及微机环境,几乎可在所有主流平台上运行。

1977 年 6 月,Larry Ellison、Bob Miner 和 Ed Oates 三人在美国硅谷创办了 SDL(Software Development Laboratories)计算机公司,这就是 Oracle 公司的前身。1979 年,该公司更名为 RSI(Relational Software Inc.)。1983 年,为突出公司核心产品,公司再次更名为 Oracle。Oracle 从此正式走入人们的视野。

1979 年夏,RSI 发布了 Oracle 第 2 版,该产品可以在装有 RSX-11 操作系统的 PDP-11 机器上运行,后来又移植到了 DEC VAX(Digital Equipment Corporation Virtual Address Extender)系统。

1983 年 3 月,RSI 发布了 Oracle 第 3 版。第 3 版中加入了 SQL 语言,并且性能有所提升,其他功能也增强了。与前几个版本不同的是,这个版本是完全用 C 语言编写的。

1984 年,Oracle 发布第 4 版产品。该版本支持 VAX 系统和 IBM VM(Virtual Machine)操作系统。

1985 年,Oracle 发布了 5.0 版。该版本是 Oracle 发展史上的一个里程碑,它引入了客户端/服务器模式,同时也是第一个打破 640KB 内存限制的 MS-DOS 产品。

1988 年,Oracle 发布了 6.0 版。该版本除了改进性能、增强序列生成和延迟写入功能以外,还引入了行级锁这个重要的特性。该特性使得执行写入事务处理时只锁定受影响的行,而不是整个表。此外还引入了 PL/SQL(Procedural Language/ Structured Query Language)语言、联机热备份功能。这时的 Oracle 已经可以在许多平台和操作系统上运行。

1991 年,Oracle RDBMS 的 6.1 版在 DEC VAX 平台中引入了平行服务器选项,很快该选项也在其他平台上得以推广。

1992年,Oracle 7 发布。Oracle 7 在对内存、CPU 和 I/O 的利用方面作了许多体系结构上的改变,这是一个功能完整的关系数据库管理系统,在易用性方面也作了许多改进,引入了 SQL * DBA(Database Administrator)工具和数据库角色的概念。

1997年,Oracle 8 发布。Oracle 8 除了增加许多新特性和管理工具以外,还加入了对象扩展特性,支持面向对象的开发及多媒体应用。该版本为支持互联网、网络计算等奠定了基础。

2001年,Oracle 9i release 1 发布。这是 Oracle 9i 的第 1 个发行版,包含 RAC(Real Application Cluster)等新功能。i 代表 Internet,这一版本中添加了大量为支持 Internet 而设计的特性,为数据库用户提供了全方位的 Java 支持。Oracle 9i 成为第一个完全整合了本地 Java 运行时环境的数据库,用 Java 就可以编写 Oracle 的存储过程。

2002年,Oracle 9i release 2 发布。它在 release 1 的基础上增加了集群文件系统等特性。

2004年,Oracle 10g 发布。Oracle 的功能、稳定性都达到了一个新水平。g 代表 grid,网格。这一版的最大特性就是加入了网格计算功能。

2007年11月,Oracle 11g 正式发布。Oracle 11g 有 400 多项功能,是 Oracle 公司 30 年来发布的最重要的数据库版本。它大幅提高了系统性能的安全性,扩展了数据保护基本功能。全新的高级数据压缩技术进一步降低了数据存储的消耗,显著缩短了应用程序测试环境部署及分析测试结果所花费的时间,增加了对射频标签、医学图像、3D 空间等重要数据类型的支持,加强了对二元 XML(Extensible Markup Language)的支持和性能优化。

由以上内容可以看出,Oracle 数据库的发展趋势如下:

(1) 对互联网的支持越来越强。

(2) 对数据仓库应用的支持越来越强。

(3) 数据管理更加智能化,大大削减了数据库管理员的工作强度。

(4) 向平台化、集成化发展。数据库不再只是一个存放数据的容器,它还具有程序开发平台等功能。

1.2 Oracle 11g 新特性

Oracle 11g 增强了 Oracle 数据库独特的数据库集群、数据中心自动化和工作量管理功能。

1. 增强了自助式管理功能

Oracle 11g 的各项管理功能可帮助企业轻松管理企业网格,并满足用户对服务级别的要求。Oracle 11g 引入了更多的自助式管理功能,帮助用户降低系统管理成本,提高了用户数据库的应用性能、可扩展性、可用性和安全性。新的管理功能包括:

(1) 新的组件划分策略,自动向管理员建议如何对表和索引分区,以提高性能。

(2) 增强的数据库集群性能诊断功能。

(3) 新的工作台组件,向管理员呈现与数据库有关的错误信息,以及如何消除错误的信息。

2. 更经济的灾难恢复解决方案

Oracle 11g 的 Oracle Data Guard 组件可帮助用户利用备用数据库,保护生产环境免受系统故障和大面积灾难的影响。Oracle Data Guard 组件可以同时读取和恢复单个备用数据库,可用于对生产数据库的报告、备份、测试和升级。通过将工作量从生产系统卸载到备用系统,Oracle Data Guard 组件还有助于提高生产系统的性能,组成更经济的灾难恢复解决方案。

3. 先进的数据划分和压缩功能

新的数据划分和压缩功能可实现更经济的信息管理和存储管理。很多原来需手工完成的数据划分工作在 Oracle 11g 中实现了自动化。Oracle 11g 扩展了原有的范围、散列和列表划分功能,增加了间隔、索引和虚拟卷划分功能。此外,它还具有一套完整的复合划分选项,可实现以业务规则为导向的存储管理。Oracle 11g 在交易处理、数据仓库中实现了先进的结构化和非结构化数据压缩,所有数据都可实现两倍以上的压缩比。

4. 全面回忆组件

Oracle 全面回忆组件(Oracle Total Recall)可帮助管理员查询过去某些时刻指定表格中的数据。管理员可以通过该组件给数据增加时间维度,以跟踪数据变化。

5. 更加完善的恢复功能

在保护数据库应用免受停机和意外宕机影响方面,Oracle 11g 增加了新的功能,包括:

(1) Oracle 闪回功能,可轻松撤销错误交易。

(2) "热修补"功能,不必关闭数据库即可进行数据库修补,提高了系统可用性。

(3) 数据恢复顾问功能,可自动调查问题、智能地确定恢复计划并处理多种故障,极大地缩短了数据恢复所需的停机时间。

6. Oracle 快速文件组件

Oracle 11g 能够存储包括大型文本、XML、医学图像和 3D 对象等类型的数据。Oracle 快速文件组件(Oracle Fast Files)使得数据库应用在性能上可匹敌文件系统。

7. 对 XML 更完善的支持

XML DB 是 Oracle 数据库的一个组件,可帮助用户以本机方式存储和操作 XML 数据。Oracle 11g 增加了对二进制 XML 数据的支持,用户可选择适合自己特定应用及性能需求的 XML 存储选项。XML DB 还可以通过支持 XML Query、SQL/XML 等业界标准接口来操作 XML 数据。

1.3 Oracle 安装及卸载

1.3.1 安装 Oracle

目前,Oracle 11g 产品可以直接从 Oracle 的官方网站下载软件,网址是 http://www.Oracle.com/technology/software。官方免费软件与购买的正版软件是有区别的,主要区别在于 Oracle 所能够支持的用户数量、处理器数量以及磁盘空间和内存的大小。Oracle 提供的免费软件主要针对的是学生和中小型企业等,目的是使他们熟悉 Oracle,占领未来潜在的市场。

下载 Oracle 11g 后解压到一个文件夹下,单击 setup.exe 文件即可启动安装界面,如图 1-1 所示。

选中"创建和配置数据库"单选按钮,安装完成后,在安装 Oracle 产品时,同时创建一个数据库,对初学者来说,推荐这样安装。单击"下一步"按钮,进入"系统类"界面,如图 1-2 所示。

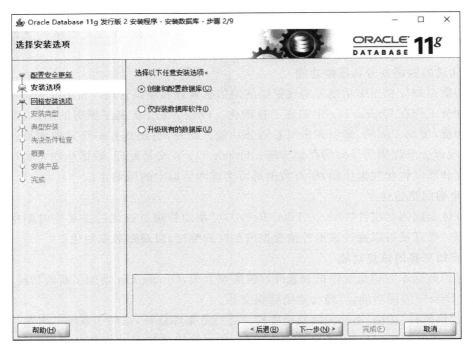

图 1-1　Oracle 安装界面

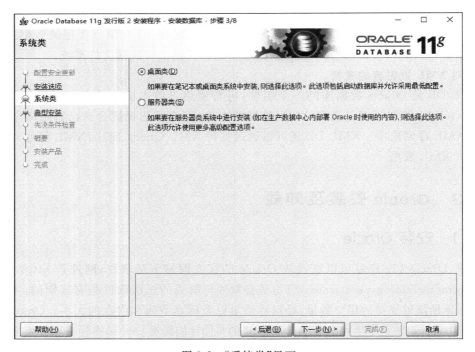

图 1-2　"系统类"界面

在"系统类"界面选中"桌面类"单选按钮,此选项允许采用最低配置。单击"下一步"按钮,进入"典型安装配置"界面,如图 1-3 所示。

图 1-3 "典型安装配置"界面

在"典型安装配置"界面,通过单击"浏览"按钮可以设置 Oracle 基目录、软件存储位置、数据库文件位置、数据库版本及采用的字符集。同时设置数据库的全局数据库名和口令。

Oracle 基目录位置就是 Oracle 准备安装的位置,称为 Oracle_Home,一般 Oracle 根据当前计算机的硬盘大小默认给出一个合适的位置。Oracle 安装时可以只安装 Oracle 软件,然后单独创建数据库,全局数据库名是数据库在服务器网络中的唯一标识。单击"下一步"按钮,系统完成"先决条件检查",主要查看服务器是否符合 Oracle 安装的条件,如操作系统是否支持、系统内存是否符合 Oracle 安装的最低要求等。完成"先决条件检查"后,进入"概要"界面,如图 1-4 所示。

在"概要"界面显示了要安装的数据库全局设置及数据库信息,可以单击"保存响应文件"按钮进行保存。单击"完成"按钮,进入"安装产品"界面,如图 1-5 所示。

在"安装产品"界面,Oracle 首先复制文件,然后进行数据库实例的创建,如图 1-6 所示。

Oracle 安装阶段,包括安装网络配置向导、SQL * Plus 等工具。创建默认数据库,数据库主要包括存放数据的文件,这些文件在 Oracle 安装完成后,在计算机硬盘上都能找到,包括数据文件、控制文件和数据库日志文件。

虽然一个 Oracle 数据库服务器中可以安装多个数据库,但是一个数据库需要占用非常大的内存空间,因此一般一个服务器只安装一个数据库。每一个数据库可以有很多用户,不同的用户拥有自己的数据库对象(如数据库表),一个用户如果访问其他用户的数据库对象,必须由对方用户授予一定的权限。不同用户创建的数据对象,只能被数据对象的属主和系统的超级用户 SYS 访问。

数据库创建完毕后,需要设置数据库的默认用户。Oracle 预置了两个用户,分别是

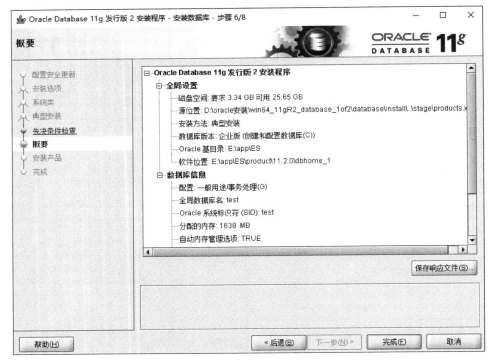

图 1-4 "概要"界面

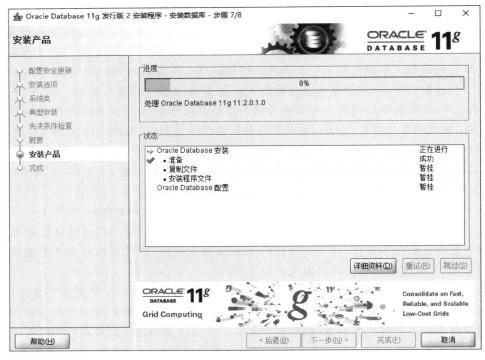

图 1-5 "安装产品"界面

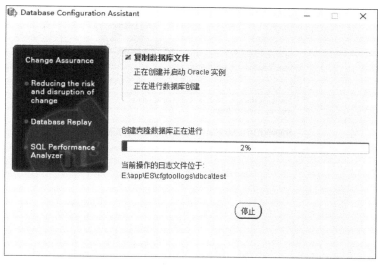

图 1-6 创建数据库界面

SYS 和 SYSTEM。同时 Oracle 为程序测试提供了一个普通用户 SCOTT，口令管理中可以对数据库用户设置密码，设置是否锁定。Oracle 客户端使用用户名和密码登录 Oracle 系统后才能对数据库操作。口令管理界面如图 1-7 所示，单击"口令管理"按钮进入口令设置界面，重新设置口令。

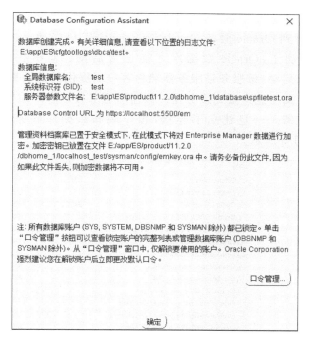

图 1-7 口令管理界面

安装结束后会出现"完成"界面，将界面上的安装信息记录到文件中，对以后维护数据库非常有用。单击"关闭"按钮结束安装，如图 1-8 所示。

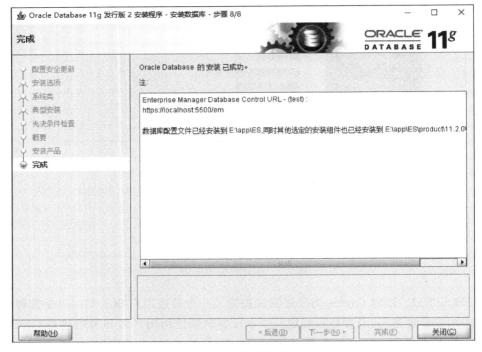

图 1-8 "完成"界面

安装完毕后右击"计算机"图标,从弹出的快捷菜单中选择"管理"→"服务和应用程序"→"服务"命令,可以看到 Oracle 服务 OracleServiceTEST 已启动,该服务是数据库启动的基础,只有该服务启动了,Oracle 数据库才能正常启动。监听程序 OracleOraDb11g_home1TNSListener 已启动,该服务是服务器端为客户端提供的监听服务,只有该服务在服务器上正常启动,客户端才能连接到服务器。该监听服务接收客户端发出的请求,然后将请求传递给数据库服务器。一旦建立了连接,客户端和数据库服务器就能直接通信了。Oracle 服务界面如图 1-9 所示。

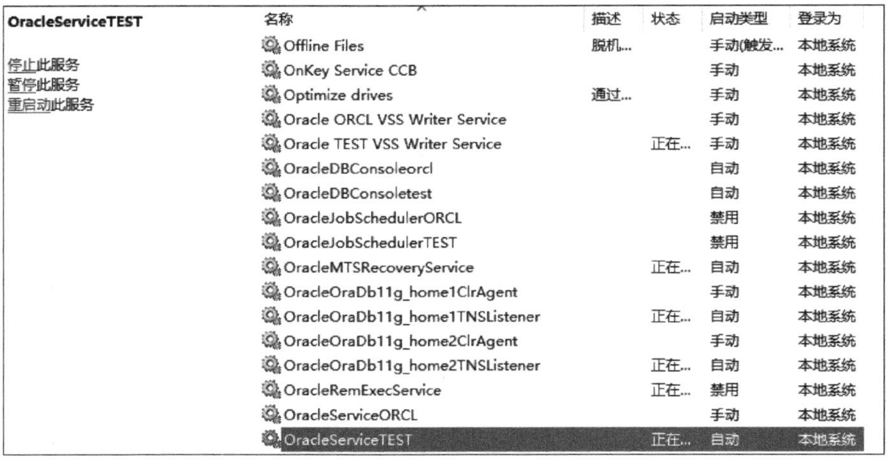

图 1-9 Oracle 服务界面

验证数据库,选择"所有程序"→"附件"→"命令提示符"命令,启动 DOS 命令窗口,连接数据库。使用超级用户 SYS 连接数据库。

```
C:\Users\ES> sqlplus/nolog
SQL * Plus: Release 11.2.0.1.0 Production on 星期二 1月 9 15:13:29 2018
Copyright (c) 1982, 2010, Oracle. All rights reserved.

SQL>   conn /as sysdba
已连接。
```

1.3.2　Oracle 安装及卸载

如果安装失败,一定存在某些环境原因,因为安装 Oracle 数据库软件必须要有一个干净的环境,如果以前安装的软件没有删除干净,则重新安装时会出错。首先要卸载 Oracle,具体方法为:

右击"计算机"图标,从弹出的快捷菜单中选择"管理"→"服务和应用程序"→"服务"命令,找到 Oracle 相关服务右击,从弹出的快捷菜单中选择"停止"命令,停止所有 Oracle 服务,如图 1-10 所示。

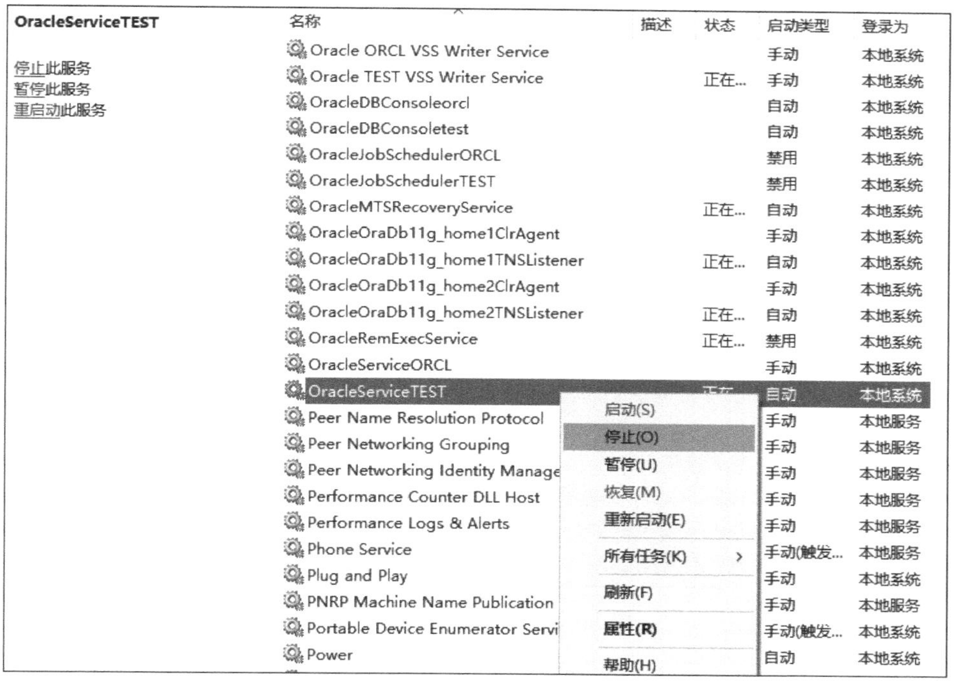

图 1-10　Oracle 服务界面

在程序组中的 Oracle Installation Products 中启动 Universal Installer,进入 Oracle Universal Installer 欢迎界面,如图 1-11 所示。

单击"下一步"按钮,进入卸载产品界面,如图 1-12 所示。选择要卸载的产品,单击"删除"按钮完成卸载。

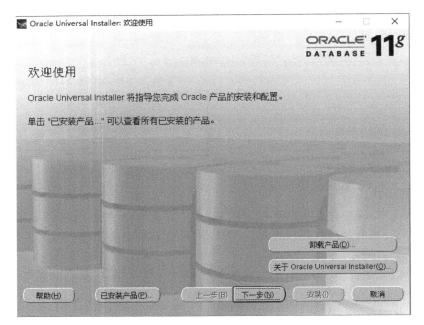

图 1-11　Oracle Universal Installer 欢迎界面

图 1-12　卸载的产品选择界面

由于 Oracle 本身的卸载软件不能完全卸载，因此要用手动删除的方式删除注册表信息。具体做法如下：按 Win+R 组合键，弹出"运行"对话框，如图 1-13 所示。

在"打开"下拉列表框中输入 regedit，单击"确定"按钮，进入注册表编辑界面，如图 1-14 所示。

选择 HKEY_LOCAL_MACHINE→SOFTWARE→ORACLE 节点，按 Delete 键删除这个入口。

图 1-13 "运行"对话框

图 1-14 注册表编辑界面

选择 HKEY_LOCAL_MACHINE→SYSTEM→CurrentControlSet→Services 节点，滚动这个列表，删除所有 Oracle 入口。

选择 HKEY_LOCAL_MACHINE→SYSTEM→CurrentControlSet→Services→Eventlog→Application 节点，删除所有 Oracle 入口。

在"我的电脑"高级系统属性设置中，在环境变量里找到 path 这个环境变量，然后找到有关 Oracle 的项，删除环境变量 CLASSPATH 和 PATH 中有关 Oracle 的设定。删除操作系统中 Oracle 所在目录，重新启动计算机，才能完全删除 Oracle 所在目录。

1.4 Oracle 数据库启动与关闭

1.4.1 启动数据库

启动和关闭数据库必须具有 sysdba 权限，因此采用 sys 账户登录。数据库的启动有 5 种常用选项。

```
SQL>conn sys/jsj as sysdba
已连接。
```

1. startup nomount 命令

首先从 spfile 或者 pfile 中读取数据库参数文件，然后分配 SGA 和创建后台进程。这种方式下启动可执行重建控制文件、重建数据库、修改初始化参数、查看部分动态性能视图的操作。代码如下：

```
SQL>startup nomount
```

```
Oracle 例程已经启动。
Total System Global Area      612368384 bytes
Fixed Size                      1292036 bytes
Variable Size                 192940284 bytes
Database Buffers              411041792 bytes
Redo Buffers                    7094272 bytes
```

2. startup mount 命令

在这个阶段，Oracle 根据参数文件(pfile 或 spfile)中的参数(control_files)找到控制文件(control file)，然后打开控制文件，加载控制文件到内存，从控制文件中获得数据文件和重做日志文件(redo log file)的名字及位置，这时 Oracle 已经把实例和数据库联系起来。对于普通用户来说，数据库还是不可访问。这个阶段主要用于数据库的维护，可执行数据库日志归档、数据库介质恢复、数据文件联机或脱机、重新定位数据文件和重做日志文件、查看所有动态性能视图、修改数据库的归档模式、打开和关闭闪回数据库的功能等操作。

startup mount 等于以下两个命令：startup nomount 和 alter database mount。代码如下：

```
SQL>startup mount
Oracle 例程已经启动。
Total System Global Area      612368384 bytes    //分配全局缓冲区
Fixed Size                      1292036 bytes
Variable Size                 197134588 bytes
Database Buffers              406847488 bytes    //分配数据缓冲区
Redo Buffers                    7094272 bytes    //分配日志缓冲区
数据库装载完毕。
```

3. startup open 命令

这是数据库打开的默认方式，可以不加 open。数据库可以进行正常的操作处理，主要是打开控制文件、数据库文件和日志文件。

startup open 等于以下三个命令：startup nomount、alter database 及 mount alter database open。代码如下：

```
SQL>startup open
Oracle 例程已经启动。
Total System Global Area      612368384 bytes
Fixed Size                      1292036 bytes
Variable Size                 201328892 bytes
Database Buffers              402653184 bytes
Redo Buffers                    7094272 bytes
```

数据库装载完毕。
数据库已经打开。

有些操作只能在 mount 和 nomount 下完成，例如改归档模式就只能在 mount 下。Open 命令并不是一切皆可以做。nomount、mount、open 没有子集包含的关系。

4. startup force 命令

这是数据库强制启动方式,当不能关闭数据库时,可以用 startup force 来完成关闭数据库的操作。先关闭数据库,再执行正常启动数据库命令。

5. startup pfile＝参数文件名

这是带初始化参数文件的启动方式,先读取参数文件,再按参数文件中的设置启动数据库。如当前数据库为 dltest,参数文件 init.ora 的内容如图 1-15 所示。

图 1-15　参数文件内容

按参数文件启动数据库的代码如下:

```
SQL> startup nomount pfile=E:\Oracle\product\10.2.0\admin\dltest\pfile\init.ora
Oracle 例程已经启动。

Total System Global Area     83886080 bytes
Fixed Size                    1289028 bytes
Variable Size                67110076 bytes
Database Buffers             12582912 bytes
Redo Buffers                  2904064 bytes
```

1.4.2　关闭数据库

数据库的关闭有 4 种不同的选项。

1. shutdown normal 命令

这是关闭数据库的默认选项。发出该命令后,任何新的连接都将不再允许连接到数据库。数据库关闭之前,Oracle 将等待现在连接的任何用户都从数据库中退出后才开始关闭。采用这种方式关闭数据库,下一次启动时不需要进行任何的实例恢复。但需要注意的一点是,采用这种方式,也许关闭一个数据库需要几天时间,或更长。它相当于商店采用如下方式关门:①顾客出了门就不能再进来了;②不撵里边的顾客,等他们自愿地全走完,商店才关门。代码如下:

```
SQL> shutdown normal
数据库已经关闭。
已经卸载数据库。
Oracle 例程已经关闭。
```

2. shutdown immediate 命令

这是一种常用的关闭数据库的方式,要想很快地关闭数据库,常采用这种方式。采用这种方式,当前正在被 Oracle 处理的 SQL 语句立即中断,系统中任何没有提交的事务全部回滚。假如系统中存在一个很长的未提交的事务,采用这种方式关闭数据库也需要一段时间(该事务回滚时间)。系统不等待连接到数据库的任何用户退出系统,强行回滚当前任何的活动事务,然后断开所有的连接用户。它相当于商店采用如下方式关门:①新顾客不能进入商店,在店内的顾客立刻终止选购商品,将商品放回货架,然后离开;②待顾客全部离开后关门。代码如下:

```
SQL>shutdown immediate
数据库已经关闭。
已经卸载数据库。
Oracle 例程已经关闭。
```

3. shutdown transactional 命令

该命令常用来计划关闭数据库,它使当前连接到系统且正在活动的事务执行完毕。运行该命令后,任何新的连接和事务都是不允许的。在所有活动的事务完成后,数据库将以 shutdown immediate 同样的方式关闭数据库。它相当于商店采用如下方式关门:①出去的顾客不让再进入,新顾客不能进入商店;②在店内的顾客买完正在选购的商品后不能再买其他商品,即离开商店;③待商店的顾客都离开后,商店关门。代码如下:

```
SQL>shutdown transactional
数据库已经关闭。
已经卸载数据库。
Oracle 例程已经关闭。
```

4. shutdown abort 命令

这是关闭数据库的最后一招,也是在没有任何办法关闭数据库的情况下才不得不采用的方式,一般不要采用。假如下列情况出现,可以考虑采用这种方式关闭数据库。①数据库处于一种非正常工作状态,不能用 shutdown normal 或 shutdown immediate 这样的命令关闭数据库;②需要立即关闭数据库;③启动数据库实例时碰到问题。它相当于商店采用如下方式关门:商店内的顾客将商品扔掉立刻离开,可能有的顾客还没有离开,商店就已经关门了。代码如下:

```
SQL>shutdown abort
Oracle 例程已经关闭。
```

第 2 章 Oracle 体系结构

从存储结构角度看，Oracle 数据库的体系结构可分为物理结构和逻辑结构。物理结构是指构成数据库的各种磁盘文件，是数据库的物理载体。这些物理文件包括存储数据库中所有数据信息的数据文件，维护数据库的全局物理结构的控制文件，记录数据变更、用于数据恢复的日志文件。逻辑结构主要有表空间、段、区和数据块等。

2.1 物理结构

Oracle 物理结构包含数据文件、日志文件和控制文件。

2.1.1 数据文件

每个 Oracle 数据库都有一个或多个物理的数据文件。数据文件有下列特征：
(1) 一个数据文件仅与一个数据库联系。
(2) 数据文件一旦建立，不能改变大小。
(3) 一个表空间（数据库存储的逻辑单位）由一个或多个数据文件组成。

数据文件中的数据可在需要时被读取到内存中。例如，用户要读取数据库某个表中的某些数据，如果请求信息不在数据库的内存，则从相应的数据文件中读取所需数据并存储在内存。当修改和插入新数据时，不必立刻写入数据文件。为减少磁盘输出次数，提高性能，数据会先暂时存放在内存中，然后由 Oracle 后台数据库写进程决定何时将其写回到相应的数据文件中。

2.1.2 日志文件

每个数据库有两组以上的日志文件组，每个日志文件组包含一个或多个日志成员，对数据库所作的全部修改都记录在日志中。

日志文件中的信息仅在发生系统故障或介质故障时使用，这类故障往往导致系统无法将数据库数据写入数据文件。有了日志文件，在下一次数据库打开时，Oracle 会自动根据日志文件中的信息恢复数据库的数据文件。

Oracle 有两种日志文件类型：

1. 重做日志文件

重做日志文件用来记录数据库改变信息的操作系统文件。

2. 归档日志文件

归档日志文件是为避免重做日志文件重写时丢失数据而对重做日志文件所做的备份。Oracle 有两种归档日志模式：非归档模式和归档模式。前者不对日志文件进行归档，大大减少了数据库备份的开销，但可能会导致数据的不可恢复。归档模式下，每当 Oracle 转向一个新的日志文件时，就将以前的日志文件进行归档。归档的日志文件，加上重做日志文件，为数据库的所有改变提供了完整的历史信息。

2.1.3 控制文件

控制文件用于记录数据库的物理结构，一个控制文件只属于一个数据库。创建数据库时，控制文件也随之创建。当数据库的物理结构发生改变时，Oracle 会自动更新控制文件。用户不能编辑控制文件。

数据库的启动和正常运行都离不开控制文件。启动数据库时，Oracle 从初始化参数文件中获得控制文件的名字及位置，打开控制文件，然后从控制文件中读取数据文件和重做日志文件的信息，最后打开数据库。数据库运行时，Oracle 会修改控制文件。一旦控制文件损坏，数据库将无法正常运行。

2.2 逻辑结构

Oracle 的逻辑结构是一种层次结构，主要由表空间（Table Space）、段（Segment）、区（Extent）和数据块（Data Blocks）等概念组成。逻辑结构是面向用户的。

2.2.1 数据块

数据块是 Oracle 最小的存储单位，Oracle 数据存放在块中，一个块占用一定的磁盘空间。需注意的是，这里的"块"指的是 Oracle 的"数据块"，而不是操作系统的"块"。

数据库块是 Oracle 读写数据的最小单位或者最基本单位，Oracle 每次读写数据都以块为单位进行。块的标准大小由初始化参数 DB_BLOCK_SIZE 指定。

1. 数据块的格式

数据库块中存放表和索引的数据。无论存放哪种类型的数据，块的格式都是相同的。块由块头、表目录、行目录、空闲空间和行数据 5 部分组成。

（1）块头。存放块的基本信息，如块的物理地址、块所属的段的类型（是数据段还是索引段）。

（2）表目录。存放表的信息，即如果一些表的数据被存放在这个块中，那么这些表的相关信息将被存放在表目录中。

（3）行目录。如果块中有行数据存在，则这些行的信息将被记录在行目录中。这些信息包括行的地址等。

（4）行数据。真正存放表数据和索引数据的地方。

（5）空闲空间。空闲空间是一个块中未使用的区域，这片区域用于新行的插入和已经存在行的更新。

块头、表目录、行目录这三部分合称为头部信息区。头部信息区不存放数据，而是存放整个块的信息。头部信息区的大小是可变的。

2. 数据块中自由空间的使用

当往数据库中插入数据时,块中的自由空间会减少。当对块中已经存在的行进行修改时,块中的自由空间也会减少。

删除数据和更新数据会使块中的自由空间增加。当使用 DELETE 语句删除块中的记录或者使用 UPDATE 语句把列的值更改成一个更小值时会释放出一部分空间。释放出的空间并不一定是连续的。通常情况下,Oracle 不会对块中不连续的自由空间进行合并,因为合并数据块中不连续的自由空间会影响数据库的性能。只有进行数据插入(INSERT 语句)或者更新(UPDATE 语句)操作,而又找不到连续的自由空间时,Oracle 才会合并数据块中不连续的自由空间。

对于块中的自由空间,Oracle 提供两种管理方式:自动管理和手动管理。

3. 行链接和行迁移

(1) 行链接。

如果往数据库中插入一行数据,这行数据很大,以至于一个数据块存不下一整行时,Oracle 会把一行数据分作几段分别存放在几个数据块中,这个过程叫行链接。

如果一行数据是普通行,则这行数据存放在同一个数据块中。如果一行数据是链接行,则这行数据存放在多个数据块中。

(2) 行迁移。

对数据块中已存在的一条记录,执行 UPDATE 语句对其进行更新操作。假设更新后的记录长度变长,那么 Oracle 就需寻找新的空间对其进行存储。首先,Oracle 会在当前数据块中查找空闲空间,若找不到能够容纳新记录的空间,就需把整行数据移到一个新的数据块。原数据块中保留一个"指针",这个"指针"指向新的数据块。被移动的这条记录的行 ID 保持不变。

无论是行链接还是行迁移,都会影响数据库性能。Oracle 在读取这样的记录时会扫描多个数据块,执行更多的输入输出操作。

4. 数据库块中自由空间的自动管理

Oracle 使用位图来管理和跟踪数据块,这种块的空间管理方式为"自动管理"。自动管理有以下优点:

(1) 易于使用。

(2) 可更好地利用空间。

(3) 可对空间实时调整。

5. 数据库块中自由空间的手动管理

手动管理是通过参数 PCTFREE 和参数 PCTUSED 来调整块中的空间使用。PCTFREE 参数用于指定块中必须保留的最小空闲空间的百分比。预留这样一块空间,为执行更新操作时使用。如果执行更新操作时没有空余空间,Oracle 就会分配一个新块,即产生行迁移现象,导致系统性能上的损失。

参数 PCTUSED 也是用于设置一个百分比。当块中已使用空间的比例小于这个百分比时,这个块被标识为有效状态。只有有效块才被允许向其中插入数据,否则认为此数据块已无法再插入新的数据。

2.2.2 区间

区间(Extent)指的是一组连续的数据块。当一个表、回滚段或临时段创建或需要附加空间时,系统为之分配一个新的区间。在 Oracle 数据库中,空间分配是以区间为单位,一个 Oracle 对象包含至少一个区间。

2.2.3 段

段由多个区间构成。段内包含的区间可以不连续,且可以跨越多个文件。

一个 Oracle 数据库有 4 种类型的段:

1. 数据段

数据段也称为表段,当创建一个表时,系统自动创建一个以该表的名字命名的数据段。

2. 索引段

索引段包含用于提高系统性能的索引。一旦建立索引,系统自动创建一个以该索引的名字命名的索引段。

3. 回滚段

回滚段包含了回滚信息,在数据库恢复期间使用,为数据库提供未提交的事务,即用来回滚事务的数据空间。当一个事务开始处理时,系统为之分配回滚段,回滚段可以动态创建和撤销。系统有个默认的回滚段,其管理方式既可以是自动的,也可以是手工的。

4. 临时段

临时段是 Oracle 在运行过程中自行创建的段。当一个 SQL 语句需要临时工作区时,由 Oracle 建立临时段。一旦语句执行完毕,临时段的空间便退回给系统。

2.2.4 表空间

表空间是数据库的逻辑划分,任何数据库对象在存储时都必须存储在某个表空间中。表空间对应于若干个磁盘文件,即表空间是由一个或多个磁盘文件构成的。表空间类似于操作系统中的文件夹,是数据库逻辑结构与物理文件之间的一个映射。每个数据库至少包含一个表空间,表空间的大小等于所有从属于它的数据文件大小的总和。

1. SYSTEM 表空间

SYSTEM 表空间是每个 Oracle 数据库都具有的表空间,存放诸如表空间名称、表空间所含数据文件等数据库管理所需的信息,名称不可更改。SYSTEM 表空间在任何时候都可用,是数据库运行的必要条件。SYSTEM 表空间是不能脱机的,其中存放数据字典、存储过程、触发器和系统回滚段等信息。

2. SYSAUX 表空间

SYSAUX 表空间是随着数据库的创建而创建的,它充当 SYSTEM 的辅助表空间,主要存储除数据字典以外的其他对象。SYSAUX 也是许多 Oracle 数据库的默认表空间,它减少了由数据库和数据库管理员管理的表空间数量,降低了 SYSTEM 表空间的负荷。

3. TEMP 表空间

TEMP 表空间主要用于存储 Oracle 数据库运行期间所产生的临时数据。数据库可以建立多个 TEMP 表空间。当数据库关闭后,临时表空间中的所有数据将全部被清除。除了临时表空间外,其他表空间都属于永久性表空间。

4. UNDO 表空间

UNDO 表空间是一个特殊的表空间,只用于存储撤销信息。用户不能在其中创建段,例如表或索引。一个数据库中可以包含多个 UNDO 表空间。在自动撤销管理模式下,每个 Oracle 实例有且仅有一个 UNDO 表空间。Oracle 在 UNDO 表空间内自动地创建和维护撤销段,对撤销数据进行管理。

5. USERS 表空间

USERS 表空间用于存放永久性用户对象的数据和私有信息。每个数据库都应该有一个 USERS 表空间,以便在创建用户时将其分配给用户。

第 3 章 参数文件与实例

CHAPTER 3

3.1 参数文件

3.1.1 参数文件的定义和作用

参数文件指定了数据库和实例的名字、内存组件的大小和构成、控制文件的位置、强制和非强制进程的相关设置等信息。Oracle 数据库启动时,读取参数文件并根据参数文件中的参数设置来配置数据库。例如:

```
maxlogfiles=45
background_dump_dest=c:/dump
```

其中,等号左边是参数名,右边是对应的参数值,值的类型有多种,典型的如数字和字符串。参数文件就是存储这些参数的地方。

3.1.2 参数文件分类

在 9i 之前参数文件只有一种,它是文本格式的,称为 pfile,在 9i 及以后的版本中新增了服务器参数文件,称为 spfile,它是二进制格式的。这两种参数文件都是用来存储参数配置以供 Oracle 读取的。对二者的说明如下:

(1) pfile 是文本文件,spfile 是二进制文件。

(2) 可直接使用任何文本编辑器打开 pfile 对其中的参数进行配置,而 spfile 文件中的参数则必须在数据库启动后,通过 SQL 命令进行在线修改。无法通过 SQL 命令对 pfile 进行修改。

(3) pfile 是静态参数文件,修改后不会马上生效,数据库必须重启,重新读取该文件。spfile 是动态参数文件,spfile 的配置生效时限和作用域可由修改参数的 SQL 命令指定,可立即生效,也可不立即生效。

(4) pfile 和 spfile 可以用命令 create pfile from spfile 或 create spfile from pfile 来互相创建。

(5) 启动次序 spfile 优先于 pfile。

(6) 如果是手动创建数据库而不是通过 DBCA(Database Configuration Assistant)来创建,则开始创建数据库时只能定义 pfile。

（7）Oracle 数据库只使用一个参数文件，有两种方法可判断数据库当前使用的是哪个参数文件。

方法一：通过 create pfile 鉴别。如果当前使用的是 pfile，则相应格式的 create pfile 会产生错误。

方法二：使用 show parameter spfile 命令来显示 spfile 的位置。如果显示的值为空，则表示数据库当前使用的是 pfile。

3.1.3 参数文件的读取

1. 数据库启动时，参数文件的读取顺序

首先在 $ORACLE_HOME/dbs 目录下查找 spfile(sid).ora 文件，即 spfile 文件。若该文件存在，则利用该文件启动数据库。若该文件不存在，则继续在该目录下查找 init(sid).ora 文件，即 pfile 文件。若 pfile 文件存在，则利用该文件启动数据库；若不存在，则 Oracle 报错，无法启动。

2. 实例启动时，参数文件的读取顺序

（1）数据库的 startup 命令可以指定启动哪一个 pfile。需要注意的是，只能指定 pfile，不能指定 spfile。

（2）当 startup 命令未指定任何参数文件时，Oracle 将从平台指定的默认位置上的服务器参数文件（spfile）中读取初始化参数。Oracle 查找 spfile 或 init.ora 的顺序是：首先查找名为 spfile$ORACLE_SID.ora 的文件；若未找到，则查找 spfile.ora 文件；若还未找到，则查找 init$ORACLE_SID.ora 文件。

3.2 实例

实例（Instance）是数据库启动时初始化的一组进程和内存结构，一个单独的数据库可以被多个实例访问。在操作系统中，用 ORACLE_SID 来标识实例。在 Oracle 中，用参数 INSTANCE_NAME 来标识实例。二者值相同。

Oracle 实例分为以下两部分：

（1）内存结构。数据库启动时，系统首先在服务器内存中分配系统全局区（System Global Area，SGA），构成 Oracle 实例的内存结构。

（2）后台进程。启动若干个常驻内存的操作系统进程，构成 Oracle 实例的进程结构。

3.2.1 内存结构

内存结构分为两部分：系统全局区和程序全局区（Program Global Area，PGA）。

1. 系统全局区

Oracle 将计算机内分配出来的一块内存区域称为系统全局区。该区域用于存储数据库信息，包括数据库实例的数据、Oracle 运行时必备的控制信息等。数据库实例启动时自动分配 SGA，数据库实例关闭时回收 SGA 内存。SGA 是占用内存最大的一个区域，是影响数据库性能的重要因素。SGA 由所有服务进程和后台进程所共享。

SGA 由几个部分组成，其中最重要的有以下几个：

1) 数据库缓存区(Database Buffer Cache)

数据库缓存区用来存放数据信息,它以数据块为单位进行读写。数据库缓存区的大小由 DB_BLOCK_BUFFERS 参数指定。调整和管理数据库时,调整数据库缓存区的大小是一个重要部分。Oracle 使用最近最少使用算法(Least Recently Used,LRU)来管理可用空间。

数据库缓冲区包括三个类型的区域:

(1) 脏数据区(Dirty Buffers):存放已被修改过并需要写回数据文件的数据块。

(2) 自由区(Free Buffers):未存放任何数据的空闲区域。

(3) 保留区(Pinned Buffers):存放正在处理的数据或者已明确保留为将来使用的数据区域。

2) 重做日志缓冲区(Redo Log Buffer)

对数据库所执行的任何操作,如对数据进行的修改、数据库管理员对数据库结构进行的修改等,都会被记录在重做日志文件中。当错误发生时,利用重做日志文件可以恢复数据库。例如,当数据被意外删除或修改时,可利用重做日志文件恢复原有数据。当出现实例失败或者介质失败时,也可利用日志文件实现实例恢复或者介质恢复。因此,管理好重做日志文件对于保障数据库数据安全非常重要。为重做日志文件专门设立的缓冲区称作重做日志缓冲区。重做日志缓冲区的大小由初始化参数 LOG_BUFFER 指定。重做日志缓冲区由很多条重做记录(Redo Record)组成,每条重做记录记载了被修改数据块的位置以及修改后的数据。

3) 共享池(Shared Pool)

共享池用来缓存各种程序数据,例如解析后的 SQL、PL/SQL 代码、系统参数以及数据字典等信息。数据中执行的任何操作几乎都会涉及共享池。例如,如果用户执行 SQL 语句,Oracle 数据库就会访问共享池。

共享池主要包括库缓存(Library Cache)、数据字典缓存(Data Dictionary Cache)、服务器结果缓存(Server Result Cache)、保留池(Reserved Pool)等几个组成部分。

(1) 库缓存。

库缓存是一个共享的内存区域,其中存储着可执行的,即已经解析过的 SQL 和 PL/SQL 代码。Oracle 引入库缓存的目的是共享 SQL 和 PL/SQL 代码。服务器进程执行 SQL 和 PL/SQL 时,首先会进入库缓存,查找是否已经存在相同的语句。如果存在,就不再进行后续的编译处理,直接使用库缓存中已编译好的语句。如果不存在,则再对所要执行的语句进行解析。SQL 共享池通过最近最少使用算法来管理。

(2) 数据字典缓存。

数据字典缓存用于存储经常使用的数据字典信息,例如表的定义、用户名、口令、权限、数据库的结构等。Oracle 在解析 SQL 语句时会经常访问该缓存,以确定操作对象是否存在,是否具有权限等。如果操纵对象不在数据字典缓存中,则服务器进程就从保存数据字典信息的数据文件中将其读入到数据字典缓存中。

(3) 服务器结果缓存区。

该区域缓存结果集合。该区域包含两个部分:SQL 查询结果缓存和 PL/SQL 函数结果缓存。数据库可以将 SQL 查询结果缓存中的查询结果存储起来,将来有相同查询操作时则可直接调用结果,避免重新从磁盘读数据块、重新计算结果等一系列操作,从而提高查询效率。例如,某个应用重复执行相同的 SELECT 语句,如果将第一条 SELECT 语句的执行结果缓存起来,那么之后的 SELECT 操作,数据库就可以立即返回其结果。

(4) 保留池。

通常情况下,如果请求的内存空间较大,Oracle 会将该请求分割成多个小的请求。但是在某些系统上,仍然会出现请求大片且连续的内存空间。如果在共享池中没有足够的空闲空间,Oracle 会寻找并释放足够的共享池内存空间来满足这个请求,但这可能会带来较为严重的性能下降。因此,Oracle 在共享池中保留了一块小的内存空间,以供共享池在没有足够空间时使用,这就是保留池。保留池使用大且连续的内存空间,更加高效。简言之,保留池就是划分出一部分空闲内存空间,以备不时之需。Oracle 默认配置了比较小的保留池。

4) 大池(Large Pool)

大池是一个可选内存区。大池的一个主要用途是供共享的服务器进程使用,缓解对共享池和 PGA 区内存的使用压力。在缺少大池的情况下,这些进程将使用共享池中的内存,可能导致对共享池的性能下降。

5) Java 池(Java Pool)

Java 池用于在数据库中支持 Java 代码运行。例如,使用 Java 编写一个存储过程,这时 Oracle 的 JVM(Java Virtual Machine)就会使用 Java 池来处理用户会话中的 Java 存储过程。Java 池的大小由参数 JAVA_POOL_SIZE 来设定。

6) 流池(Streams Pool)

流池主要用于对流的支持。流池是一个可选、可变内存区,它的大小可通过参数 STREAMS_POOL_SIZE 来指定。如果没有被指定,则初始值为 0。池的大小会随着 Oracle 流的需求动态增长。

2. 程序全局区

程序全局区(PGA)是存放进程的数据和控制信息的一块内存区域,该内存区在进程启动时创建。每个 Oracle 进程拥有一个 PGA,一个 PGA 也只能被拥有它的那个进程所访问。PGA 由两组区域组成:固定 PGA 和可变 PGA。固定 PGA 区域大小一旦确定就固定不变。该区域包含变量、数据结构和指向可变 PGA 区域的指针。可变 PGA 区域实质上是一个内存堆,该区域也称为 PGA 堆。PGA 堆是 PGA 区中占比最大的区域,它由以下三部分组成:

(1) 私有 SQL 区。包含绑定信息、运行时的内存结构信息等。每个发出 SQL 语句的会话都对应一个私有 SQL 区。

(2) SQL 工作区。用于排序、多表哈希连接、位图合并及位图创建等操作。

(3) 会话区。存放会话中的变量以及其他与会话相关的信息。

3.2.2 后台进程

数据库的物理结构与内存结构之间的交互通过后台进程来完成。Oracle 实例启动的过程就是按内存文件中参数的值加载内存,并启动相应的后台进程进行相关服务的过程。几个重要的后台进程如下:

1. 数据写进程

数据写进程（Data Base Writer，DBWR）的功能是将缓冲区中的"脏数据"写入磁盘数据文件。这里的"脏数据"指的是缓冲区中被修改过的数据。为提高效率，并不是数据库缓冲区中的数据一发生变化，DBWR 进程就立即写数据文件，而是积累足够多的数据后再批量地将缓冲区数据写入数据文件。下列事件之一发生时会触发该进程，执行写操作：

(1) 缓冲区"脏数据"量超过所设定的阈值。
(2) 设定的写时间间隔已到。
(3) 当有进程请求数据库缓冲区，却找不到空闲缓冲区时。
(4) 当检查点发生时。
(5) 当某个表被删除（Drop）或被截断（Truncate）时。
(6) 当某个表空间被设置为只读状态时。
(7) 当对某个表空间进行联机备份时。
(8) 当某个临时表空间被设置为脱机状态（Offline）或正常状态（Normal）时等。

2. 日志写进程

日志写进程（Log Writer，LGWR）把日志缓冲区中的数据写到磁盘的归档日志文件中，从而完成数据库对象创建、更新数据等操作过程的记录。启动实例时该进程自动启动。下列事件之一发生时会触发 LGWR 进程，执行写操作：

(1) 用户进程提交一个事务。
(2) 日志缓冲区数据量超过所设定的阈值。
(3) 请求 LGWR 切换日志文件。
(4) 设定的写时间间隔已到。

3. 检查点进程

由于 Oracle 中 LGWR 进程和 DBWR 进程工作的不一致，Oracle 引入了检查点进程（Check Point，CKPT），用于同步数据库，保证数据库的一致性。

4. 归档进程

当一个联机重做日志文件填满后，Oracle 实例开始写入下一个联机重做日志文件。从一个联机重做日志文件切换到另一个联机重做日志文件的过程称为日志切换。归档进程（Archive，ARCH）的功能就是在每次进行日志切换时对已填满的日志组进行备份或归档。

5. 进程监控器进程

进程监控器进程（Process Monitor，PMON）的功能是在用户进程出现故障时执行进程恢复、清理内存、释放故障进程所占用资源等操作。PMON 进程还周期地检查调度进程和服务器进程的状态，如果发现这些进程已停止，PMON 进程会重启它们。PMON 进程会被定时唤醒，或被其他进程主动唤醒。

6. 系统监控器进程

系统监控器进程（System Monitor，SMON）的功能是在实例启动时执行实例恢复，清理不再使用的临时段。SMON 进程会被定时唤醒，或者被其他进程主动唤醒。

第 4 章 SQL * Plus 命令

CHAPTER 4

4.1 环境设置命令

SQL * Plus 的环境特征参数一般由系统自动设置，用户可以根据需要将环境参数设置成需要的值，set 命令和 show 命令主要就是完成这项功能的。set 命令将 SQL * Plus 的环境特征参数设置为开关状态或者某个确定的值。show 命令将显示这些参数的值。

4.1.1 set 命令

使用 set 命令可以改变 SQL * Plus 环境特征参数的值。其命令格式如下：

set<选项><值或开关状态>

其中选项是指环境参数的名称，<值或开关状态>指该参数被设置成 on 还是 off，或是某个具体的值。

例 4-1 设置自动提交状态。

SQL>set autocommit on

下面给出几个常用的环境参数设置(其中有下画线者为系统的默认值)。

(1) set autocommit{off|on|immediate}

off 关闭自动提交功能。

on 或 imm 打开自动提交功能。

(2) set echo{off|on}

on SQL * Plus 执行命令文件时，命令本身将显示在屏幕上。

off 执行命令文件时，命令本身不显示在屏幕上。

(3) set feedback{off|on}

on 查询结束时，给出查询结果的记录数信息。

off 查询结束时，没有查询结果的记录数信息。

(4) set heading {off|on}

on 各列的标题(包括文字和下画线)在结果报表上显示。

off 各列的标题不在报表上显示。

(5) set linesize{80|n}

该项设置 SQL*Plus 的行宽,即一行所能显示的最大字符数。当用 SQL*Plus 命令制图报表标题为居中或右对齐时,系统在计算标题的合适位置时也要用到这个参数。该参数的默认值为 80 个字符,最大值为 999。

(6) set pagesize{14|n}

该参数设置每页输出的行数,包括 ttitle(头标题)、btitle(底标题)、column(列标题)和空行。该项默认值是每页 14 行。

(7) set pause{off|on|text}

on 在显示输出每一页后,等待用户按 Return 键继续显示。

off 表示每页显示之间不停顿。

text 在显示每一页后停顿,等待用户按 Return 键,并在屏幕下方显示 text 的提示信息。

(8) set buffer {buffer}

设置{buffer}为当前的命令缓冲区。通常情况下,SQL 缓冲区为当前命令缓冲区。

例 4-2 建立名为 A 的缓冲区。

```
SQL>set buffer A
```

由于 SQL 缓冲区只能存放一条 SQL 命令,所以可用 set buffer 命令设置其他命令缓冲区来存放多条 SQL 命令和 SQL*Plus 命令。

可以使用 SQL*Plus 的行编辑——list、del、append、change 等命令对该缓冲区中的所有行进行操作,也可以用 save 命令将该缓冲区中的内容保存到一个文件中,并可以用 get 命令将文件中的内容取回到缓冲区。但该命令缓冲区不能直接执行 SQL 或 SQL*Plus 命令,而是通过将其中的内容保存到文件中,再使用 start 命令完成。

不论是来自命令行还是命令文件,只要执行一个 SQL 命令,命令缓冲区就被自动置回为 SQL 缓冲区。但其他缓冲区中的内容依然存在,可以再次使用 set buffer 命令进入所需要的缓冲区。

set 命令对环境特征参数的改变只在本次会话期间内有效,即一旦退出 SQL*Plus,再进入时,用户所设置的参数值全部恢复成系统的默认值。

4.1.2 show 命令

show 命令可以显示 SQL*Plus 的一个或全部特征参数的值。其命令格式如下:

```
show{all|选项}
```

例 4-3 显示 SQL*Plus 全部环境参数的值。

```
SQL>show all
```

例 4-4 显示自动提交状态的设置情况。

```
SQL>show autocommit
```

例 4-5 显示当前的用户标识,即当前的用户名。

```
SQL>show user
```

例 4-6 显示当前报表使用的头标题的内容。

```
SQL>show ttitle
```

4.2 用 SQL * Plus 生成报表

SQL * Plus 通常被认为是一种交互式的报表生成器,它使用 SQL 命令从 Oracle 数据库中获取信息。使用 SQL * Plus 设置就能产生精练的、有良好格式的报表,使用户很容易地对题目、列标题、部分及总和进行控制,对数字和文字重新编排格式。

例 4-7 使用下面的命令生成一张简单报表。

```
SQL>column deptno heading department    /*将 deptno 字段标题设为 department*/
SQL>column ename heading name           /*将 ename 字段标题设为 name*/
SQL>column sal heading salary           /*将 sal 字段标题设为 salary*/
SQL>column sal format $99,999.00        /*设置 sal 字段格式*/
SQL>ttitle 'sample report for hitech corp'  /*设置头标题*/
SQL>btitle 'strictly confidential'      /*设置底标题*/
SQL>break on deptno                     /*将报表中的数据分组显示并设置组间间隔*/
SQL>compute sum of sal on deptno        /*计算分组数据的汇总值*/
SQL>select deptno,ename,sal             /*从 emp 表中选择 sal>2000 的 deptno、
from emp                                  ename、sal 列,并以 deptno 列排序*/
where sal>100
order by deptno;
```

生成的报表如图 4-1 所示。

```
              sample report for hitech corp
         department name                        salary
         ---------- ----------              ----------
                  1 张永                     $1,200.00
                    陈红                       $800.00
         **********                         ----------
         sum                                 $2,000.00
                  2 王莉                       $700.00
                    黄新懿                   $1,100.00
         **********                         ----------
         sum                                 $1,800.00
                  3 邓瑞峰                     $700.00
         **********                         ----------
         sum                                   $700.00
                  4 张蓓                     $1,200.00
         **********                         ----------
         sum                                 $1,200.00
               strictly confidential
```

图 4-1 生成的报表示意图

应注意一点，SQL＊Plus 格式命令的效果只有通过运行 SQL 命令才能看到。与制作报表有关的 SQL＊Plus 命令如表 4-1 所示。

表 4-1 与报表相关的 SQL＊Plus 命令

命　令	定　义
ttitle	为报表的每一页设置头标题
btitle	为报表的每一页设置底标题
column	设置列的标题和格式
break	将报表中的数据分组显示并设置组间间隔
compute	计算分组数据的汇总值
set linesize	设置报表每行允许的最大字符数
set pagesize	设置每页的最大行数
set newpage	设置页与页之间的空行数
set headsep	设置标题分隔符

4.2.1 设置标题：ttitle 和 btitle

从例 4-7 中能够看出，可以为报表的每一页设置头标题和底标题（也就是表头和表尾），它们是通过 ttitle 和 btitle 命令实现的。命令格式如下：

```
ttitle[位置说明<表头>][off|on]
btitle[位置说明<表尾>][off|on]
```

关于标题的位置说明，可以使用表 4-2 所示的子句。

表 4-2 标题位置说明子句

子　句	举　例	说　明
col n	col 72	让标题信息从当前行左边的第 n 个位置开始显示
skip n	skip 2	打印 n 个空行，如果 n 未指明，打印一个空行；如果 n 为 0，则不打印空行；如果 n 大于 1，则为两行文字间加入 n−1 个空行
left	left	标题信息靠左放置
center	center	标题信息居中放置
right	right	标题信息靠右放置

例 4-8　设置头标题、底标题并居中放置。

```
SQL>ttitle center 'sales department personnel report'
SQL>btitle center 'company confidential'
SQL>select deptno,ename,sal
from emp
where deptno=2;
```

生成的报表如图 4.2 所示。

例 4-9　如果想将表 4-2 的标题变换成更清楚的形式，可以增加一些子句，并使用 set linesize 设置。

```
SQL>ttitle center 'report' skip 1-
>center ===================skip 1 left 'personnel report'-
>right 'sales department' skip 2
SQL>set linesize 60
SQL>/
```

报表显示如图 4-3 所示。

```
        sales  department  personnel  report
        department  name               salary
        ----------  ----                ------
                 2  王莉              $700.00
                    黄新懿          $1,100.00
        **********                     ------
        sum                          $1,800.00
                 company confidential
```

图 4-2 设置头标题、底标题并居中放置

```
                            report
                         ============
        personnel  report         sales department
        department  name                    salary
        ----------  ----                    ------
                 2  王莉                   $700.00
                    黄新懿               $1,100.00
        **********                          ------
        sum                               $1,800.00
                 company confidential
```

图 4-3 变换标题形式显示的结果图

关键字 left、right 和 center 确定了其后紧跟的内容在页上显示位置；skip 表示在打印完该行后将打印多少空行；行末尾的破折号"—"表明标题命令未完，紧接下一行内容，在单引号内的正文将被如实打印。这个例子中最后一行数据与表尾之间没有定义空行，若需要在它们之间加入空行，可以使用 skip n 子句，如：

```
SQL>btitle skip 1 center 'company confidential'
```

如果标题文本超过 500 个字符，可以使用 SQL*Plus 的 define 命令，将各行的文本内容保存在不同的变量中。例如：

```
SQL>depin line1='this is the first line…'
SQL>depin line2='this is the second line…'
SQL>depin line3='this is the third line…'
```

在 ttitle 和 btitle 中可以使用上面定义的变量。

```
SQL>ttitle center line1 skip 1 center line2 skip 1 center line3
```

另外，还可以控制页号的显示位置和格式。SQL.PNO 是一个用来存储页号的变量，通过该变量可以对页号进行控制。

例 4-10 在每页顶部显示当前页码，结果如图 4-4 所示。

```
SQL>ttitle left 'sales department'
right 'page:'format 999 sql.pno skip2
SQL>/
```

如果不定义页号显示格式，SQL.PNO 的宽度为 9 位。

```
        sales department                      page:  1
        department  name                      salary
        ----------  ----                      ------
                 2  王莉                     $700.00
                    黄新懿                 $1,100.00
        **********                            ------
        sum                                 $1,800.00
                 company confidential
```

图 4-4 显示当前页码

4.2.2 设置报表尺寸

每页报表中都包含表头、列标题、查询的结果和表尾信息。报表尺寸的设置对于这些内容的正确显示十分必要。系统默认的报表尺寸如下：每页报表表头空 1 行；每页输出内容为 14 行（包括表头和表尾之间的所有内容）；每行能显示的字符数为 80。可以通过 set 命令改变上述设置。

1. set newpage 命令

该命令设置每一页的表头与每一页开始位置之间的空行数，实际上就是页与页之间的行数。命令如下：

```
SQL>set newpage 0
```

如果设置行数为 0，将打印头移至下一页的开始，即报表打印的起始位置。

如果将 newpage 设置变大，SQL * Plus 输出的信息行就会减小，而每页的总行数不变。

2. set pagesize 命令

该命令设置每页的输出行数，包括表头、表尾、列标题和查询出的信息。对于一般的打印纸，该值通常设置为 66。命令如下：

```
SQL>set pagesize 66
```

set pagesize 命令一般与 set newpage 相关连使用。

3. set linesize 命令

该命令控制出现在一行上的最大字符数。命令如下：

```
SQL>set linesize 30
```

如果一行查询结果的总宽度超过了 lineszie 设置的行宽，SQL * Plus 将把多出的列折行输出。linesize 的大小还会影响表头、日期和页码的放置位置，因为表头的居中显示和居右显示要根据 linesize 的值确定。

例 4-11 重新设置新的报表尺寸。

```
SQL>set pagesize 66
SQL>set newpage 0
SQL>set linesize 32
```

若要恢复系统默认设置，则执行下列命令：

```
SQL>set pagesize 14
SQL>set newpage 1
SQL>set linesize 80
```

4.2.3 设置列 column

使用 SQL * Plus 的 column 命令可以改变列标题及各列数据的显示格式。

1. 设置列标题

SQL * Plus 使用列名和列表达式名作为列标题的默认形式，如果需要改变列标题，可以使用 column 的 heading 子句：

column 列名 heading 列标题

例 4-12　将查询 emp 表的结果生成报表，并为各列定义明确的标题。

```
SQL>column deptno heading department
SQL>column ename heading employee
SQL>column sal heading salary
SQL>select deptno,ename,sal
from emp
where job='salesman';
```

查询结果显示如图 4-5 所示。

设置的这些列标题一直有效，直到它们被重新设置或用户退出 SQL*Plus。还可以使用 set underline 命令为列标题设置不同形式的下画线，例如：

```
SQL>set underline=
SQL>/
```

结果如图 4-6 所示。

```
department employee               salary        department employee               salary
---------- --------              -------        ========== ========              =======
         1 陈红                  $800.00                 1 陈红                  $800.00
********** --------              -------        ********** --------              -------
sum                               $800.00        sum                              $800.00
         2 王莉                  $700.00                 2 王莉                  $700.00
           黄新懿               $1,100.00                    黄新懿              $1,100.00
********** --------              -------        ********** --------              -------
sum                             $1,800.00        sum                            $1,800.00
         3 邓瑞峰                $700.00                 3 邓瑞峰                $700.00
********** --------              -------        ********** --------              -------
sum                               $700.00        sum                              $700.00
         4 张蓓                $1,200.00                 4 张蓓                $1,200.00
********** --------              -------        ********** --------              -------
sum                             $1,200.00        sum                            $1,200.00
           company confidential                             company confidential
```

图 4-5　改变列标题的 emp 表　　　图 4-6　列标题设置成不同形式的下画线显示结果

要恢复原来的下画线，使用下列命令：

```
SQL>set underline '—'
```

2．设置列的格式

所有的数据类型都有默认的显示格式，如果需要使用指定的格式显示数据，可以使用 column 命令。命令格式如下：

```
SQL>column 列名 format 格式
```

数值型数据使用 9 作为位数描述符，并可以加入逗号、$、尖括号、<、>、/或前导 0 等字符。

例 4-13 显示工资值 sal，加入 $ 和逗号并使用 0 表示个位。

```
SQL>column sal format $99,990
SQL>/
```

结果如图 4-7 所示。

字符型数据的默认显示宽度为该字符数据定义的宽度，如果字符列的标题宽度超过字符数据宽度，则显示的宽度以列标题为准。

long 型显示的宽度由 set long 命令设置，其默认设置宽度为每行 80 个字符。date 型一般默认显示格式为 dd-mon-yy，宽度为 9 个字符。如果 date 型数据没有使用 to-char 函数进行转换，则该数据默认的格式由参数文件中的初始化参数确定。char、varchar2（varchar）、long 以及 date 型数据使用 column 语句，以字母 A 作为格式描述符来改变数据的显式格式，而且这些数据以左对齐方式显示。如果定义的数据显示格式宽度比列标题短，列标题将会被截断。

```
department  employee          salary
----------  --------         -------
     1      陈红              $800
**********                   -------
sum                           $800
     2      王莉              $700
            黄新懿            $1,100
**********                   -------
sum                          $1,800
     3      邓瑞峰            $700
**********                   -------
sum                           $700
     4      张蓓             $1,200
**********                   -------
sum                          $1,200
       company confidential
```

图 4-7　设置数值型格式

3. 显示和重置列的显示属性

若想显示某一列的显示属性，可以使用命令：

```
SQL>column 列名
```

若想显示所有列的显示属性，则使用命令：

```
SQL>column
```

如果想将某列的显示属性重置成默认形式，可以使用 column 命令的 clear 子句：

```
SQL>column 列名 clear
```

若希望将所有列的显示属性重新置成默认的形式，则使用下列命令：

```
SQL>clear columns
```

显示结果为 columns cleared。

另外，还可以使用 column 的 off、on 子句对列的显示属性进行抑制或恢复。使用 off 子句命令如下：

```
SQL>column 列名 off
```

表示 SQL * Plus 将以默认格式作为列的显示属性，但并不取消列属性，使用 on 子句则重新恢复列的显示属性，命令如下：

```
SQL>column 列名 on
```

第 5 章 SQL 语句基础

CHAPTER 5

5.1 SQL 语言简介

SQL(Structure Query Language,结构化查询语言)是一种关系数据库语言,它可以访问以表的形式有序地储存在数据库的数据。SQL 是一种计算机编程语言,但它比传统的编程语言,如 BASIC、FORTRAN 等简单得多。另外,SQL 是关系数据库语言,了解了 SQL 也就理解了关系数据库,因此 SQL 是整个关系数据库体系中最基础、最重要的部分。

5.1.1 SQL 语言的优点

(1) SQL 是一种非过程化的交互式语言,它对数据的处理以集合为单位,即每次处理一个记录集而不是每次处理一个单个记录。SQL 对数据提供导航,这意味着用户可以在高层的数据结构上工作,而不必指定数据的存取方法。

(2) SQL 是一种所有用户都可以使用的语言,这些用户包括系统管理员、数据库管理员、程序开发人员、应用程序员及其他许多的终端用户,SQL 可在任何 Oracle 产品中使用,用于数据库的操作,如数据查询、修改和删除。控制对数据库和数据对象的存取,保证数据库的一致性和完整性。

(3) SQL 是所有关系数据库的公共语言,它是世界公认的标准关系数据库语言。用户可方便地移植用 SQL 语言编写的程序。Oracle 支持 SQL 语言的执行,在标准 SQL 语言的基础上新增加了许多功能,使它的功能更加强大,使用起来更加灵活。

5.1.2 SQL 与 SQL * Plus、PL/SQL 的区别

SQL * Plus 是 Oracle 提供的用来处理 Oracle 数据和生成报表的工具,主要实现以下两个功能。

(1) 提供给用户与 Oracle 交互式的界面,在此环境下可自由、灵活、方便地实现 Oracle 的 SQL 对关系数据的处理活动。

(2) 输出格式化报表。

PL/SQL 是 Oracle 实现的一种过程处理语言,它具有与大多数其他程序设计语言相似的编程结构,是在 SQL 的基础上扩充形成的,可以理解为 PL/SQL=SQL+过程控制、功能扩充语句。

5.1.3 SQL 的常用术语

- 对象：可在其内部存放信息，表和视图是最常见的对象。
- 函数：施加于数据的操作，它改变数据的特性。
- 提交：使用 commit 语句将已修改的数据保存到数据库中，在此之前对数据库的数据修改只存在各自的缓存区内。commit 是将在缓存区中已修改的内容写到数据库文件中。
- 回滚：即 rollback，当某个对话更改数据库之后，由于某种原因撤销此更改，这是一个把信息恢复到更改前的操作。
- 关键字：被 Oracle 使用的具有特殊含义的字符，不能用做变量名。

5.1.4 SQL 语言的组成

SQL 语言功能极强，但由于设计巧妙，语言十分简洁，完成核心功能只用了 9 个动词，因此容易学习，容易使用。

（1）数据定义语句：create、drop、alter。
（2）数据查询语句：select。
（3）数据修改语句：update、insert、delete。
（4）数据控制语句：grant、revoke。

5.2 SQL 语言的数据类型

关系模型中一个很重要的概念是域。每一个属性来自一个域，它的取值必须是域中的值。在 SQL 中域的概念用数据类型来实现。定义表的各个属性时需要指明其数据类型及长度，SQL 提供了一些主要数据类型，如表 5-1 所示。不同的关系数据库管理系统支持的类型不完全相同。

表 5-1 SQL 语言常用数据类型

数据类型	说明
char	存放定长字符数据
varchar2	存放可变长字符数据
number(l,d)	存放数值数据，l 代表总位数，d 代表小数点后位数
date	日期，范围是公元前 4712 年 1 月 1 日到公元后 4712 年 12 月 31 日
blob	二进制大对象，最大长度为 4GB
long	存放可变字符数据，最大为 2GB

1. 字符型

char 和 varchar2 数据类型用来存储字符、数据。由于 Oracle 的空格填充值只存储在 char 列中，而不存储在 varchar2 列中，所以用 varchar2 存储数据要比用 char 占用的空间少。若应用程序经常需要在大表中扫描时，数据应存储在 varchar2 中而不存储在 char 列中，这样可改善程序的性能。

(1) char

用来存储固定长度的字符串。建立具有 char 列的表时,必须说明该列长度(以字节为单位)。列的长度为 1~255,default 值为 1。

(2) varchar2

存储可变长度的字符串。建立具有 varchar2 列的表时,必须说明该列长度(以字节为单位)。对每条记录,该列都可作为可变长字段来存储。

2. 数字型

数字型(number)用来存储 0,正负定点数或正负浮点数。数字型的数字,其精度最多为 38 位十进制数。

数字型(number,l,d)的字段长度如下:

(1) l 表示数字中的有效位,如果没有指定 l,Oracle 将使用 38 作为精度。

(2) 如果 d>0,表示数字精度到小数点右边的位数;d 默认设置为 0;如果 d<0,Oracle 将把该数取舍到小数点左边的指定位数。

(3) l 的取值范围是 1~38;d 的取值范围是 -84~127。

3. 日期型

date 数据类型是日期型,用来存储表中的日期和时间。

4. long 数据类型

用 long 定义的列可以存储可变长字符数据,可以根据可用内存量限制 long 值的长度。

5.3 管理表

5.3.1 定义基本表

功能:在数据库中定义一个新表。

语法:

```
cteate table <table_name>(
<column_name datatype null 说明>
)
```

语法解释如下:

- create:通知 Oracle 创建结构。
- table:通知 Oracle 创建对象的类型,这里指表。
- <table_name>:表名是唯一且合法的表名。
- columns:创建时需指出列名、数据类型及长度定义,如有 null 说明,则在类型后做非空说明。

表命名规则如下(适用于其他对象):

(1) 长度在 1~30 个字符之间。

(2) 首字符必须为字母(A~Z)。

(3) 数据对象不能同已存在的名字冲突。数据库中表名和视图名必须唯一。在同一张表中,列名必须是唯一。

(4) 命名不可使用 Oracle 的关键字。

例 5-1 建立一个"学生"表 Student,它由学号 Sno、姓名 Sname、性别 Ssex、年龄 Sage 和所在系 Sdept 这 5 个属性组成。其中学号为主码,并且姓名取值也唯一。

```
SQL>create table student
  2          (sno char(9) primary key,
  3           sname char(20)    unique,
  4           ssex              char(2),
  5           sage              int,
  6           sdept             char(20));
```
表已创建。

5.3.2 修改表结构

(1) 向已存在的表中增加列。

语法:

```
alter table <table_name>add(<column_name datatype null 说明>)
```

语法解释如下:
- 关键字 alter table 表明修改表结构。
- <table_name>是所要修改的表名。
- 关键字 add 表明增加列。
- column 定义列。

例 5-2 向 student 表增加"入学时间"列,其数据类型为日期型。

```
SQL>alter table student add s_entrance1 date;
```
表已更改。

不论基本表中原来是否已有数据,新增加的列一律为空值。

(2) 修改已存在表中的列,修改列的宽度、重新定义空值等。

语法:

```
alter table <table_name>modify(<column_name datatype null 说明>)
```

语法解释如下:
- 关键字 alter table 表明修改表结构。
- <table_name>是所要修改的表名。
- 关键字 modify 表明修改列。
- column 定义列。

例 5-3 将年龄的数据类型改为字符型。

```
SQL>alter table student modify sage char;
```
表已更改。

注意:修改的数据列必为空,修改原有的列定义有可能会破坏已有数据。

5.3.3 删除基本表

功能：从数据库中删除一个表。
语法：

```
drop table <table_name>(cascade|restrict)
```

语法解释如下：
- 关键字 drop table 表明删除表。
- ＜table_name＞是所要删除的表名。
- restrict：受限删除。
- cascade：级联删除。

若选择 restrict，则该表的删除是有限制条件的。要删除的基本表不能被其他表的约束所引用（如 check、foreign key 等约束），不能有视图，不能有触发器，不能有存储过程或函数等。如果存在这些依赖该表的对象，则此表不能被删除。

若选择 cascade，则该表的删除没有限制条件。在删除基本表的同时，相关的依赖对象，例如视图都将一起被删除。默认情况是 restrict。

例 5-4 删除数据库中 emp 表。

```
SQL>drop table emp;
```
表已删除。

5.3.4 插入数据语句

功能：录入表中的数据。

1. 插入单行数据

```
insert into <tablename>(col1,col2,col3,…)values(val1,val2,val3,…);
```

语法解释如下：
- SQL 关键字 insert into 和 values 表明向表插入数据。
- 变量＜tablename＞必须是数据库已存在的一个表。
- 变量(col1,col2,col3,…)指明表中已存在的列。
- 插入值(val1,val2,val3,…)由 SQL 把表中每个值分配给它们相对应的列名，插入数据类型必须相同，数据必须在要求范围之内。

例 5-5 向学生表中插入一行数据。

```
SQL>insert
  2    into student (sno,sname,ssex,sage,sdept)
  3    values ('95020','陈冬','男',18,'is');
```
已创建一行。

2. 一次插入多行数据

```
insert into 表名1(列1,列2,…)查询语句
```

例 5-6 从备份表 studentbak 中向学生表插入多行数据,与单行插入相比,用 select 语句的值代替 values 子句。

```
SQL>insert into Student (sno,sname, ssex,sage, sdept)
  2  select sno,sname,ssex,sage, sdept from studentbak;
```
已创建 4 行。

5.4 数据查询语句

功能:select 语句用于从 Oracle 数据库中检索数据。

语法:

```
select <列名>from <表名>where <条件>order by <列名>
```

常用查询条件:
- 比较:>、<、=、!=(或)<>、<=、>=、in、between…and、like。
- 逻辑:not(逻辑非)、and(与)、or(或)。

5.4.1 简单查询,只有必须的查询子句

(1) 查询表中部分字段的值。

例 5-7 查询学生表中的 sno,sname 字段值。

```
SQL>select sno,sname from Student;

SNO           SNAME
---------     -------------
95020         陈冬
95021         王红
95022         张亮
95023         周明
95025         陈敏
```

(2) 查询表中所有字段的值。

例 5-8 查询学生表中的所有字段。

```
SQL>select * from student;

SNO      SNAME      SS     SAGE        SDEPT
------   --------   ----   ---------   ----------
95020    陈冬       男     18          IS
95021    王红       女     19          IS
95022    张亮       男     19          CS
95023    周明       男     18          IS
95025    陈敏       女     17          CS
```

(3) 消除冗余行的查询。

例 5-9 在学生表中查询不同院系。

```
SQL>select distinct sdept from student;

SDEPT
-----------
CS
IS
```

(4) 用被选择列的别名来指定显示结果时的列名。

例 5-10 在显示结果时用"姓名"代替 sname。

```
SQL>select sname 姓名 from Student;

姓名
-----------
陈冬
王红
张亮
周明
陈敏
```

5.4.2 条件查询

1. 比较运算符

单值测试：在 where 子句的＜条件＞中使用比较运算符＝，＞，＜，＞＝，＜＝，!＝或＜＞。

例 5-11 查询所有年龄在 20 岁以下的学生姓名及其年龄。

```
QL>select sname,sage from student where sage <19;

SNAME        SAGE
-----------  ------------
陈冬           18
周明           18
陈敏           17
```

多值测试：在 where 子句的＜条件＞中使用谓词 between…and…/not between…and…；in ＜值表＞，not in ＜值表＞。＜值表＞是用逗号分隔的一组取值。

例 5-12 查询年龄在 17～19 岁学生的姓名和年龄。

```
SQL>select sname, sage from student where sage between 17 and 19;

SNAME        SAGE
-----------  ------------
陈冬           18
```

```
王红              19
张亮              19
周明              18
陈敏              17
```

例 5-13 查询信息系(is)、数学系(ma)和计算机科学系(cs)学生的姓名和性别。

```
SQL>select sname,ssex from student where sdept in ('IS','CS');

SNAME        SS
----------   ----------
陈冬          男
王红          女
张亮          男
周明          男
陈敏          女
```

2. like 模式匹配

SQL * Plus 通配符_(下画线)表示任意一个字符；%(百分号)表示一个不确定的串。

语法：

```
like '查找串'
```

语法解释如下：

查找串可以是字母、数字、特殊字符和 SQL * Plus 通配符_(下画线)、百分号(%)。通过 not 和 like 的结合使用，可以查找列值不在查找串中的行。

例 5-14 查找学号包括 3 的学生学号。

```
SQL>select sno from Student where sno like '%3%';

SNO
---------
95023
```

例 5-15 查找学号第二个字是 5 的学生学号。

```
SQL>select sno from Student where sno like '_5%';

SNO
---------
95020
95021
95022
95023
95025
```

5.4.3 排序结果表

功能：通过在 select 语句中增加一个 order by 排序子句可以控制输出的显示顺序。

order by 按照所要求的列值条件把结果表中的行进行排序,也可以对多个列中的行进行排序,列名用逗号分开。

语法:

```
order by <列名>asc(默认)                     升序方式排序
order by <列名>desc                          降序方式排序
order by <column1>,<column2 desc>,<column3>,…   多列排序
```

例 5-16 按学号从大到小排序。

```
SQL>select sno from Student order by sno desc;

SNO
---------
95025
95023
95022
95021
95020
```

5.4.4 聚集函数

SQL 是一个非过程数据访问语言,它没有 if…then…else 结构,也没有直接存储和操作临时值的机制,仅仅利用标准的 select…from…where 操作,不能完成在列中求最大值、最小值等一些典型的数据分析工作。SQL 开发人员意识到这一点,因此为用户提供了 5 个聚集函数,如表 5-2 所示。

表 5-2 聚集函数

函数名	意 义	函数名	意 义
avg	计算列的平均值	max	显示列的最大值
sum	计算列的总和	count	统计结果表中的行数
min	显示列的最小值		

1. 计算列的平均值 avg

语法:

```
avg(列名)
```

或

```
avg(distinct(列名))
```

提示:avg 只能处理数字类型列,忽略所处理列中有 null 值的行,如列名前加上 distinct 关键字,对于列中重复的值只处理一次。

例 5-17 计算男学生的平均年龄。

```
SQL>select avg(sage) from student where ssex='男';
```

```
AVG(SAGE)
----------------
    18.33
```

2. 显示列的最大值 max

语法:

```
max(列名)
```

提示: max 可对所有数据类型进行操作。
- 当列为字符类型时,返回按 ASCII 排序的最大值。
- 当列为数值类型时,返回最大代数值。
- 当列为日期类型时,返回列中最大的日期值。
- 忽略所处理列中有 null 值的行。

例 5-18 查找男学生的最大年龄。

```
SQL>select max(sage) from student where ssex='男';

MAX(SAGE)
---------------
       19
```

3. 显示列的最小值 min

语法:

```
min(列名)
```

例 5-19 查找男学生的最小年龄。

```
SQL>select min(sage) from student where ssex='男';

MIN(SAGE)
------------
       18
```

4. 计算列的总和 sum

语法:

```
sum(列名)
```

提示: sum 只能处理数字类型列。
- sum 忽略所处理列中有 null 值的行。
- 如列名前加上 distinct 关键字,对于列中重复的值只处理一次。

例 5-20 计算机系学生的总年龄。

```
SQL>select sum(sage) from student where sdept='CS';

SUM(SAGE)
-----------
```

36

5. 统计结果表中的行数 count

语法：

count(*)

提示：count(*)在行一级上工作，因此有 null 域的行也统计在内。

因为 count(distinct(列名))是在列一级工作，所以它将不统计 null 域。

例 5-21 统计计算机系学生数。

```
SQL>select count(*) from Student where sdept='CS';

COUNT(*)
-------------
        2
```

例 5-22 统计学生表中一共有几个专业。

```
SQL>select count(distinct(sdept)) from student;

COUNT(DISTINCT(SDEPT))
--------------------------
           2
```

5.5 数据更新语句

数据更新语句有三种：插入（insert）、修改（update）、删除（delete）数据。

5.5.1 插入

此节内容与 5.3.4 节相同，这里不再赘述。

5.5.2 删除

功能：删除指定表中满足 where 子句条件的元组。如果省略 where 子句，则删除表中所有元组的值。

语法：

delete from <表名>[where <条件>];

- 删除依赖于 where 条件所指定的范围。
- 一次只能对一个表执行删除操作。
- delete 并不删除表结构。

例 5-23 删除学号为 95022 的学生记录。

```
SQL>delete
  2   from student
```

```
    3   where sno='95022';
```

例 5-24 删除所有学生记录。

```
SQL>delete
  2    from student
  3    ;
已删除 4 行。
```

5.5.3 修改

功能：修改指定表中满足 where 子句条件的元组。如果省略 where 子句,则修改表中所有元组的值。

语法：

update<表名>set<列名>=<表达式>[,<列名>=<表达式>][where<条件>];

例 5-25 将学生 95001 的年龄改为 22 岁。

```
SQL>update student
  2    set sage=22
  3    where sno='95020';
已更新一行。
```

例 5-26 将所有学生的年龄增加 1 岁。

```
SQL>update student
  2    set sage=sage+ 1;
已更新 5 行。
```

第 6 章 PL/SQL 编程基础

CHAPTER 6

6.1 PL/SQL 程序设计

PL/SQL 是一种高级数据库程序设计语言,该语言专门用于在各种环境下对 Oracle 数据库进行访问。由于该语言集成于数据库服务器中,所以 PL/SQL 代码可以对数据进行快速高效的处理。除此之外,可以在 Oracle 数据库的某些客户端工具中使用 PL/SQL 语言也是该语言的一个特点。本章的主要内容是讨论引入 PL/SQL 语言的必要性和该语言的主要特点。

6.1.1 什么是 PL/SQL

Oracle 的 SQL 是支持 ANSI(American National Standards Institute)和 ISO92 (International Standards Organization)标准的产品。PL/SQL(Procedure Language & Structured Query Language)是对 SQL 语言的扩展。Oracle 6 以后,Oracle 附带了 PL/SQL。它现在已经成为一种过程处理语言,简称 PL/SQL。目前的 PL/SQL 包括两部分: 一部分是数据库引擎部分;另一部分是可嵌入到许多产品(如 C 语言、Java 语言等)工具中的独立引擎。可以将这两部分称为数据库 PL/SQL 和工具 PL/SQL。本章主要介绍数据库 PL/SQL 内容。

6.1.2 PL/SQL 的好处

(1) 有利于客户端/服务器环境应用的运行。

对于客户端/服务器环境来说,真正的瓶颈是网络。无论网络多快,只要客户端与服务器进行大量的数据交换,应用运行的效率就会受到影响。如果使用 PL/SQL 进行编程,将这种具有大量数据处理的应用放在服务器端来执行,就省去了数据在网上的传输时间。

(2) 适合于客户环境。

由于 PL/SQL 分为数据库 PL/SQL 部分和工具 PL/SQL,对于客户端来说,PL/SQL 可以嵌套到相应的工具中,客户端程序可以执行本地包含 PL/SQL 部分,也可以向服务器发 SQL 命令或激活服务器端的 PL/SQL 程序运行。

6.1.3 PL/SQL 可用的 SQL 语句

PL/SQL 是 Oracle 系统的核心语言,现在 Oracle 的许多部件都是由 PL/SQL 写成。在

PL/SQL 中可以使用的 SQL 语句有 insert、update、delete、select into、commit、rollback 和 savepoint。

提示：在 PL/SQL 中只能用 SQL 语句中的 DML 部分，不能用 DDL 部分。如果要在 PL/SQL 中使用 DDL（如 create table 等），只能以动态的方式来使用。

（1）Oracle 的 PL/SQL 组件在对 PL/SQL 程序进行解释时，同时对其所使用的表名、列名及数据类型进行检查。

（2）PL/SQL 可以在 SQL * Plus 中使用。

（3）PL/SQL 可以在高级语言中使用。

（4）PL/SQL 可以在 Oracle 的开发工具中使用。

（5）其他开发工具也可以调用 PL/SQL 编写的过程和函数，如 Power Builder 等都可以调用服务器端的 PL/SQL 过程。

6.1.4 运行 PL/SQL 程序

PL/SQL 程序的运行是通过 Oracle 中的一个引擎来进行的。这个引擎可能在 Oracle 的服务器端，也可能在 Oracle 应用开发的客户端。引擎执行 PL/SQL 中的过程性语句，然后将 SQL 语句发送给数据库服务器来执行，再将结果返回给执行端。

6.2 PL/SQL 块结构和组成元素

6.2.1 PL/SQL 块

PL/SQL 程序由三个块组成，即声明部分、执行部分、异常处理部分。

PL/SQL 块的结构如下：

```
declare
```

声明部分：在此声明 PL/SQL 用到的变量、类型及游标，以及局部的存储过程和函数。

```
begin
```

执行部分：过程及 SQL 语句，即程序的主要部分。

```
exception
```

执行异常部分：错误处理。

```
end;
```

其中执行部分是必须的。

PL/SQL 块可以分为三类：

（1）无名块。动态构造，只能执行一次。

（2）子程序。存储在数据库中的存储过程、函数及包等。在数据库上建立好后可以在其他程序中调用它们。

（3）触发器。当数据库发生操作时会触发一些事件，从而自动执行相应的程序。

6.2.2 PL/SQL 结构

（1）PL/SQL 块中可以包含子块。
（2）子块可以位于 PL/SQL 中的任何部分。
（3）子块也即 PL/SQL 中的一条命令。

6.2.3 标识符

PL/SQL 程序设计中的标识符定义与 SQL 的标识符定义的要求相同。要求和限制有：
（1）标识符名不能超过 30 字符。
（2）第一个字符必须为字母。
（3）不分大小写。
（4）不能用"－"（减号）。
（5）不能是 SQL 关键字。

提示：一般不要让变量名声明与表中字段名完全一样，如果这样可能得到不正确的结果。

变量命名在 PL/SQL 中有特别的讲究，建议在系统的设计阶段就要求所有编程人员共同遵守一定的要求，使得整个系统的文档在规范上达到要求。建议的命名方法如表 6-1 所示。

表 6-1 变量命名方法

标 识 符	命 名 规 则	例 子
程序变量	V_name	V_name
程序常量	C_Name	C_company_name
游标变量	Name_cursor	Emp_cursor
异常标识	E_name	E_too_many
表类型	Name_table_type	Emp_record_type
表	Name_table	Emp
记录类型	Name_record	Emp_record
SQL＊Plus 替代变量	P_name	P_sal
绑定变量	G_name	G_year_sal

6.2.4 PL/SQL 变量类型

1．变量类型

PL/SQL 中有系统的数据类型，也可以自定义数据类型。PL/SQL 中的主要变量类型如表 6-2 所示。

表 6-2 在 Oracle 中可以使用的主要变量类型

数 据 类 型	说 明
char	存放定长字符数据
varchar2	存放可变长字符数据

续表

数据类型	说明
number(l,d)	存放数值数据,l 代表总位数,d 代表小数点后位数
date	日期,范围是公元前 4712 年 1 月 1 日到公元后 4712 年 12 月 31 日
blob	二进制大对象,最大长度为 4GB
long	存放可变字符数据,最大长度为 2GB

2. 复合类型

Oracle 在 PL/SQL 中除了提供像前面介绍的各种类型外,还提供一种称为复合类型的类型——记录和表。

(1) 记录类型。

记录类型是把逻辑相关的数据作为一个单元存储起来,存放互不相同但逻辑相关的信息。

定义记录类型语法如下:

```
type record_type is record(
    field1 type1 [not null] [:=exp1 ],
    field2 type2 [not null] [:=exp2 ],
     ⋮
    fieldn typen [not null] [:=expn ]);
```

例 6-1 定义一个记录类型 test_rec,包含两个属性 code、name。

```
declare
     type test_rec is record(
         code varchar2(10),
         name varchar2(30) not null :='a book');
     v_book test_rec;
begin
     v_book.code :='123';
     v_book.name :='c++programming';
     dbms_output.put_line(v_book.code||v_book.name);
end;
```

程序中 v_book 定义成记录类型 test_rec,使用 dbms_output.put_line 函数,输出 code、name 的值。

可以用 select 语句对记录变量进行赋值,只要保证记录字段与查询结果列表中的字段相配即可。

(2) 使用%type。

定义一个变量,其数据类型与已经定义的某个数据变量的类型相同,或者与数据库表中某个列的数据类型相同,这时可以使用%type。

使用%type 特性的优点在于:

- 所引用的数据库列的数据类型可以不必知道;
- 所引用的数据库列的数据类型可以实时改变。

例 6-2 用％type 操作符定义与表相配的字段。

```
declare
    type t_record is record(
        t_no student.sno%type,
        t_name student.sname%type,
        t_dept student.sdept%type);
    v_stud t_record;
begin
    select sno, sname, sdept into v_stud from student where sno='95001';
    dbms_output.put_line
(v_stud.t_no||v_stud.t_name||v_stud.t_dept);
end;
```

程序中使用％type，定义变量 t_no、t_name、t_dept 分别和学生表中的属性 student. sno、student. sname、student. sdept 数据类型一致。

(3) 使用％ROWTYPE。

PL/SQL 提供％ROWTYPE 操作符，返回一个记录类型，其数据类型和数据库表的数据结构相一致。

使用％ROWTYPE 特性的优点在于：
- 所引用的数据库中列的个数和数据类型可以不必知道。
- 所引用的数据库中列的个数和数据类型可以实时改变。

例 6-3 用％ROWTYPE 操作符定义与表 student 相配的数据结构。

```
declare
    v_sno student.sno%TYPE :=&sno;
    rec student%ROWTYPE;
begin
    select * into rec from student where sno=v_sno;
    dbms_output.put_line('姓名:'||rec.sname||'专业:'||rec.sdept);
end;
```

当从键盘上输入变量 sno 值时，程序调用 dbms_output. put_line 输出函数将姓名和专业字段输出。

6.2.5 运算符

PL/SQL 的运算符包括关系运算符、一般运算符和逻辑运算符。

1. 关系运算符

关系运算符如表 6-3 所示。

表 6-3 关系运算符

运 算 符	意 义	运 算 符	意 义
=	等于	>	大于
<>、!=、~=、^=	不等于	<=	小于或等于
<	小于	>=	大于或等于

2. 一般运算符

一般运算符如表 6-4 所示。

表 6-4　一般运算符

运 算 符	意　义	运 算 符	意　义
＋	加号	:=	赋值号
－	减号	=>	关系号
*	乘号	..	范围运算符
/	除号	‖	字符连接符

3. 逻辑运算符

逻辑运算符如表 6-5 所示。

表 6-5　逻辑运算符

运 算 符	意　义	运 算 符	意　义
is null	是空值	and	逻辑与
between	介于两者之间	or	逻辑或
in	在一列值中间	not	取反,如 is not null、not in

6.2.6　变量赋值

在 PL/SQL 编程中,变量赋值的语法如下:

```
variable :=expression;
```

variable 是一个 PL/SQL 变量,expression 是一个 PL/SQL 表达式。

1. 字符及数字运算特点

- 空值加数字仍是空值：null ＋ ＜数字＞＝null。
- 空值加(连接)字符,结果为字符：null ‖ ＜字符串＞＝＜字符串＞。

2. boolean 赋值

布尔值只有 true、false 及 null 三个值。如：

```
declare
    done boolean;
begin
    done :=false;
    while not done loop
        null;
    end loop;
end;
```

3. 数据库赋值

数据库赋值是通过 select 语句来完成的,每次执行 select 语句就赋值一次。一般要求被赋值的变量与 select 中的列名要一一对应。

例 6-4 将学号为 201700005 的学生的姓名和年龄赋值给变量 stud_name、stud_birthy。

```
declare
    stud_id student.sno%type :='201700005';
    stud_name student.sname%type;
    stud_birthy student.sage%type;
begin
    select sname, 2017-sage into stud_name, stud_birthy
    from student where sno =stud_id;
    dbms_output.put_line(stud_name|| '----'||to_char(stud_birthy));
end;
```

提示：不能将 select 语句中的列赋值给布尔变量。

4. 可转换的类型赋值

（1）char 转换为 number。

使用 to_number 函数完成字符到数字的转换，如：

```
v_total :=to_number('2017.0') -sage;
```

（2）number 转换为 char。

使用 to_char 函数可以实现数字到字符的转换，如：

```
v_comm :=to_char( '83.5') || '分';
```

（3）字符转换为日期。

使用 to_date 函数可以实现字符到日期的转换，如：

```
v_date :=to_date( '2001.07.03', 'yyyy.mm.dd');
```

（4）日期转换为字符。

使用 to_char 函数可以实现日期到字符的转换，如：

```
v_to_day :=to_char(sysdate, 'yyyy.mm.dd hh24:mi:ss');
```

6.2.7 注释

在 PL/SQL 里可以使用两种符号写注释。

（1）使用双"—"（减号）注释。

PL/SQL 允许用"—"来写注释，它的作用范围是只能在一行有效。如：

```
V_Sdept varchar2(20); --学生院系
```

（2）使用/*   */为一行或多行注释。如：

```
/***********************************************/
/* 文件名：statistcs_course.sql          */
/***********************************************/
```

6.3 PL/SQL 流程控制语句

PL/SQL 的流程控制语句包括如下三类：
(1) 控制语句：if 语句。
(2) 循环语句：loop 语句、exit 语句。
(3) 顺序语句：goto 语句、null 语句。

6.3.1 条件语句

1. if 语句

```
if <布尔表达式>then
    pl/sql 和 sql 语句
end if;
```

2. if…then…else 语句

```
if <布尔表达式>then
    pl/sql 和 sql 语句
else
    其他语句
end if;
```

3. if…then 语句的嵌套形式

```
if <布尔表达式>then
    pl/sql 和 sql 语句
elsif<其他布尔表达式>then
    其他语句
elsif<其他布尔表达式>then
    其他语句
else
    其他语句
end if;
```

提示：elsif 不能写成 elseif。

例 6-5 判定成绩级别。如果小于 60，输出 fail；如果大于 60 小于 80，输出 fair；如果大于 80，输出 good。

```
declare
    v_sno SC.sno%type :=&sno;
    v_sno SC.cno%type :=&cno;
    v_grade SC.grade%type;
    v_comment varchar2(35);
begin
    select garde into v_grade from SC where sno=v_sno and cno=v_cno;
```

```
        if v_grade<60 then
            v_comment:='fail';
        elsif v_grade <80 then
            v_comment:='fair';
        else
            v_comment:='good';
        end if;
        dbms_output.put_line(v_comment);
end;
```

6.3.2　case 表达式

case 表达式语法：

```
case selector
    when expression1 then result1
    when expression2 then result2
        ⋮
    when expressionn then resultn
    [else resultn+1]
end;
```

例 6-6　判定成绩级别。如果输入 A，为变量 v_appraisal 赋值 excellent；如果输入 B，为变量 v_appraisal 赋值 very good；如果输入 C，为变量 v_appraisal 赋值 good。

```
declare
    v_grade char(1) :=upper('&p_grade');
    v_appraisal varchar2(20);
begin
    v_appraisal :=
    case v_grade
        when 'A' then 'excellent'
        when 'B' then 'very good'
        when 'C' then 'good'
        else 'no such grade'
    end;
    dbms_output.put_line('grade: '||v_grade||'appraisal: '|| v_appraisal);
end;
```

6.3.3　循环

1. 简单循环

语法：

```
loop
    要执行的语句;
    exit when <条件语句>          /*条件满足,退出循环语句*/
```

```
end loop;
```

例 6-7 输出 1～10 的整数值。

```
declare
    int number(2) :=0;
begin
    loop
        int :=int +1;
        dbms_output.put_line('int 的当前值为:'||int);
        exit when int =10;
    end loop;
end;
```

2. while 循环
语法：

```
while <布尔表达式>loop
    要执行的语句;
end loop;
```

例 6-8 输出 1～9 的整数值。

```
declare
x number;
begin
    x:=1;
    while x<10 loop
        dbms_output.put_line('x 的当前值为:'||x);
        x:=x+1;
    end loop;
end;
```

3. 数字式循环
语法：

```
for 循环计数器 in [ reverse ] 下限 .. 上限 loop
    要执行的语句;
end loop;
```

每循环一次，循环变量自动加 1；使用关键字 reverse，循环变量自动减 1。跟在 in reverse 后面的数字必须是从小到大的顺序，而且必须是整数，不能是变量或表达式。可以使用 exit 退出循环。

例 6-9 输出 1～10 的整数值。

```
begin
    for int in 1..10 loop
        dbms_output.put_line('int 的当前值为: '||int);
    end loop;
```

```
end;
```

6.3.4 标号和 goto

PL/SQL 中 goto 语句是无条件跳转到指定的标号去。
语法：

```
goto label;
⋮
<<label>>          /* 标号是用<<  >>括起来的标识符 */
```

例 6-10 此列输出 1～10 的整数值。

```
declare
    v_counter number :=1;
begin
    loop
        dbms_output.put_line('v_counter 的当前值为：'||v_counter);
    v_counter :=v_counter +1;
    if v_counter >10 then
        goto l_endofloop;
    end if;
        end loop;
    <<l_endofloop>>
        dbms_output.put_line('v_counter 的当前值为：'||v_counter);
end;
```

6.4 游标的使用

在 PL/SQL 程序中，对于处理多行记录的事务经常使用游标来实现。

6.4.1 游标概念

为了处理 SQL 语句，Oracle 必须分配一片叫上下文的区域来处理信息，其中包括要处理的行的数目，一个指向语句的指针以及查询的活动集。

游标是一个指向上下文的句柄（Handle）或指针。通过游标，PL/SQL 可以控制上下文区。

对于不同的 SQL 语句，游标的使用情况不同，如表 6-6 所示。

表 6-6 游标的使用情况

SQL 语句	游 标	SQL 语句	游 标
非查询语句	隐式的	结果是多行的查询语句	显式的
结果是单行的查询语句	隐式的或显式的		

6.4.2 处理显式游标

1. 显式游标处理

显式游标处理需要 4 个 PL/SQL 步骤：

(1) 定义游标。就是定义一个游标名，以及与其相对应的 SELECT 语句。

格式：

```
cursor cursor_name[(parameter[, parameter]…)] is select_statement;
```

游标参数只能为输入参数，其格式为：

```
parameter_name [in] datatype [{:=| default} expression]
```

在指定数据类型时不能使用长度约束，如 number(4)、char(10) 等都是错误的。

(2) 打开游标。就是执行游标所对应的 select 语句，将其查询结果放入工作区，并且指针指向工作区的首部，标识游标结果集合。如果游标查询语句中带有 for update 选项，open 语句还将锁定数据库表中游标结果集合对应的数据行。

其格式为：

```
open cursor_name[([parameter =>] value[,[parameter =>] value]…)];
```

在向游标传递参数时，可以使用与函数参数相同的传值方法，PL/SQL 程序不能用 open 语句重复打开一个游标。

(3) 提取游标数据。就是检索结果集合中的数据行，放入指定的输出变量中。

其格式为：

```
fetch cursor_name into {variable_list | record_variable };
```

对该记录进行处理；继续处理，直到活动集合中没有记录。

(4) 关闭游标。当提取和处理完游标结果集合数据后，应及时关闭游标，以释放该游标所占用的系统资源，并使该游标的工作区变成无效，不能再使用 fetch 语句取其中数据。关闭后的游标可以使用 open 语句重新打开。

其格式为：

```
close cursor_name;
```

游标属性如下：

- %found：布尔型属性，当最近一次读记录时成功返回，则值为 true。
- %notfound：布尔型属性，与%found 相反。
- %isopen：布尔型属性，当游标已打开时返回 true。
- %rowcount：数字型属性，返回已从游标中读取的记录数。

例 6-11 给分数低于 50 的学生增加分数 5。

```
declare
    v_sno SC.sno%type;
    v_grade SC.grade%type;
    cursor c is select sno, grade from SC;                    //定义游标
```

```
begin
    open c;                                              --打开游标
    loop
        fetch c into v_sno, v_grade;                     --提取游标数据
        exit when c%notfound;
        if v_grade<=50 then
            update SC set grade=grade+5 where sno=v_sno;
            dbms_output.put_line('学号为'||v_sno||'成绩已更新！');
        end if;
dbms_output.put_line('记录数:'||c%rowcount);
    end loop;
    close c;                                             --关闭游标
end;
```

2. 游标的 for 循环

PL/SQL 语言提供了游标 for 循环语句，自动执行游标的 open、fetch、close 语句和循环语句的功能。当进入循环时，游标 for 循环语句自动打开游标，并提取第一行游标数据，当程序处理完当前所提取的数据而进入下一次循环时，游标 for 循环语句自动提取下一行数据供程序处理，当提取完结果集合中的所有数据行后结束循环，并自动关闭游标。

其格式为：

```
for index_variable in cursor_name[value[, value]…] loop
    --游标数据处理代码
end loop;
```

其中，index_variable 为游标 for 循环语句隐含声明的索引变量，该变量为记录变量，其结构与游标查询语句返回的结构集合的结构相同。在程序中可以通过引用该索引记录变量来读取所提取的游标数据，index_variable 中各元素的名称与游标查询语句选择列表中所制定的列名相同。如果在游标查询语句的选择列表中存在计算列，则必须为这些计算列指定别名后才能通过游标 for 循环语句中的索引变量来访问这些列数据。

例 6-12 使用游标的 for 循环输出 SC 表中的数据。

```
declare
    cursor c_grade is select sno, sname, garde from SC ;
begin
    --隐含打开游标
    for v_garde in c_grade loop
    --隐含执行一个 fetch 语句
        dbms_output.put_line( to_char(v_grade.sno) || '---' ||
v_grade.sname|| '---'||to_char(v_grade.grade)) ;
    --隐含监测 c_grade%notfound
    end loop;
    --隐含关闭游标
end;
```

6.4.3 处理隐式游标

显式游标主要用于对查询语句的处理,尤其是在查询结果为多条记录的情况下。而对于非查询语句,如修改、删除操作,则由 Oracle 系统自动地为这些操作设置游标并创建其工作区,这些由系统隐含创建的游标称为隐式游标,隐式游标的名字为 SQL,这是由 Oracle 系统定义的。对于隐式游标的操作,如定义、打开、取值及关闭操作都由 Oracle 系统自动地完成,无需用户进行处理,用户只能通过隐式游标的相关属性来完成相应的操作。在隐式游标的工作区中所存放的数据是与用户自定义的显示游标无关的、最新处理的一条 SQL 语句所包含的数据。

格式调用为:

SQL%

注:insert、update、delete、select 语句中不必明确定义游标。

隐式游标属性如下:

- sql%found:布尔型属性,当最近一次读记录时成功返回,则值为 true。
- sql%notfound:布尔型属性,与%found 相反。
- sql%rowcount:数字型属性,返回已从游标中读取的记录数。
- sql%isopen:布尔型属性,取值总是 false。SQL 命令执行完毕立即关闭隐式游标。

例 6-13 删除 EMP 表中某部门的所有员工,如果该部门中已没有员工,则在 DEPT 表中删除该部门。

```
declare
v_deptno emp.deptno%type := &p_deptno;
begin
    delete from emp where deptno=v_deptno;
    if sql%notfound then
        delete from dept where deptno=v_deptno;
    end if;
end;
```

6.4.4 游标修改和删除操作

游标修改和删除操作是指在游标定位下修改或删除表中指定的数据行。这时要求游标查询语句中必须使用 for update 选项,以便在打开游标时锁定游标结果集合在表中对应数据行的所有列和部分列。

为了使正在处理的行不被另外的用户改动,Oracle 提供一个 for update 子句对所选择的行进行锁住。该需求迫使 Oracle 锁定游标结果集合的行,可以防止其他事务处理更新或删除相同的行,直到事务处理提交或回退为止。

语法如下:

select … from … for update [of column[, column]…] [nowait]

如果另一个会话已对活动集中的行加了锁,那么 select for update 操作一直等待到其他的会话释放这些锁后才继续自己的操作。对于这种情况,当加上 nowait 子句时,如果这些行被另一个会话锁定,则 open 立即返回并给出:

ora-0054: resource busy and acquire with nowait specified.

如果使用 for update 声明游标,则可在 delete 和 update 语句中使用 where current of cursor_name 子句,修改或删除游标结果集合当前行对应的数据库表中的数据行。

例 6-14 从 SC 表中查询某课程的学生成绩,将其成绩最低定为 60。

```
declare
    v_cno SC.cno%type :=&v_cno;
    cursor SC_cursor is select cno, grade
        from SC where cno=v_cno for update of grade nowait;
begin
    for SC_record in SC_cursor loop --使用游标的 for 循环
        if SC_record.grade <60 then
            update SC set grade=60 where current of SC_cursor;
        end if;
    end loop;
end;
```

第 7 章 函数、过程、包和触发器

CHAPTER 7

Oracle 提供可以把 PL/SQL 程序存储在数据库中,并可以在任何地方运行程序,这些程序叫存储过程或函数。存储过程和函数统称为 PL/SQL 子程序,它们是被命名的 PL/SQL 块,均存储在数据库中,并通过输入参数、输出参数或输入输出参数与其调用者交换信息。过程和函数的唯一区别是函数总向调用者返回数据,而过程则不返回数据。

7.1 函数

7.1.1 创建函数

建立语法如下:

```
create [or replace] function function_name
[(argment [ { in| in out }] type,
    argment [ { in | out | in out } ] type]
    return return_type
    { is | as }
    <类型.变量的说明>
begin
    function_body
exception
    其他语句
end;
```

例 7-1 获取某部门的工资总和。

```
SQL>create or replace function get_salary(      --创建函数 get_salary
        dept_no number,
        emp_count out number)
        return number is
        v_sum number;                           --定义变量 v_sum 存放工资总和
    begin
        select sum(sal), count(*) into v_sum, emp_count
            from emp where deptno=dept_no;
```

```
        return v_sum;                              --返回工资总和到变量 v_sum 中
    end get_salary;
```

7.1.2 函数的调用

函数声明时所定义的参数称为形式参数,应用程序调用时为函数传递的参数称为实际参数。应用程序在调用函数时,可以使用以下方法向函数传递参数。

1. 参数传递格式为位置表示法

格式为:

```
argument_value1[,argument_value2 …]
```

例 7-2　计算某部门的工资总和,参数传递格式为位置表示法。

```
declare
    v_num number;
    v_sum number;
begin
    v_sum :=get_salary(30, v_num);--参数的顺序和函数定义完全一致
    dbms_output.put_line('30号部门工资总和:'||v_sum||',人数:'||v_num);
end;
```

2. 参数传递格式为名称表示法

格式为:

```
argument =>parameter [,…]
```

其中,argument 为形式参数,它必须与函数定义时所声明的形式参数名称相同。parameter 为实际参数。

在这种格式中,形势参数与实际参数成对出现,相互间关系唯一确定,所以参数的顺序可以任意排列。

例 7-3　计算某部门的工资总和,参数传递格式为名称表示法。

```
declare
    v_num number;
    v_sum number;
begin
    v_sum :=get_salary(emp_count =>v_num, dept_no =>30);
    dbms_output.put_line('30号部门工资总和:'||v_sum||',人数:'||v_num);
end;
```

7.1.3 参数默认值

在 create or replace function 语句中声明函数参数时可以使用 DEFAULT 关键字为输入参数指定默认值,具体例子如下。

例 7-4　输出员工的信息,性别默认值是"男"。

```
create or replace function demo_fun(
    name varchar2,
    age integer,
    sex varchar2 default '男')           --变量 sex 的默认值是"男"
    return varchar2
as
    v_var varchar2(32);
begin
    v_var :=name||': '||to_char(age)|| '岁,'||sex;
    return v_var;
end;
```

具有默认值的函数创建后,在函数调用时,如果没有为具有默认值的参数提供实际参数值,函数将使用该参数的默认值。但当调用者为默认参数提供实际参数时,函数将使用实际参数值。在创建函数时,只能为输入参数设置默认值,而不能为输入输出参数设置默认值。

例 7-5 用户 user1 的年龄使用位置表示法传递参数 30;用户 user2 的年龄使用名称表示法传递参数 40;用户 user3 的性别使用实际参数值"女"代替默认值"男"。

```
declare
    var varchar(32);
begin
    var :=demo_fun('user1', 30);
    dbms_output.put_line(var);

    var :=demo_fun('user2', age =>40);
    dbms_output.put_line(var);

    var :=demo_fun('user3', sex =>'女', age =>20);
    dbms_output.put_line(var);
end;
```

7.2 存储过程

7.2.1 建立存储过程

在 Oracle 上建立存储过程可以被多个应用程序调用,可以向存储过程传递参数,也可以从存储过程传回参数。

创建过程语法如下:

```
create [or replace] procedure procedure_name
[ (argment [ { in | in out }] type,
    argment [ { in | out | in out } ] type ]
    is | as }
    <类型.变量的说明>
begin
```

```
    <执行部分>
exception
    <可选的异常错误处理程序>
end;
```

例 7-6 创建删除指定员工记录的过程。

```
create or replace procedure delemp(v_empno in emp.empno%type) is
    begin
        delete from emp where empno=v_empno;
        dbms_output.put_line('编码为'||v_empno||'的员工已被除名！');
    end delemp;
```

7.2.2 调用存储过程

存储过程建立完成后，只要通过授权，用户就可以在 SQL * Plus、Oracle 开发工具或第三方开发工具中调用运行。Oracle 使用 execute 语句实现对存储过程的调用。

```
exec[ute] procedure_name(parameter1, parameter2…);
```

例 7-7 建立过程用于计算指定部门的工资总和，并统计其中的职工数量。

```
create or replace procedure proc_demo(
        dept_no number default 10,
        sal_sum out number,
        emp_count out number)
    is
    begin
        select sum(sal), count(*) into sal_sum, emp_count
            from emp where deptno=dept_no;
    end proc_demo;
```

调用方法如下：

```
declare
v_num number;
v_sum number(8, 2);
begin
    proc_demo(30, v_sum, v_num);--向过程传递参数,指定部门号为 30
dbms_output.put_line('30 号部门工资总和：'||v_sum||',人数：'||v_num);
    proc_demo(sal_sum =>v_sum, emp_count =>v_num);
dbms_output.put_line('10 号部门工资总和：'||v_sum||',人数：'||v_num);
end;
```

如果调试正确的存储过程没有进行授权，那就只有建立者才可以运行。在 SQL * Plus 下可以用 GRANT 命令进行存储过程的运行授权。

7.3 包的创建和应用

包是一组相关过程、函数、变量、常量和游标等 PL/SQL 程序设计元素的组合，具有面向对象程序设计语言的特点,是对 PL/SQL 程序设计元素的封装。包类似于 C++ 和 Java 语言中的类,其中变量相当于类中的成员变量,过程和函数相当于类方法。把相关的模块归类成为包,可使开发人员利用面向对象的方法进行存储过程的开发,从而提高系统性能。

与类相同,包中的程序元素也分为公有元素和私有元素两种,这两种元素的区别是它们允许访问的程序范围不同,即它们的作用域不同。公有元素不仅可以被包中的函数、过程所调用,也可以被包外的 PL/SQL 程序访问,而私有元素只能被包内的函数和过程所访问。

在 PL/SQL 程序设计中,使用包不仅可以使程序设计模块化,对外隐藏包内所使用的信息,而且可以提高程序的执行效率。因为当程序首次调用包内函数或过程时,Oracle 将整个包调入内存,当再次访问包内元素时,Oracle 直接从内存中读取,而不需要进行磁盘 I/O 操作,从而使程序执行效率得到提高。

一个包由两个分开的部分组成:

(1) 包定义(Package)。包定义部分声明包内数据类型、变量、常量、游标、子程序和异常错误处理等元素,这些元素为包的公有元素。

(2) 包主体(Package Body)。包主体则是包定义部分的具体实现,它定义了包定义部分所声明的游标和子程序,在包主体中还可以声明包的私有元素。

包定义和包主体分开编译,并作为两部分分开的对象存放在数据库字典中,详见数据字典 user_source、all_source、dba_source。

7.3.1 包的定义

创建包定义:

```
create [or replace] package package_name
    [authid {current_user | definer}]
    {is | as}
    [公有数据类型定义[公有数据类型定义]…]
    [公有游标声明[公有游标声明]…]
    [公有变量、常量声明[公有变量、常量声明]…]
    [公有子程序声明[公有子程序声明]…]
end [package_name];
```

其中,authid current_user 和 authid definer 选项说明应用程序在调用函数时所使用的权限模式。

创建包主体:

```
create [or replace] package body package_name
    {is | as}
    [私有数据类型定义[私有数据类型定义]…]
    [私有变量、常量声明[私有变量、常量声明]…]
    [私有子程序声明和定义[私有子程序声明和定义]…]
    [公有游标定义[公有游标定义]…]
    [公有子程序定义[公有子程序定义]…]
begin
    pl/sql 语句
```

end [package_name];

其中，在包主体定义公有程序时，它们必须与包定义中所声明子程序的格式完全一致。

例 7-8 创建的包为 demo_pack，该包中包含一个记录变量 deptrec、两个函数和一个过程。

```
create or replace package demo_pack
          is
          deptrec dept%rowtype;
          v_sqlcode number;
          v_sqlerr varchar2(2048);
          function add_dept(
             dept_no number, dept_name varchar2, location varchar2)
                return number;
             function remove_dept(dept_no number)
                return number;
             procedure query_dept(dept_no in number);
          end demo_pack;
```

包主体的创建方法，它实现包定义的具体内容，并在包主体中声明一个私有变量 flag 和一个私有函数 check_dept。由于在 add_dept 和 remove_dept 等函数中需要调用 check_dpet 函数，所以在定义 check_dept 函数之前首先对该函数进行声明，这种声明方法称作前向声明。

例 7-9 创建 demo_pack 包主体。

```
create or replace package body demo_pack
    is
    flag integer;
function check_dept(dept_no number)
       return integer;

function add_dept(dept_no number, dept_name varchar2, location varchar2)
     return number
     is
begin
    if check_dept(dept_no)=0 then
       insert into dept values(dept_no, dept_name, location);
       return 1;
    else
       return 0;
    end if;
exception
    when others then
       v_sqlcode :=sqlcode;
       v_sqlerr :=sqlerrm;
       return -1;
end add_dept;
```

```
function remove_dept(dept_no number)
    return number
    is
begin
    v_sqlcode :=0;
    v_sqlerr :=null;
    if check_dept(dept_no) =1 then
        delete from dept where deptno=dept_no;
        return 1;
    else
        return 0;
    end if;
exception
    when others then
        v_sqlcode :=sqlcode;
        v_sqlerr :=sqlerrm;
        return -1;
end remove_dept;

procedure query_dept(dept_no in number)
    is
begin
    if check_dept(dept_no) =1 then
        select * into deptrec from dept where deptno=dept_no;
    end if;
end query_dept;

function check_dept(dept_no number)
    return integer
    is
begin
    select count(*) into flag from dept where deptno=dept_no;
    if flag >0 then
        flag :=1;
    end if;
    return flag;
end check_dept;

begin
    v_sqlcode :=null;
    v_sqlerr :=null;
end demo_pack;
```

对包内共有元素的调用格式为：

包名.元素名称

例 7-10 调用 demo_pack 包内函数对 dept 表进行插入、查询和修改操作，并通过 demo

_pack 包中的记录变量 deptrec 显示所查询到的数据库信息。

```
Declare
    var number;
Begin
    var :=demo_pack.add_dept(90, 'administration', 'beijing');
    if var =-1 then
        dbms_output.put_line(demo_pack.v_sqlerr);
    elsif var =0 then
        dbms_output.put_line('该部门记录已经存在!');
    Else
        dbms_output.put_line('添加记录成功!');
        demo_pack.query_dept(90);
        dbms_output.put_line(demo_pack.deptrec.deptno||'---'||
            Demo_pack.deptrec.dname||'---'||demo_pack.deptrec.loc);
        var :=demo_pack.remove_dept(90);
        if var =-1 then
            dbms_output.put_line(demo_pack.v_sqlerr);
        else
            dbms_output.put_line('删除记录成功!');
        end if;
    end if;
End;
```

7.3.2 删除过程、函数和包

1. 删除过程

可以用 drop procedure 命令对不需要的过程进行删除,语法如下:

drop procedure [user.]Procudure_name;

例 7-11 删除过程 proc_demo。

SQL>drop procedure proc_demo;

2. 删除函数

可以用 drop function 命令对不需要的函数进行删除,语法如下:

drop function [user.]Function_name;

例 7-12 删除函数 get_salary。

SQL>drop function get_salary

3. 删除包

可以用 drop package 命令对不需要的包进行删除,语法如下:

drop package [body] [user.]package_name;

例 7-13 删除包 demo_pack。

```
SQL>drop package demo_pack;
```

7.4 触发器

触发器是许多关系数据库系统都提供的一项技术。在 Oracle 系统里,触发器类似过程和函数,都有声明、执行部分及异常处理的 PL/SQL 块。

7.4.1 触发器类型

触发器在数据库里以独立的对象存储,它与存储过程不同的是,存储过程通过其他程序来启动运行或直接启动运行,而触发器是由一个事件来启动运行,即触发器是当某个事件发生时自动地隐式运行,并且触发器不能接收参数,所以运行触发器就叫触发或点火(Firing)。Oracle 事件指的是对数据库的表进行的 insert、update 及 delete 操作或对视图进行类似的操作。Oracle 将触发器的功能扩展到了触发 Oracle,如数据库的启动与关闭等。

触发器由如下部分组成:
- 触发事件。即在何种情况下触发触发器,如 insert、update、delete。
- 触发时间。即触发器是在触发事件发生之前(Before)还是之后(After)触发,也就是触发事件和触发器的操作顺序。
- 触发器本身。即触发器被触发之后的目的和意图,正是触发器本身要做的事情,例如 PL/SQL 块。
- 触发频率。说明触发器内定义的动作被执行的次数,即语句级(Statement)触发器和行级(Row)触发器。语句级触发器是指当某触发事件发生时,该触发器只执行一次。行级触发器是指当某触发事件发生时,对受到该操作影响的每一行数据,触发器都单独执行一次。

7.4.2 创建触发器

创建触发器的一般语法如下:

```
create [or replace] trigger trigger_name
    {before | after | instead of}
    {insert | delete | update [of column [, column …]]}
    on {[schema.] table_name | [schema.] view_name}
    [referencing {old [as] old | new [as] new| parent as parent}]
    [for each row ]
    [when condition]
    trigger_body;
```

其中,before 和 after 指出触发器的触发时序分别为前触发和后触发方式,前触发是在执行触发事件之前触发当前所创建的触发器,后触发是在执行触发事件之后触发当前所创建的触发器。

instead of 选项使 oracle 激活触发器,而不执行触发事件。只能对视图和对象视图建立 instead of 触发器,而不能对表、模式和数据库建立 instead of 触发器。

for each row 选项说明触发器为行触发器。行触发器和语句触发器的区别表现在：行触发器要求当一个 dml 语句操作影响数据库中的多行数据时，对于其中的每个数据行，只要它们符合触发约束条件均激活一次触发器；而语句触发器将整个语句操作作为触发事件，当它符合约束条件时激活一次触发器。当省略 for each row 选项时，before 和 after 触发器为语句触发器，而 instead of 触发器则为行触发器。

referencing 子句说明相关名称，在行触发器的 PL/SQL 块和 when 子句中可以使用相关名称参照当前的新、旧列值，默认的相关名称分别为 old 和 new。触发器的 PL/SQL 块中应用相关名称时，必须在它们之前加冒号（:），但在 when 子句中则不能加冒号。

when 子句说明触发约束条件。condition 为一个逻辑表达时，其中必须包含相关名称，而不能包含查询语句，也不能调用 PL/SQL 函数。when 子句指定的触发约束条件只能用在 before 和 after 行触发器中，不能用在 instead of 行触发器和其他类型的触发器中。

触发器是一个基本表被修改（insert、update、delete）时执行的存储过程，执行时根据其所依附的基本表改动而自动触发，因此与应用程序无关，用数据库触发器可以保证数据的一致性和完整性。

7.4.3 触发器触发次序

触发器触发次序为：
（1）执行 before 语句级触发器。
（2）执行 dml 语句。
（3）执行 after 语句级触发器。

7.4.4 创建 DML 触发器

触发器名与过程名和包的名字不一样，它是单独的名字空间，因而触发器名可以和表或过程有相同的名字，但在一个模式中触发器名不能相同。

触发器的限制如下：
（1）create trigger 语句文本的字符长度不能超过 32KB。
（2）触发器体内的 select 语句只能为 select…into…结构，或者为定义游标所使用的 select 语句。
（3）触发器中不能使用数据库事务控制语句 commit、rollback、savepoint 语句。
（4）由触发器所调用的过程或函数也不能使用数据库事务控制语句。
（5）触发器中不能使用 long、long raw 类型。
（6）触发器内可以参照 lob 类型列的列值，但不能通过 :new 修改 lob 列中的数据。
（7）触发器所访问的表受到表的约束限制。

当触发器被触发时，要使用被插入、更新或删除的记录中的列值，有时要使用操作前、后列的值。

- :new：修饰符访问操作完成后列的值。
- :old：修饰符访问操作完成前列的值。

例 7-14 建立一个触发器，当职工表 emp 表被删除一条记录时，把被删除记录写到职工表删除日志表中去。

```
create table emp_his as select * from emp where 1=2;        --建立删除日志表
```

通过使用 where 1=2 子句建立数据结构和 emp 表一样的备份表 emp_his。这里的 1、2 指列的序号,where 1=2 为空集,所以表 emp_his 与 emp 表结构一样,但数据为空。因为表 emp_his 与 emp 表的数据结构一样,所以,保证将 emp 的数据成功插入到 emp_his 中。

```
create or replace trigger del_emp
    before delete on emp for each row
begin
    --将修改前数据插入到日志记录表 del_emp,以供监督使用
    insert into emp_his(empno, ename , job , sal , comm , hiredate, deptno,)
    values(:old.empno, :old.ename , :old.job, :old.mgr, :old.comm,
            :old.hiredate,:old.deptno);
end;
```

7.4.5 删除触发器

1. 删除触发器

```
drop trigger trigger_name;
```

当删除其他用户模式中的触发器名称时,需要具有 drop any trigger 系统权限。当删除建立在数据库上的触发器时,用户需要具有 administer database trigger 系统权限。

此外,当删除表或视图时,建立在这些对象上的触发器也随之删除。

2. 使能触发器

数据库 trigger 有如下两种状态:

- 有效状态(Enable):当触发事件发生时,处于有效状态的数据库触发器将被触发。
- 无效状态(Disable):当触发事件发生时,处于无效状态的数据库触发器将不会被触发,此时就跟没有这个数据库触发器一样。

数据库触发器的这两种状态可以互相转换,语法为:

```
alter tigger trigger_name [disable | enable];
```

例 7-15 使触发器 emp_view_delete 失效。

```
SQL>alter trigger emp_view_delete disable;
```

alter trigger 语句一次只能改变一个触发器的状态,而 alter table 语句则一次能够改变与指定表相关的所有触发器的使用状态。格式为:

```
alter table [schema.]table_name {enable|disable} all triggers;
```

例 7-16 使表 emp 上的所有 trigger 失效。

```
sql>alter table emp disable all triggers;
```

第 8 章 表 对 象

8.1 表的概念

表是数据存储最常见和最简单的形式,是构成关系型数据库的基本元素。表的最简单形式是由行和列组成,分别都包含着数据。表在数据库中占据实际的物理空间,可以是永久的或是临时的。

表是数据库最基本的逻辑结构,一切数据都存放在表中,一个 Oracle 数据库就是由若干个数据表组成的。其他数据库对象都是为了用户很好地操作表中的数据。

从用户的角度来看,表的逻辑结构是一张二维的平面表,即表由纵向的列和横向的行两部分组成,表通过行和列来组织数据。一条记录描述了一个实体对象,一个属性列描述实体对象的一个属性,比如一个学生表里面,每一行就是一条记录,描述了一个确定的学生对象。这个学生对象里面包含了很多属性,比如姓名、年龄、学号、专业等属性,学生表里面每一列代表了一个属性集合,比如表中的姓名所在列,该列中包含了表中所有学生姓名,是姓名这个属性的集合。每个列都具有列名、列数据类型、列长度,可能还有约束条件、默认值等,这些内容在创建表时即被确定。

8.2 创建表

创建表通常使用 create table 语句。在创建表之前,用户必须具有 create table 系统权限。如果要在其他用户模式中创建表,用户必须具有 create any table 系统权限。此外,用户还必须在指定的表空间中设置表空间配额。

创建表的语句如下:

```
create table tablename
(column1 datatype [default expression] [constraint],
column2 datatype [default expression] [constraint],
,,,,)
tablespace    [value]
pctused       [value]
pctfree       [value]
initrans      [value]
```

```
maxtrans    [value]
storage     (
              ⋮
);
```

- tablename：表名。
- column：字段名。
- datatype：字段的数据类型。
- constraint：列级完整约束条件。
- tablespace：指定表所在的表空间。
- pctfree：为一个块保留的空间百分比，表示数据块在此情况下可以执行插入数据。
- pctused：当块里的数据低于此百分比设置时，又可以重新执行插入数据。
- inittrans：初始化事务并发的个数。
- maxtrans：最大事务并发的个数。
- storage：存储参数。

表对象对于数据库来说非常重要，因为其设计是否合理直接跟数据库的性能相关。创建一个表不难，真正的难点是选择合适的数据类型与长度、确定表需要采用的完整性约束等一些问题。

例 8-1 创建一张学生档案信息表 students，该表包括了学号、学生名字、学生性别信息。代码如下：

```
SQL>create table students(
      sno     number(10)    primary key,
      sname   varchar2(20)  not null,
      ssex    varchar2(2));
```

系统执行 create table 语句后，在数据库中创建了一个新的 students 表，声明 sno 属性为主键（Primary Key），sname 属性值不为空（Not Null）。

8.3 表的完整性约束

约束是强加在表上的规则或条件，保证数据的完整性。当对表进行 DML 或 DDL 操作时，如果此操作会造成表中的数据违反约束条件的话，系统会拒绝执行这个操作。约束可以是列级别的，也可以是表级别的。定义约束时，如果没有给出约束的名字，Oracle 系统将为该约束自动生成一个名字，其格式为 SYS_Cn，其中 n 为自然数。

约束的功能是实现一些规则，防止无效的垃圾数据进入数据库，维护数据库的完整性，从而使数据库的开发和维护都更加容易。

约束分为非空（Not Null）约束、唯一（Unique）约束、主键约束、外键（Foreign Key）约束和条件（Check）约束。

8.3.1 非空约束

非空约束就是限制必须为某个列提供值，空值是不允许的。在表中，当某些字段的值不可缺少,就可以定义为非空约束。这样,当插入数据时,如果没有为该列提供数据,系统就会出现错误。如果某些列的值是可有可无的,那么可以定义这些列允许空值。这样,在插入数据时,就可以不向该列提供具体的数据。在默认情况下,表中列允许空值。

例 8-2 向表 student 插入数据,sname 值非空。

```
SQL>insert into students(Sno,Sname,Ssex)values(1,'小明','男');
已创建一行。
```

在 students 表中,sname 属性为 not null,传入值'小明',所以可以正常执行。

例 8-3 向表 student 中插入数据,sname 值取空值。

```
SQL>insert into students(Sno,Ssex)values(2,'男');
insert into students(Sno,Ssex)values(2,'男')
            *
第 1 行出现错误:
ORA-01400: 无法将 NULL 插入 ("SYS"."STUDENTS"."SNAME")
```

在 students 表中,sname 属性为 null,系统报错。

8.3.2 主键约束

主键约束用来唯一标识一行记录,一个表中只能定义一个主键约束,但是可以在一个主键约束中包含多个列,也称为联合主键。定义了主键约束的列或组合不能有重复的值,也不能有空值。

创建主键时,需要注意主键列的数据类型不一定是数值型,也可以是其他的,如字符型。创建主键时,可以与创建表的时候同时创建,也可以创建数据表之后添加主键约束。在此需要注意的是创建单列主键与创建多列主键的区别。

例 8-4 创建单列主键。

```
SQL>create table employeenew
      (  id number(6) primary key,
         first_name   varchar2(20),
         last_name    varchar2(25),
         email        varchar2(25),
         salary       number(8,2)
      );
```

在定义 employeenew 表时,为表定义了一个主键约束 id。

例 8-5 创建多列主键。

```
SQL>create table employeenew
      (  id           number(6),
         first_name   varchar2(20),
         last_name    varchar2(25),
         email        varchar2(25),
         salary       number(8,2),
```

```
            primary key (id, last_name)
       );
```

在定义 employeenew 表时,为表定义了一个主键约束,主键约束由属性 id 和 last_name 组成。

创建表之后,也可以往表里面添加主键。

语法如下:

`alter table 表名 add primary key(列名 1, 列名 2,…)`

其中,alter table 命令用于修改表的属性;primary key(列名 1,列名 2,…)则指定主键被建立在哪些列之上,各列名之间使用逗号进行分隔。

例 8-6 往表 employeenew 的 id 列上添加主键。

```
SQL> alter table employeenew add constraint pkey primary key(id);
表已更改。
```

为表添加主键,这里指定了约束名为 pkey,该主键建立在列 id 上。删除列上的主键约束,采取指定的约束名的方式。

语法如下:

`alter table 表名 drop constraint 主键名称;`

如果在添加约束时使用 constraint 子句为其指定了约束名,那么这里就可以直接使用该名称。而如果没有使用 constraint 子句,则约束名由 Oracle 自动创建,此时就可以通过数据字典 user_cons_columns 和 user_constraints 来查看约束的名称。

例 8-7 删除表 employeenew 的 id 列上的主键约束。

```
SQL>alter table employeenew drop constraint pkey;
表已更改。
```

8.3.3 外键约束

外键约束定义了表之间的关系。当一个表中的一个列或多个列的组合和其他表中的主键定义相同时,就可以将这些列或列的组合定义为外键。

这样,当在定义主键约束的表中更新列值时,其他表中有与之相关联的外键也将被相应地做相同的更新。外键约束的作用还体现在向含有外键的表插入数据时,如果与之相关联的表的列中没有与插入外键列值相同的值时,系统会拒绝插入数据。

外键列中的数据必须来自被引用列中的数据,被引用列中不存在的数据不能存储于外键列中。当删除被引用表中的数据时,该数据也不能出现在外键列中。如果外键列存储了将要在被引用表中删除的数据,那么对被引用表删除数据的操作将失败。

例 8-8 关系 sc 学生选课表中一个元组表示一个学生选修的某门课程的成绩,(sno, cno)是主码。sno、cno 分别参照引用 student 表的主码和 course 表的主码,是 sc 表的外键。

```
SQL>create table student
    (  sno    number(10)    primary key,
```

```
        sname    varchar2(20)  not null,
        ssex     varchar2(2)
    );
SQL>create table course
    (   cno      number(10)    primary key,
        cname    varchar2(20)  not null
    );
SQL>create table sc(
        sno      number(10),
        cno      number(10),
        primary key(sno,cno),
    foreign key (sno) references student(sno),
    foreign key (cno) references course(cno));
```

8.3.4 唯一约束

Oracle 中的唯一约束是用来保证表中的某一列,或者表中的某些列组合起来不重复的一种手段。可以在创建表时或者创建好后通过修改表的方式来创建 Oracle 中的唯一约束。

在一个表中,根据实际情况可能有多个列的数据都不允许存在相同的值。比如,用户表中的名字值、email 值不允许重复,但是由于在一个表中最多只能有一个主键约束存在,使用主键实现列值的唯一性,如何解决这种多个列都不允许重复数据存在的问题呢？这就是唯一约束的作用。约束语句如下：

```
create table table_name
(
    column1 datatype null/not null,
    column2 datatype null/not null,
    ⋮
    CONSTRAINT constraint_name UNIQUE (column1, column2,…,column_n)
);
```

例 8-9 建立一个表 unique_test,并在其中的 fname 和 lname 上建立唯一约束。

```
SQL>create table unique_test(
        id       number,
        fname    varchar2(20) unique,
        lname    varchar2(20) unique,
        address  varchar2(100),
        email    varchar2(40));
```

除此之外,还可以在表创建完成后,通过修改表的方式 alter…add constraint…unique…来增加约束。

例 8-10 在 unique_test 的 email 列上建立唯一约束。

```
SQL>alter table unique_test add unique(email);
表已更改。
```

8.3.5 条件约束

条件约束是指在表的列中增加额外的限制条件。在条件约束的表达式中必须引用表中的一个或多个字段,表达式的计算结果是一个布尔值。语法如下:

```
create table 表名(
    column1 datatype null/not null,
    column2 datatype null/not null,
    ⋮
    constraint 约束名 check (约束条件)
);
```

例 8-11 建立 emp 表,其中工资字段输入值必须大于 1000。

```
SQL>create table emp(
    sal number(7,2)
    constraint check_emp_sal check(sal>1000));
```

在 emp 表中建立了名称为 check_emp_sal 的约束,constraint 是 Oracle 的关键字,当输入值小于 1000 时系统将报错。

8.3.6 删除约束

如果不再需要某个约束时,则可以删除该约束。可以使用带 DROP CONSTRAINT 子句的 ALTER TABLE 语句删除约束。

使用 ALTER TABLE 语句删除约束的语法形式如下:

```
alter 表名
drop constraint 约束名;
```

例 8-12 删除 例 8-11 中 emp 表中的 check_emp_sal 约束。

```
SQL>alter table emp drop constraint check_emp_sal;
表已更改。
```

8.4 修改表

创建表之后,如果发现对表的定义有不满意的地方,可以对表进行修改。对于表的修改包括存储表空间和存储参数、表的状态、字段、表名等。普通用户只能对自己模式中的表进行修改,如果要对任何模式中的表进行修改操作,用户必须具有 alter any table 系统权限。

8.4.1 修改表的状态

Oracle 11g 推出了一个新的特性,用户可以将表置于只读(Read Only)状态,处于该状态的表不能执行 DML 操作和某些 DDL 操作。在 Oracle 11g 之前,为了使某个表置于只读状态,只能通过将整个表空间或者数据库置于只读状态。

例 8-13 将表 employeenew 置于只读状态。

```
SQL>alter table employeenew read only;
表已更改。

SQL>select table_name,read_only from user_tables where table_name='EMPLOYEENEW';

TABLE_NAME          REA
---------------     -------
EMPLOYEENEW         YES
```

对处于 read only 状态的表,用户不能执行 DML 操作。

例 8-14 向表 employeenew 插入数据,系统将报错。

```
SQL>insert into employeenew(empno,ename,job,deptno) values(1220,'ATG','clerk',10);
insert into employeenew(empno,ename,job,deptno) values(1220,'ATG','clerk',10)
            *
第 1 行出现错误:
ORA-12081: 不允许对表 "SYS"."EMPLOYEENEW" 进行更新操作
```

处于 read only 状态的表,可以将其重新置于可读写的 read write 状态。

例 8-15 将表 employeenew 置于可读写的状态。

```
SQL>alter table employeenew read write;
表已更改。
SQL>select table_name,read_only from user_tables where table_name='EMPLOYEENEW';

TABLE_NAME          REA
---------------     --------
EMPLOYEENEW         NO
```

8.4.2 修改字段

创建表之后,可能会根据用户的需求变化改变表中的字段,包括增加、删除字段或者修改字段属性等操作。

在表中添加新的字段,用户可以使用 alter table…add…,语法如下:

alter table 表名 add (字段名、字段类型、默认值、是否为空);

例 8-16 在 employeenew 表中加入 birthplace 这个新的字段,这个字段定义为 varchar 类型,默认值为'空',且不可为空。

```
SQL>alter table employeenew
  2 add (birthplace varchar2(30) default '空' not null);
表已更改。
```

查询 employeenew 表结构,就会有 birthplace 字段。

```
SQL>desc employeenew
```

```
名称                    是否为空?        类型
--------------------   -------------   ----------------
ID                                     NUMBER(6)
FIRST_NAME                             VARCHAR2(20)
LAST_NAME                              VARCHAR2(25)
EMAIL                                  VARCHAR2(25)
SALARY                                 NUMBER(8,2)
BIRTHPLACE             NOT NULL        VARCHAR2(30)
```

删除表中已有的字段可以使用 alter table…drop column…,语法如下:

`alter table 表名 drop column 字段名;`

例 8-17 将 birthplace 字段从 employees 表中删除。

```
SQL> alter table employeenew drop column birthplace;
表已更改。
```

查询 employeenew 表结构,birthplace 字段不会在表结构中出现。

```
SQL>desc employeenew
名称                    是否为空?        类型
--------------------   -------------   ----------------
ID                                     NUMBER(6)
FIRST_NAME                             VARCHAR2(20)
LAST_NAME                              VARCHAR2(25)
EMAIL                                  VARCHAR2(25)
SALARY                                 NUMBER(8,2)
```

修改字段的属性包括修改字段数据类型的长度、数据类型的精度、字段的数据类型和字段的默认值等。修改字段通常使用 alter table…modify…,语法如下:

`alter table 表名 modify (字段名、字段类型、默认值、是否为空);`

例 8-18 将表 employeenew 的字段 salary 数据类型由 number(8,2)改为 number(10,2)。

```
SQL>alter table employeenew
  2        modify (SALARY number(10,2));
表已更改。
```

修改字段之后再查看表的结构,就会发现 salary 字段类型已改变。

```
SQL>desc employeenew
名称                    是否为空?        类型
------------------     -------------   ----------------
ID                                     NUMBER(6)
FIRST_NAME                             VARCHAR2(20)
LAST_NAME                              VARCHAR2(25)
EMAIL                                  VARCHAR2(25)
SALARY                                 NUMBER(10,2)
```

8.4.3 修改表名

在创建表之后,用户可以修改指定表的名称,但用户只能对自己模式中的表进行表的重命名。表的重命名通常使用 alter table…rename to…语句,语法如下:

`alter table 表名 rename to 新表名;`

表的重命名非常容易,但是影响很大,虽然 Oracle 可以自动更新数据字典中的外键、约束定义及表关系,但是它不能更新数据库中的存储过程、客户应用,以及依赖该对象的其他对象。下面是一个表的重命名的例子。

例 8-19 将表 employeenew 重命名为 employees。

```
SQL>alter table employeenew rename to employees;
表已更改。
```

8.5 删除表

表在创建之后,根据用户的需求可以将其删除,释放所占用的空间。一般情况下用户只能删除自己模式中的表,如果要删除其他模式中的表,必须具有 drop any table 系统权限。

语法格式如下:

`drop table 表名;`

drop 语句使用 cascade constraints 选项将删除表的结构、被依赖的约束(Constrain)、触发器、索引(Index)、视图。当表有被依赖的约束、触发器、索引、视图时,必须使用 cascade constraints 选项。

例 8-20 删除表 employees。

```
SQL>drop table employees cascade constraints;
表已删除。
```

第 9 章 数 据 对 象

9.1 索引

索引是一个表或数据结构,用于确定文件中满足某些条件的行的位置。索引表的项由特定记录的键属性的值以及指向记录的存储位置的指针组成,因此从磁盘检索一个记录首先是搜索索引,在索引表中查找记录的地址,然后从这个地址读取记录。

9.1.1 创建索引

使用索引可快速地访问数据,当建立一个索引时,必须指定建立索引的表名以及一个或多个表列。一旦建立了索引,在用户表中建立、更改和删除数据时,Oracle 就自动地维护索引。

建索引时有一个大致的原则:如果表中列的值占该表中行的 20% 以内,这个表列就可以作为候选索引表列。如果在 SQL 语句谓词中多个表列被一起连续引用,则应该考虑将这些表列一起放在一个索引内,Oracle 将维护单个表列的索引或复合索引。

创建索引时可用 create index 语句,通常由表的属主建立索引,语法如下:

```
create index 索引名
on 表名 (列名 [asc | desc] [,列名 [asc | desc] ] … )
[cluster [scheam.]cluster]
[initrans n]
[maxtrans n]
[pctfree n]
[nosort]
```

- desc、asc:默认为 asc,即升序排序。
- cluster:指定一个聚簇。
- initrans、maxtrans:指定初始和最大事务数。
- pctfree:索引数据块空闲空间的百分比。
- nosort:不排序(存储时就已按升序排序,所以指出不再排序)。

例 9-1 在 student 表上为 sdept 属性创建索引 index_sdept。

```
SQL>create index index_sdept on student(sdept);
```

索引已创建。

9.1.2 修改索引

当用户对索引有了不同的需求时,可以修改索引,实际上是删除原来的索引后再重新建立。

alter index 语句不能修改索引中索引键的组合,如果想要实现这一点,只能通过删除索引再建立索引。

语法如下:

```
alter index 索引名
[initrans n]
[maxtrans n]
rebuild
[storage n]
```

rebuild 是根据原来的索引结构重新建立索引,实际上是删除原来的索引后再重新建立。

例 9-2　删除索引 stuname 后再重新建立。

```
SQL>alter index stuname rebuild;
```
索引已更改。

9.1.3 删除索引

删除索引是使用 drop index 语句完成的。删除索引是由索引所有者完成的,如果以其他用户身份删除索引,则要求该用户必须具有 drop any index 系统权限或在相应表上的 index 对象权限。下面情况需要删除索引:

(1) 该索引不再需要时应该删除索引,释放其所占用的空间。

(2) 如果移动了表中的数据,导致索引中包含过多的存储碎片,此时需要删除并重建索引。

(3) 通过一段时间的监视,发现很少有查询会使用到该索引。

索引被删除后,它所占用的所有空间都将返回给包含它的表空间,并可以被表空间中的其他对象使用。索引的删除方式与索引创建采用的方式有关,如果使用 create index 语句显式地创建索引,则可以用 drop index 语句删除索引。

例 9-3　删除 student 表上的索引 index_sdept。

```
SQL>drop index index_sdept;
```
索引已删除。

如果索引是定义约束时由 Oracle 自动建立,则必须禁用或删除该约束本身才能删除相应的索引。

虽然一个表可以拥有任意数目的索引,但是表中的索引数目越多,维护索引所需的开销也就越大。每当向表中插入、删除和更新一条记录时,Oracle 都必须对该表的所有索引进行更新。因此,需要在表的查询速度和更新速度之间找到一个合适的平衡点。应该根据表的实际情况,限制创建的索引数量。

9.1.4 查看索引

为了显示 Oracle 索引的信息,Oracle 提供了一系列的数据字典视图。通过查询这些数据字典视图,用户可以了解索引的各方面信息。

通过查询数据字典视图 dba_indexes,可以显示数据库的所有索引;通过查询数据字典视图 all_indexes,可以显示当前用户可访问的所有索引;查询数据字典视图 user_indexes,可以显示当前用户的索引信息。

例 9-4 显示 user01 用户 student 表的所有索引。

```
SQL>select index_name,index_type,uniqueness
  2  from dba_indexes
  3  where owner='USER01' and table_name='STUDENT';


INDEX_NAME           INDEX_TYPE         UNIQUENES
-------------------  -----------------  ---------------
SYS_C0012624         NORMAL             UNIQUE
SYS_C0012625         NORMAL             UNIQUE
```

通过查询数据字典 user_constraints,可以得到 SYS_C0012624 是主键索引,SYS_C0012625 是唯一索引,它们是建表时建立的,SYS_C0012624 主键索引是系统在主键列上自动建的索引。

```
SQL>select constraint_name, constraint_type from user_constraints where
table_name='STUDENT';


CONSTRAINT_NAME          C
--------------------     -------
SYS_C0012624             P
SYS_C0012625             U
```

9.2 簇

聚簇是根据码值找到数据的物理存储位置,从而达到快速检索数据的目的。聚簇索引的顺序就是数据的物理存储顺序,叶节点就是数据节点。非聚簇索引的顺序与数据物理排列顺序无关,叶节点仍然是索引节点,只不过有一个指针指向对应的数据块。一个表最多只能有一个聚簇索引。

簇由一组共享多个数据块的多个表组成,它将这些表的相关行一起存储到相同数据块中,这样可以减少查询数据所需的磁盘读取量。创建簇后,用户可以在簇中创建表,这些表称为簇表。

9.2.1 管理簇的准则

簇提供一种存储表数据的方法。一个簇由共享相同数据块的一组表组成。因为这些表共享公共的列并且经常一起被使用,所以将这些表组合在一起。例如,emp 和 dept 表共享 deptno 列,当将 emp 和 dept 表组成簇,Oracle 将 emp 和 dept 表中相同部门的所有行存储到相同的物理数据块。

因为簇将不同表的相关行一起存储到相同的数据块,所以合理使用簇可以获得两个主要好处:

(1) 减少了磁盘 I/O,并改善簇表连接所花费的时间。

(2) 簇键是列或列的组,它们是簇表所共有的列。在簇中的每个表,簇键值在簇和簇索引中仅存储一次,而不管不同的表有多少行包含这个值。

9.2.2 创建簇

创建簇必须具有 create cluster 系统权限,以及包含该簇的表空间的限额或具有 unlimited tablespace 系统权限。要想在另外用户的模式中创建簇,必须具有 create any cluster 系统权限,并且必须具有包含该簇的表空间的限额或 unlimited tablespace 系统权限。用 create cluster 语句创建簇。

create cluster 命令的基本格式如下:

```
create cluster (column datatype [, column datatype]…) [other options];
```

column datatype 作为簇键使用的名字和数据类型。column 的名字可以与将要放进该簇中的表的一个列名相同,或者为其他有效名字。

例 9-5 创建一个存储 student 和 SC 表的按 sid 列成簇的名为 stu_ach 的簇。

```
SQL>create cluster stu_ach(sid number)
            pctused 40
            pctfree 10
            size 1024
            tablespace users
            storage
            (initial 128k
            next 128k
            minextents 2
            maxextents 20
            );
```

- size:估计的平均簇键及其相关的行所需的字节数。
- initial:区间的初始大小。
- next:下一个区间的大小。
- minextents:最小的区间数。
- maxextents:最大的盘区数。

上面创建簇 stu_ach 时,指定通过 sid 字段来对簇中的表进行聚簇存储,sid 字段就可以称为聚键。这样就建立了一个没有任何内容的簇(像给表分配了一块空间一样)。

例 9-6 用带有 cluster 选项的 create table 语句在簇中创建表,将 student 和 SC 表创建到 stu_ach 簇中。

```
SQL>create table student(
  2   sid number,
  3   sname varchar2(8),
  4   sage number
  5   )
  6   cluster stu_ach(sid);
```

表已创建。
```
SQL>create table SC(
  2   cid number,
  3   score number,
  4   sid number
  5   )
  6   cluster stu_ach(sid);
```
表已创建。

上例在创建 student 和 SC 表时使用 cluster 子句指定它们所使用的簇为 stu_ach，所使用的簇键为 sid。将 student 和 SC 两个表组成一个簇后，在物理上 Oracle 会将这两个表中每个学生的学生信息和该学生的所有选课信息存储到相同的数据块中。

9.2.3 更改簇

更改簇必须具有 alter any cluster 系统权限，可以更改现存簇的如下设置值：
（1）物理属性（pctfree、pctused、initrans、maxtrans 和存储特征）。
（2）为了存储簇键值的所有行所需空间的平均值 size。
（3）默认的并行度。

当更改簇的数据块空间使用参数 pctfree 和 pctused 或簇的大小参数 size 时，新的设置值适用于该簇所使用的所有数据块，包括已经分配给该簇的和以后分配给该簇的数据块。

当更改簇的事务项设置值 initrans 和 maxtrans 时，initrans 的新设置值仅适用于以后分配给该簇的数据块。而 maxtrans 的新设置值适用于该簇的所有数据块，不能更改存储参数 initial 和 minextents。其他存储参数的所有新设置值仅仅影响以后分配给簇的区间。

例 9-7 用 alter cluster 语句更改簇 stu_ach。

```
SQL>alter cluster stu_ach
  2   pctused 60
  3   pctfree 30;
```

簇已变更。

更改簇索引与更改其他索引一样。注意：在估计簇索引的大小时，要记住索引是建立在每个簇键上的，而不是建立在实际的行上。因此，每个键仅在索引中出现一次。

9.2.4 删除簇

如果不再需要簇，则可以将簇删除，删除簇时也将簇中的表及其对应的簇索引删除，属于簇的数据段的区间和属于簇索引的索引段的区间都将返还给它们所处的表空间,并可被表空间中的其他段使用。删除不包含表的簇及其簇索引使用 drop cluster 语句。

例 9-8 删除名为 emp_dept 的空簇。

```
SQL>drop cluster emp_dept;
```

删除簇并删除簇表,要加 Including tables 选项。

```
SQL>drop cluster emp_dept including tables;
```

删除簇和簇表并删除外键约束,还要加 cascade constraints 选项。

```
SQL>drop cluster emp_dept including tables cascade constraints;
```

删除一个簇必须具有 drop any cluster 系统权限,删除一个包含表的簇不需要另外的权限。簇的拥有者不拥有簇表时,删除簇也不需要另外的权限。

簇表可以被单独地删除,而不影响表的簇、其他簇表或簇索引。删除簇表就像删除非簇表一样用 drop 语句。

值得注意的是,当从簇中删除单个表时,Oracle 单独地删除该表的每一行。为了最有效地删除整个簇即删除包含所有表的簇,使用带有 including tables 选项的 drop cluster 语句。仅当希望保留簇的剩余部分时,才从簇中删除单独的表使用 drop table 语句。

9.3 视图

视图(View)也称为虚表,不占用物理空间,只有逻辑定义,每次使用的时候重新执行 SQL 语句。视图是从一个或多个实际表中获得的,这些表的数据存放在数据库中。用于产生视图的表叫做该视图的基本表。一个视图也可以从另一个视图中产生。视图的定义存在数据库中,与此定义相关的数据并没有在数据库中再存一份,通过视图看到的数据存放在基本表中。

9.3.1 视图的概念

视图看上去非常像数据库的物理表,对它的操作同任何其他的表一样。当通过视图修改数据时,实际上是在改变基本表中的数据;相反地,基本表数据的改变也会自动反映在由基本表产生的视图中。有些 Oracle 视图可以修改对应的基本表,有些则不能。

与表不同,视图不会要求分配存储空间,视图中也不会包含实际的数据。视图只是定义了一个查询,视图中的数据是从基本表中获取,这些数据在视图被引用时动态地生成。由于视图基于数据库中的其他对象,因此一个视图只需要占用数据字典中保存其定义的空间,而不需要额外的存储空间。

视图有如下的作用:

(1) 提供各种数据表现形式。可以使用各种不同的方式将基本表的数据展现在用户面前,以便符合用户的使用习惯。

(2) 隐藏数据的逻辑复杂性并简化查询语句。多表查询语句一般是比较复杂的,而且用户需要了解表之间的关系,容易写错。如果基于这样的查询语句创建一个视图,用户就可以直接对这个视图进行查询而获得结果。这样就隐藏了数据的复杂性,并简化了查询语句。

（3）执行某些必须使用视图的查询。某些查询必须借助视图的帮助才能完成。比如，有些查询需要连接一个分组统计后的表和另一个表，这时就可以先基于分组统计的结果创建一个视图，然后在查询中连接这个视图和另一个表。

（4）提供某些安全性保证。视图提供了一种可以控制的方式，即可以让不同的用户看见不同的列，这样就可以保护敏感数据。

（5）简化用户权限的管理。可以将视图的权限授予用户，而不必将基本表中某些列的权限授予用户，这样就简化了用户权限的定义。

9.3.2 视图的创建与查询

要在当前模式中创建视图，用户必须具有 create view 系统权限；要在其他模式中创建视图，用户必须具有 create any view 系统权限。视图的功能取决于视图拥有者的权限。创建视图的语法如下：

```
create [ or replace ] view 视图名字
    [ (column1,column2,…) ]
    as
    select 语句…
    [ with check option ] [ constraint constraint_name]
    [ with read only ];
```

- or replace：如果存在同名的视图，则使用新视图"替代"已有的视图。
- column1,column2,…：视图的列名，列名的个数必须与 select 查询中列的个数相同，如果 select 查询包含函数或表达式，则必须为其定义列名。
- with check option：指定对视图执行的 DML 操作必须满足"视图子查询"的条件。即对通过视图进行的增、删、改操作进行"检查"，要求增、删、改操作的数据必须是 select 查询所能查询到的数据，否则不允许操作并返回错误提示。默认情况下，在增、删、改之前并不会检查这些行是否能被 select 查询检索到。
- with read only：创建的视图只能用于查询数据，而不能用于更改数据。

例 9-9 基于 emp 表创建一个 emp_view 视图，视图的列名分别为 empno、ename、job、hiredate、deptno。

```
SQL>create view emp_view
  2   as
  3   select empno,ename,job,hiredate,deptno
  4   from emp;
```

视图已创建。

创建完 emp_view 视图之后，用户可以使用 select 语句像查询普通的数据表一样查询视图。

```
SQL>select * from emp_view;
```

EMPNO	ENAME	JOB	HIREDATE	DEPTNO
0001	张蓓	经理	07-1月-18	10
0003	黄欣懿	职员	07-1月-18	20
0004	邓瑞峰	职员	07-1月-18	30
0005	李敏	职员	07-1月-18	40
0006	刘思佳	经理	07-1月-18	40

9.3.3 管理视图

在创建视图后，用户还可以对视图进行管理，主要包括查看视图的定义信息、修改视图定义、重新编译视图和删除视图。

1. 查看视图定义

数据库并不存储视图中的数值，而是存储视图的定义信息。用户可以通过查询数据字典视图 user_view，以获得视图的定义信息。

在 user_view 视图中，text 列存储了用户视图的定义信息，即构成视图的 select 语句。

例 9-10 查看视图 emp_view 的定义。

```
SQL>select text
  2  from user_views
  3  where view_name=upper('EMP_VIEW');

TEXT
------------------------------------------
select empno,ename,job,hiredate,deptno
from emp
```

2. 修改视图定义

建立视图后，如果要改变视图所对应的子查询语句，则可以执行 create or replace view 语句。

例 9-11 创建一个基于 emp 和 dept 的视图。

```
SQL>create or replace view dept_emp_view
  2  as
  3  select t1.deptno,t1.dname,t1.loc,t2.empno,t2.ename,t2.sal
  4  from dept t1,emp t2
  5  where t1.deptno=t2.deptno and t1.deptno=10;
```
视图已创建。

上述语句中，t1 表示 dept 表，t2 表示 emp 表。t1.deptno、t1.dname、t1.loc、t2.empno、t2.ename、t2.sal 分别表示 dept 表中的 deptno 属性、dname 属性、loc 属性和 emp 表中的 empno 属性、ename 属性及 sal 属性。

3. 重新编译视图

在视图被创建后，如果用户修改了视图所依赖的基本表定义，则该视图会被标记为无效状态。当用户访问视图，Oracle 会自动重新编译视图。除此之外，用户也可以使用 Alter

View 语句手动编译视图。

例 9-12 手动编译视图 emp_view。

```
SQL>alter view emp_view compile;
视图已变更。
```

4. 删除视图

当视图不再需要时,用户可以执行 drop view 语句删除视图。用户可以直接删除自己模式中的视图,但如果要删除其他用户模式中的视图,要求该用户必须具有 drop any view 系统权限。

例 9-13 删除视图 emp_view。

```
SQL>drop view emp_view;
视图已删除。
```

9.4 序列

序列是 Oracle 提供的用于产生一系列唯一数字的数据库对象。使用序列可以实现自动产生主键值。序列也可以在许多用户并发环境中使用,为所有用户生成不重复的顺序数字,而且不需要任何额外的 I/O 开销。

9.4.1 创建序列

与视图一样,序列并不占用实际的存储空间,只是在数据字典中保存它的定义信息。用户要在自己的模式中创建序列,必须具有 create sequecnce 系统权限。如果要在其他模式中创建序列,则必须具有 create any sequence 系统权限。

```
create sequence 序列名
    [increment by n]
    [start with n]
    [{maxvalue n | nomaxvalue}]
    [{minvalue n | nominvalue}]
    [{cycle|nocycle}]
    [{cache | nocache}];
```

- increment by:用于定义序列的步长,如果省略,则默认为 1。如果出现负值,则代表 Oracle 序列的值是按照此步长递减的。
- start with:定义序列的初始值(即产生的第一个值),默认为 1。
- maxvalue:定义序列生成器能产生的最大值。
- minvalue:定义序列生成器能产生的最小值。
- cycle 和 nocycle 表示当序列生成器的值达到限制值后是否循环。cycle 代表循环,nocycle 代表不循环。如果循环,则当递增序列达到最大值时,循环到最小值;递减序列达到最小值时,循环到最大值。如果不循环,达到限制值后继续产生新值就会发生错误。

- cache(缓冲)：定义存放序列的内存块的大小，默认为 20。nocache 表示不对序列进行内存缓冲。对序列进行内存缓冲，可以改善序列的性能。
- nextval：返回序列中下一个有效的值，任何用户都可以引用。
- currval：存放序列的当前值，nextval 应在 currval 之前指定，二者应同时有效。

例 9-14 创建一个序列 deptno_seq，序列的步长为 1，初始值为 1，最大值为 9999。

```
SQL>create sequence deptno_seq
  2  increment by 1
  3  start with 1
  4  maxvalue 9999;
```

序列已创建。

9.4.2 管理序列

使用序列，需要使用序列的两个伪列 nextval 和 currval。修改序列使用 alter sequence 语句，除了序列的起始值之外，可以通过重新定义序列的任何子句和参数进行修改。如果要修改序列的起始值，则必须先删除序列，然后再重新创建该序列。

```
alter sequence 序列名
[increment by n]
[{maxvalue n | nomaxvalue}]
[{minvalue n | nominvalue}]
[{cycle | nocycle}]
[{cache n | nocache}];
```

修改序列有以下限制：

(1) 不能修改序列初始值，即 start with 选项。

(2) 修改的最大值(最小值)不允许比当前序列值小(大)。若想修改，该选项必须先删除再重新创建。

(3) 需要拥有对修改序列的 alter 权限。

例如，下面的语句将序列的最大值改成 200。

例 9-15 修改序列 deptno_seq 的最大值为 200。

```
SQL>alter sequence deptno_seq
  2  maxvalue 200;
```

序列已更改。

对序列进行修改后，在缓存中的序列值将全部丢失，可以通过数据字典 USER_SEQUENCE 获取序列的信息。

例 9-16 通过数据字典 user_sequences 查看序列 deptno_seq 的信息。

```
SQL> select sequence_name, min_value, max_value, increment_by from user_sequences where sequence_name='deptno_seq';
```

```
SEQUENCE_NAME          MIN_VALUE       MAX_VALUE        INCREMENT_BY
--------------------   -------------   --------------   ------------------
DEPTNO_SEQ                     1            9999                 1
```

当序列不再需要时，数据库用户可以执行 DROP SEQUENCE 语句删除序列。删除序列后将无法再对该序列引用。DROP SEQUENCE 语法如下：

DROP SEQUENCE 序列名

例 9-17 删除已有序列 deptno_seq。

```
SQL>drop sequence deptno_seq;
序列已删除。
```

9.5 同义词

同义词是表、索引、视图等对象的一个别名。通过对象创建同义词，可以隐藏对象的实际名称和所有者信息，或者隐藏分布式数据库中远程对象的信息，由此为对象提供一定的安全性保证。与视图、序列一样，同义词只在数据库的数据字典中保存其定义描述，因此同义词并不占用任何实际的存储空间。

Oracle 中的同义词分为两种类型：公有同义词和私有同义词。公有同义词被一个特殊的用户组 PUBLIC 拥有，数据库中所有的用户都可以使用公有同义词。而私有同义词只被创建它的用户所拥用，只能由该用户及被授权的其他用户使用。

建立公有同义词使用 create public synonym 语句完成。如果数据库用户要建立公有同义词，则要求该用户必须具有 create public synonym 系统权限。

例 9-18 建立基于 user01.emp 表的公有同义词 public_emp。

```
SQL>create public synonym public_emp for user01.emp;
同义词已创建。
```

执行以上语句后，会建立公有同义词 PUBLIC_EMP。因为该同义词属于 PUBLIC 用户组，所以所有用户都可以直接引用该同义词。需要注意，如果有户要使用该同义词，必须具有访问 user01.emp 表的权限。

例 9-19 查询表 emp 和它的共有同义词 public_emp。

```
SQL>select ename,sal,job
  2  from emp
  3  where ename='张蓓';

ENAME        SAL        JOB
----------   --------   ----------
张蓓          1800       经理
SQL>select ename,sal,job
  2  from public_emp
  3  where ename='张蓓';
```

```
ENAME           SAL        JOB
----------    ----------  ----------
张蓓            1800        经理
```

查询结果表明,查询表 emp 和它的同义词 public_emp 结果一样。

建立私有同义词使用 create synonym 语句完成。如果在当前模式中创建私有同义词,那么数据库用户必须具有 create synonym 系统权限。如果要在其他模式中创建私有同义词,则数据库用户必须具有 create any synonym 系统权限。

例 9-20　建立基于 user01.emp 表的私有同义词 private _emp。

```
SQL>create synonym private_emp for user01.emp;
同义词已创建。
```

私有同义词只有当前用户可以直接引用,其他用户在引用时必须带模式名。

例 9-21　查询表 emp 的私有同义词 private _emp。

```
SQL>select ename,sal,job
  2   from private_emp
  3   where ename='张蓓';
```

```
ENAME           SAL        JOB
----------    ----------  ----------
张蓓            1800        经理
```

例 9-22　用户 u1 访问 emp 的私有同义词 private _emp。

如果用户 u1 没有查询 user01.emp 的权限,将不能访问 emp 的私有同义词 private _emp。为用户 u1 授予查询 user01.emp 的权限后,标明模式,可以访问 emp 的私有同义词 private _emp。

```
SQL>conn u1/u1
已连接。
SQL>select ename,sal,job
  2    from private_emp
  3    where ename='张蓓';
 from private_emp
      *
第 2 行出现错误:
ORA-00942:表或视图不存在
```

查询中没有标明模式名,系统报错。

```
SQL>select ename,sal,job
  2    from user01.private_emp
  3    where ename='张蓓';
```

```
ENAME           SAL        JOB
----------    ----------  ----------
张蓓            1800        经理
```

查询结果表明,其他用户在引用时必须带模式名。

当基础对象的名称和位置被修改后,用户需要重新为它建立同义词。用户可以删除自己模式中的私有同义词。要删除其他模式中的私有同义词时,用户必须具有 DROP ANY SYNONYM 系统属性。要删除公有同义词,用户必须具有 DROP PUBLIC SYNONYM 系统权限。

例 9-23 删除私有同义词。

```
SQL>drop synonym private_emp;
同义词已删除。
```

例 9-24 删除公有同义词。

```
SQL>drop public synonym public_emp;
同义词已删除。
```

第 10 章 管理控制文件和日志文件

10.1 管理控制文件

控制文件是用来记录 Oracle 数据库内各个文件的位置等信息的二进制文件,这个文件用于实例启动和保证数据库的正常操作。例如,数据库在启动时需要从控制文件读取数据文件、重做日志文件,以及其他文件的路径和文件名等信息。在数据库打开后,当数据库管理员需要维护数据文件、重做日志文件、控制文件时,任何变更信息都必须及时反映到控制文件中。如果控制文件不能正常访问,就可能导致数据库无法启动或无法正常运作。

控制文件主要包含以下信息:
- 数据库名称。
- 数据库创建的时间戳。
- 数据文件和重做日志文件的名称和位置。
- 表空间信息。
- 日志相关历史记录。
- 归档日志信息。
- 备份相关信息。
- 数据文件复制信息。
- 当前日志序列号。
- 检查点信息。

10.1.1 控制文件的管理

控制文件的管理主要包含以下几个方面:

1. 控制文件的设定

因为控制文件需要在数据库尚未启动时被访问,所以需要在 pfile/spfile 等参数文件中通过初始化参数 control_files 设定。这个参数中可以指定一个或多个控制文件的路径和文件名。

例 10-1 查看参数设定。

```
SQL>show parameter control_files
```

```
NAME                TYPE        VALUE
------------------  ----------  ------------------------------
control_files       string      D:\APP\ES\ORADATA\ORCL\CONTROL01.CTL,
                                D:\APP\ES\FLASH_RECOVERY_AREA\ORCL\CONTROL02.CTL
```

查询结果表明：当前数据库有两个参数文件 control01.ctl 和 control02.ctl。

创建数据库时，可以通过 Create Database 的 SQL 语句的 control_files 子句来指定，例如 control_files=(d:\app\es\oradata\orcl\control01.ctl,d:\app\es\flash_recovery_area\orcl\control02.ctl)。

(1) 控制文件的分散保存。

(2) 一个数据库至少要有两个控制文件，最好分散到不同的磁盘上，以防磁盘介质损坏。

2. 控制文件的备份

控制文件的备份非常重要，尤其是在进行初始化参数变更或数据库结构变更时。这些操作中一旦发生问题，造成当前控制文件无法使用时，可以使用备份控制文件。

3. 控制文件的大小控制

控制文件一般不会太大，它的大小受创建数据库时的参数 maxdatafiles、maxlogfiles、maxlogmembers、maxloghistory 及 maxinstances 的影响。

10.1.2 创建控制文件

在以下场合需要创建新的控制文件。

- 数据库名变更；
- 控制文件出现损坏，而又没有备份。

可以通过以下步骤创建新的控制文件。

(1) 查找数据库的所有数据文件和重做日志文件信息。在数据库还可以访问时，通过以下语句可以查看。

首先，访问数据字典视图 v$logfile，查找重做日志文件信息。

```
SQL>select member from v$logfile;
MEMBER
--------------------------------------
D:\APP\ES\ORADATA\ORCL\REDO03.LOG
D:\APP\ES\ORADATA\ORCL\REDO02.LOG
D:\APP\ES\ORADATA\ORCL\REDO01.LOG
```

结果显示，当前数据库有三个重做日志文件 redo01.log、redo02.log、redo03.log。

再访问数据字典视图 v$parameter，查找控制文件信息。

```
SQL>select value from v$parameter where name ='control_files';

VALUE
------------------------------------------
D:\APP\ES\ORADATA\ORCL\CONTROL01.CTL,
```

D:\APP\ES\FLASH_RECOVERY_AREA\ORCL\CONTROL02.CTL

结果显示,当前数据库有两个控制文件 control01.ctl、control02.ctl。

继续访问数据字典视图 v$datafile,查找数据文件信息。

```
SQL>select name from v$datafile;

NAME
------------------------------------------
D:\APP\ES\ORADATA\ORCL\SYSTEM01.DBF
D:\APP\ES\ORADATA\ORCL\SYSAUX01.DBF
D:\APP\ES\ORADATA\ORCL\UNDOTBS01.DBF
D:\APP\ES\ORADATA\ORCL\USERS01.DBF
D:\APP\ES\ORADATA\ORCL\EXAMPLE01.DBF
D:\APP\ES\ORADATA\ORCL\TSETTS1.DBF
D:\APP\ES\ORADATA\ORCL\AA.DBF
```

结果显示,当前数据库有 7 个数据文件,它们是以 DBF 作为扩展名的文件。

(2) 执行命令 shutdown 将数据库实例停止。

(3) 将数据库中的所有数据文件和重做日志文件进行物理备份。

(4) 执行命令,startup nomount 将数据库实例启动到 nomount 阶段。

(5) 执行 create controlfile 语句,创建新的控制文件。

例 10-2 为数据库实例 orcl 创建新的控制文件。

```
create controlfile
    set database ora11204
    logfile group 1 (d:\app\es\oradata\orcl\redo01_01.log',
                     d:\app\es\oradata\orcl\redo01_02.log'),
            group 2 (d:\app\es\oradata\orcl\redo02_01.log',
                     d:\app\es\oradata\orcl\redo02_02.log'),
            group 3 (d:\app\es\oradata\orcl\redo03_01.log',
                     d:\app\es\oradata\orcl\redo03_02.log')
    resetlogs
    datafile d:\app\es\oradata\orcl\system01.dbf' size 80m,
             d:\app\es\oradata\orcl\undo01.dbs' size 80m,
             d:\app\es\oradata\orcl\users01.dbs' size 2g,
             d:\app\es\oradata\orcl\temp01.dbs' size 80m
    maxlogfiles 60
    maxlogmembers 5
    maxdatafiles 200
    maxinstances 6
    archivelog;
```

其中各参数的含义如下:

- maxlogfiles:最大重做日志文件数。

- maxlogmembers：最大重做日志组成员数。
- maxdatafiles：最大数据文件数。
- maxinstances：最大实例数。
- archivelog：数据库是归档模式。

（6）将新创建的控制文件备份。

（7）修改数据库的初始化参数 control_files，指定为新的控制文件及它的备份。如果数据库的名变更的话，需要同时修改初始化参数 db_name 为新的数据库名。

（8）执行 startup 命令打开数据库。

10.1.3　添加、重命名或移动控制文件

通过添加更多的控制文件，或将现有控制文件移动到别的位置，可以降低因磁盘损坏带来的风险。可以通过以下方法添加、重命名或移动控制文件。

（1）执行 shutdown immediate 命令关闭数据库。

（2）使用操作系统命令把现有控制文件复制到新的位置。

（3）编辑数据库初始化参数文件 control_files 参数，增加新的控制文件的名称，或更改现有的控制文件名。

（4）执行 startup 命令打开数据库。

10.1.4　备份控制文件

在数据库管理中，备份是非常重要的，通过定期备份控制文件，可以防止控制文件的丢失和损坏，有效地进行数据库恢复。当数据库结构有变更时，也需要进行控制文件的备份，例如添加、删除、重命名数据文件；添加、删除重做日志文件；添加、删除、修改表空间等。

备份控制文件可以通过 alter database backup controlfile 语句进行。例如，通过以下语句将当前数据库控制文件备份成二进制文件 control01.ctl。

```
SQL>alter database backup controlfile to 'd:\oracle\backup\control01.ctl';
```

10.1.5　删除控制文件

当某个控制文件的位置不合适，或者出现损坏时，需要删除控制文件。注意，通常控制文件至少需要保留两个。可以通过以下方法删除控制文件：

（1）执行 shutdown immediate 命令关闭数据库。

（2）编辑数据库初始化参数文件 control_files 参数，删除不要的控制文件的名。

（3）执行 startup 命令打开数据库。

（4）通过操作系统命令物理删除不要的控制文件。

10.1.6　控制文件的数据字典视图

控制文件相关的数据字典视图如表 10-1 所示。

表 10-1 控制文件相关的数据字典视图

视 图	说 明
v$database	控制文件里的数据库信息
v$controlfile	控制文件名称和状态信息
v$controlfile_record_section	控制文件各个部分的记录等状况
v$parameter	初始化参数信息,可以查看 control_files 参数的设定

例 10-3 通过以下语句可以看到控制文件里的部分数据库信息。

```
SQL>select name,log_mode,controlfile_type,controlfile_created from
v$database;

NAME       LOG_MODE      CONTROL       CONTROLFILE_CR
--------   -----------   ------------  ------------------
ORCL       ARCHIVELOG    CURRENT       06-1月 -17
```

查询结果表明:数据库 ORCL 工作在归档模式,当前数据库文件创建时间是 2017 年 6 月 1 日。

10.2 重做日志文件

重做日志文件(Redo Log)用于记录 Oracle 数据库内所有的变更历史。对于日志文件,Oracle 采取的是日志优先写入的策略,所有事务中的变更信息都会先记录到内存中的日志缓冲区。当事务提交时,会先把日志缓冲区中的变更信息写入磁盘上的联机重做日志文档中。而对于数据文件,Oracle 数据库为了提高效率,采取的是异步写入的方式,所以数据文件的反映时间很可能会晚于日志文件。一旦出现数据库掉电等实例级别的故障时,数据库实例的内存中,那些已经提交但尚未反映磁盘上数据文件的变更将通过读取日志文件重演数据的变更,能恢复到数据库发生问题前的最后一次写日志文件时的状态。

重做日志文件由日志记录构成,日志记录又由一组变更向量构成。变更向量中记录数据库中每个块的变更,变更内容包括表数据块的变更、索引块的变更、回滚段的变更等。例如,当用 insert 语句插入一条表的数据时,会同时产生回滚信息和重做日志的变更向量,变更向量里会记录插入的数据段块、索引键值的段块、回滚段块以及回滚段的事务表等信息。一旦出现实例失败,重做日志中的信息将被用于恢复数据块、索引块、回滚块、事务表等,支持变更的重演和撤销。

重做日志由日志写进程(LGWR)负责写入。写入时间可以为:每一次写检查点时;日志缓冲区写满 1/3 或 1MB 时;执行 commit 或 rollback 语句时。这些写入动作确保在变更过的脏数据块写入磁盘之前,相关的变更向量已经写入了联机重做日志,确保实例恢复能有效地进行。

数据库以循环利用的方式写入各组重做日志文件,例如先同时写组 1 中各个成员,写满后自动切换到组 2,写满后自动切换到组 3,写满后再自动切换到组 1。这种自动切换有利于对没有写入的重做日志文件进行维护或归档。如果数据库设置为归档模式,后台归档进程(ARCH)会把当前没有写入的重做日志归档,把这些文件的内容复制到归档日志文件。如果切换到的重做日志组正在做归档,为了防止尚未写入归档日志文件的记录被覆盖,数据库必须等待。如果归档不能完成,数据库整体就会出现停止,无法工作。所以保证归档文件所在的磁盘空间充分,磁盘设备能正常访问非常重要。

10.2.1 设置重做日志文件

为了降低由于重做日志文件本身损坏给系统带来的风险,通常确保重做日志文件同时有多个备份,最好这些备份分散在不同的磁盘上。这样,一旦某个文件或所在的磁盘发生介质损坏,也不影响数据库的实例恢复。这些保存相同内容的重做日志文件一起作为一个日志组管理,组内的每个文件被称为日志组成员。当日志写进程写日志时,会同时往当前日志组所有的成员写入。当然,这种写入方式会产生 I/O 处理上的开销,影响数据库其他 I/O 处理速度,所以不能设置过多的组内成员,需要综合考虑系统恢复上的风险和系统总体的性能。可以通过以下语句查看目前数据库中有几个组,各个组有多少个成员,哪个组是当前被写入的组,它们的大小和块大小。

例 10-4 查看重做日志文件信息。

```
SQL>select group#,bytes,blocksize,members,status from v$log;

GROUP#    BYTES       BLOCKSIZE    MEMBERS    STATUS
------    ----------  -----------  --------   --------
   1      52428800    512          1          INACTIVE
   2      52428800    512          1          INACTIVE
   3      52428800    512          1          CURRENT
```

查询结果表明:目前数据库中有 3 个组,各个组有 1 个成员,第 3 组是当前被写入的组,每组大小为 52 428 800KB,块大小为 512KB。

每个日志文件的大小如果设置得过小,往重做日志文件写入日志时,日志文件组切换将过于频繁。重做日志文件的大小并没有一个明确的标准,与数据环境中运行的应用的状况相关,需要通过测试来决定。如果重做日志组切换过于频繁,系统提示信息"检查点未完成(Checkpoint Not Complete)"频繁出现,就说明当前的日志文件设置过小,需要调大。一般来说,每 20 分钟出现一次日志组切换是正常的,切换间隔低于 20 分钟可能需要调大日志文件大小。为了保证重做日志的写入性能平稳,一般建议将各个日志组成员大小设置相同。

重做日志文件的最大个数以及每个组的最大成员数,可以通过 create controlfile 或 create database 语句中的 maxlogfiles 和 maxlogmembers 来指定。如果没有指定,将使用系统的默认值。

10.2.2 创建重做日志文件组和日志文件成员

为了降低重做日志文件损坏给系统带来的风险,需要创建新的日志文件组及追加日志文件成员。

例 10-5 查看目前数据库中重做日志组和成员。

```
SQL>select group#,member from v$logfile;
```

```
GROUP#    MEMBER
--------  ---------------------------------------
       3  D:\APP\ES\ORADATA\ORCL\REDO03.LOG
       2  D:\APP\ES\ORADATA\ORCL\REDO02.LOG
       1  D:\APP\ES\ORADATA\ORCL\REDO01.LOG
```

查询结果表明：当前数据库有 3 个日志组，每组有 1 个成员。

再执行以下语句追加日志组 4，组内有两个成员，分别是 redo041.log 和 redo042.log。

```
SQL>alter database add logfile ('d:\app\es\oradata\orcl\redo041.log',
    'd:\app\es\oradata\orcl\redo042.log') size 100m blocksize 512;
数据库已更改。
```

上面这个语句执行之后，可以在操作系统中看到这两个文件，如图 10-1 所示。

同时也可以再次查询 v$logfile 来确认。

```
SQL>select group#,member from v$logfile;

GROUP#    MEMBER
--------  ---------------------------------------
       3  D:\APP\ES\ORADATA\ORCL\REDO03.LOG
       2  D:\APP\ES\ORADATA\ORCL\REDO02.LOG
       1  D:\APP\ES\ORADATA\ORCL\REDO01.LOG
       4  D:\APP\ES\ORADATA\ORCL\REDO041.LOG
       4  D:\APP\ES\ORADATA\ORCL\REDO042.LOG
```

图 10-1 操作系统中生成的两个日志文件

查询结果表明：已经追加了日志组 4，日志组 4 包含两个成员 redo041.log 和 redo042.log。由于目前从组 1 到 3，每个组里只有 1 个成员，这时可以通过执行以下语句来给这些组追加成员。

```
SQL>alter database add logfile member 'd:\app\es\oradata\orcl/redo012.log' to
group 1;
数据库已更改。

SQL>alter database add logfile member 'd:\app\es\oradata\orcl/redo022.log' to
group 2;
数据库已更改。

SQL>alter database add logfile member 'd:\app\es\oradata\orcl/redo032.log' to
group 3;
数据库已更改。
SQL>select group#,member from v$logfile;
```

```
GROUP#    MEMBER
--------  --------------------------------------------------
   3      D:\APP\ES\ORADATA\ORCL\REDO03.LOG
   2      D:\APP\ES\ORADATA\ORCL\REDO02.LOG
   1      D:\APP\ES\ORADATA\ORCL\REDO01.LOG
   4      D:\APP\ES\ORADATA\ORCL\REDO041.LOG
   4      D:\APP\ES\ORADATA\ORCL\REDO042.LOG
   1      D:\APP\ES\ORADATA\ORCL\REDO012.LOG
   2      D:\APP\ES\ORADATA\ORCL\REDO022.LOG
   3      D:\APP\ES\ORADATA\ORCL\REDO032.LOG
```

已选择 8 行。

查询结果表明：已为日志组 1 到日志组 3 添加了第 2 个成员。

10.2.3 重命名、移动日志文件成员

当重做日志文件的磁盘设备出现问题时，例如 I/O 写入速度慢，或者为了把重做日志文件分散到不同磁盘，需要移动或重命名重做日志文件。

例 10-6 重命名重做日志文件。

(1) 正常关闭数据库实例。

```
SQL>shutdown immediate
数据库已经关闭。
已经卸载数据库。
Oracle 例程已经关闭。
```

(2) 在操作系统中移动或重命名重做日志文件。

(3) 将数据库实例启动到 MOUNT 阶段，不要打开数据库。

```
SQL>startup mount
Oracle 例程已经启动。
Total System Global Area   1720328192 bytes
Fixed Size                    2176448 bytes
Variable Size              1325402688 bytes
Database Buffers            385875968 bytes
Redo Buffers                  6873088 bytes
数据库装载完毕。
```

(4) 通过以下语句修改控制文件，让数据库认识到重做日志的变化。

```
SQL>alter database rename file 'd:\app\es\oradata\orcl/redo01.log','d:\app\es\oradata\orcl/redo02.log', 'd:\app\es\oradata\orcl/redo03.log'to 'd:\app\es\oradata\orcl/redo011.log', 'd:\app\es\oradata\orcl/redo021.log', 'd:\app\es\oradata\orcl/redo031.log';
数据库已更改。
```

（5）把数据库实例打开，查看反映结果。

```
SQL>alter database open;
```

数据库已更改。

```
SQL>col member for a50
SQL>select group#,member from v$logfile;

  GROUP#    MEMBER
---------   ------------------------------------------
       3    D:\APP\ES\ORADATA\ORCL\REDO031.LOG
       2    D:\APP\ES\ORADATA\ORCL\REDO021.LOG
       1    D:\APP\ES\ORADATA\ORCL\REDO011.LOG
       4    D:\APP\ES\ORADATA\ORCL\REDO041.LOG
       4    D:\APP\ES\ORADATA\ORCL\REDO042.LOG
       1    D:\APP\ES\ORADATA\ORCL\REDO012.LOG
       2    D:\APP\ES\ORADATA\ORCL\REDO022.LOG
       3    D:\APP\ES\ORADATA\ORCL\REDO032.LOG
```

已选择 8 行。

查询结果表明：已将重做联机日志文件 redo01.log、redo02.log、redo03.log 重命名为 redo011.log、redo021.log、redo031.log。

10.2.4 强制重做日志切换

一般重做日志组的切换是自动进行的，需要等到当前重做日志写满。如果想切换这个日志组，又不想等到它写满时，可以强制切换重做日志组。

例 10-7 强制切换重做日志组。

查看当前重做日志组的信息：

```
SQL>select group#, archived, status from v$log;

  GROUP#    ARC  STATUS
---------   ---  ----------------
       1    YES  INACTIVE
       2    YES  INACTIVE
       3    YES  INACTIVE
       4    NO   CURRENT
```

查询结果表明：数据库工作在归档模式，有 4 个日志组，当前日志组是 4 号。执行强制切换重做日志组命令 alter system switch logfile;切换日志组。

```
SQL> alter system switch logfile;
```

系统已更改。

```
SQL>select group#, archived, status from v$log;
```

```
  GROUP#    ARC STATUS
---------   ------------------
    1       NO  CURRENT
    2       YES INACTIVE
    3       YES INACTIVE
    4       YES ACTIVE
```

查询结果表明：当前日志组已切换为 1 号。

10.2.5 清除重做日志文件

当数据库在打开的状态下，如果某个重做日志文件被损坏了，这个文件将无法进行归档，为了防止出现数据库停止运行，需要删除或清除重做日志组。如果数据库中只有两个日志组，或者发生问题的日志组是当前日志组，这时不能进行删除，只能进行清除。被清除的日志组将不进行归档，组内成员将被重新初始化。

例 10-8 对重做日志组 1 进行清除。

```
SQL>alter database clear logfile group 1;
数据库已更改。
```

注意：清除重做日志文件时，数据库需工作在归档模式下，如果是非归档模式，系统会发生错误信息。

10.2.6 删除重做日志文件组和日志文件成员

当某个重做日志组成员发生了损坏，无法正常访问时就需要进行删除。删除时，删除对象成员状态不能是活动（Active）或者是当前的，并且数据库至少保留两组重做日志，不能把日志组删除到只剩一组。

正常情况下，v＄logfile 里的日志成员的状态是空的，如果系统判定某个成员无法访问，它的状态将是 invalid；如果某个成员不正确，或者内容是不完全的，它的状态将是 stale。

例 10-9 查看日志组信息。

```
SQL>select group#,status,member from v$logfile;

  GROUP#    STATUS   MEMBER
--------   -------  ----------------------------------------
    3                D:\APP\ES\ORADATA\ORCL\REDO031.LOG
    2                D:\APP\ES\ORADATA\ORCL\REDO021.LOG
    1                D:\APP\ES\ORADATA\ORCL\REDO011.LOG
    4                D:\APP\ES\ORADATA\ORCL\REDO041.LOG
    4       INVALID  D:\APP\ES\ORADATA\ORCL\REDO042.LOG
    1                D:\APP\ES\ORADATA\ORCL\REDO012.LOG
    2                D:\APP\ES\ORADATA\ORCL\REDO022.LOG
    3                D:\APP\ES\ORADATA\ORCL\REDO032.LOG

已选择 8 行。
```

查询结果表明：REDO032.LOG 的状态为 invalid，无法访问。

例 10-10   删除日志组 4 中的成员 redo042.log。

以下语句执行后,这个成员将从控制文件中删除,但操作系统中这个文件还存在。

```
SQL>alter database drop logfile member 'd:\app\es\oradata\orcl/redo042.log';
```

数据库已更改。

```
SQL>select group#,status,member from v$logfile;

  GROUP#   STATUS   MEMBER
--------   ------   ----------------------------------------
       3            D:\APP\ES\ORADATA\ORCL\REDO031.LOG
       2            D:\APP\ES\ORADATA\ORCL\REDO021.LOG
       1            D:\APP\ES\ORADATA\ORCL\REDO011.LOG
       4            D:\APP\ES\ORADATA\ORCL\REDO041.LOG
       1            D:\APP\ES\ORADATA\ORCL\REDO012.LOG
       2            D:\APP\ES\ORADATA\ORCL\REDO022.LOG
       3            D:\APP\ES\ORADATA\ORCL\REDO032.LOG
```

已选择 7 行。

查询结果表明:日志组 4 中的成员 redo041.log 已被删除。

如果整个日志组都有问题,可以删除日志文件组,但要先查看要删除的日志组是否处于闲置状态。

```
SQL>select group#, archived, status from v$log;

  GROUP#    ARC      STATUS
--------   ------   ----------------
       1    YES      UNUSED
       2    NO       CURRENT
       3    YES      INACTIVE
       4    YES      INACTIVE
```

例 10-11   删除日志组 4。

```
SQL>alter database drop logfile group 4;
```
数据库已更改。

通过 v$logfile 查看删除后的状况。

```
SQL>select group#,status,member from v$logfile;

  GROUP#    STATUS    MEMBER
---------  ---------  ----------------------------------------
       3              D:\APP\ES\ORADATA\ORCL\REDO031.LOG
       2              D:\APP\ES\ORADATA\ORCL\REDO021.LOG
       1              D:\APP\ES\ORADATA\ORCL\REDO011.LOG
       1              D:\APP\ES\ORADATA\ORCL\REDO012.LOG
```

```
         2                    D:\APP\ES\ORADATA\ORCL\REDO022.LOG
         3         INVALID    D:\APP\ES\ORADATA\ORCL\REDO032.LOG
```
已选择 6 行。

查询结果表明：日志组 4 已被删除。

这时这些重做日志文件在操作系统中还存在，如图 10-2 所示。可以使用操作系统命令删除。

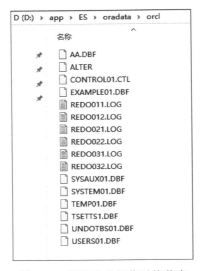

图 10-2　删除后的操作系统状态

10.2.7　重做日志文件的数据字典视图

重做日志文件相关的数据字典视图如表 10-2 所示。

表 10-2　重做日志文件相关的数据字典视图

视图	说明
v$log	显示控制文件中的重做日志信息
v$logfile	显示重做日志组、成员及成员的状态
v$log_history	显示日志的历史信息

例 10-12　通过数据字典 v$log 查看重做日志信息。

```
SQL>select group#, archived, status from v$log;

  GROUP#  ARC     STATUS
--------  ------  ----------------
       1  YES     ACTIVE
       2  NO      CURRENT
       3  YES     INACTIVE
       4  YES     UNUSED
```

查询结果表明：当前数据库中有 4 个日志组，当前 LGWR 进程在向组 2 进行日志写入,组 1 可能由于变更的脏数据块尚未写入磁盘上的数据文件,目前还是活动状态,而组 4 可能是刚刚追加或者重置,目前的状态是不可用(UNUSED)。也可以看到目前除了组 2 没有做完归档,其他都已经做完归档了。

10.3 归档日志文件

Oracle 数据库将写满的重做日志文件保存成离线的文件,称为归档日志文件。把重做日志文件保存到归档日志文件的进程称为归档进程。这个进程只能运行在归档模式的数据库中,可以选择手动归档或者自动归档。归档进程只读取重做日志文件组中的一个。当数据库运行在归档模式时,如果重做日志文件没有归档,则日志写进程将不能重新使用此重做日志文件。当自动归档被启用时,后台归档进程将会自动归档。一个数据库可以启动多个归档进程。归档日志的主要作用如下。

(1) 恢复数据库。
(2) 更新备份数据库。
(3) 可以使用日志分析机制分析数据库的历史信息。

10.3.1 归档模式和非归档模式的选择

1. 非归档模式

在非归档模式下,数据库的控制文件表明重做日志文件组写满时不需要归档。因此,当一个日志组写满了,在日志切换的时候,这个组将会被日志写进程重新使用。非归档模式只能在进程失败时恢复数据,而不能在磁盘介质失败时恢复数据。只有最近在联机重做日志组中所作的改变被保存在数据库中,用于实例的恢复。在非归档模式下,如果实例失败,数据库只能恢复到之前备份的状态,而不能恢复备份之后的数据。

在非归档模式下不能使用联机表空间备份,在非归档模式下只能在数据库关闭的状态下进行数据库完全恢复。

2. 归档模式

在归档模式下,如果重做日志文件没有被归档,日志写进程将不能重新使用此重做日志文件。归档模式下,数据库备份的时候,同时备份联机重做日志和归档日志文件,保证了恢复操作系统中任何提交的事件和磁盘错误。可以在数据库启动和正常使用下备份数据库。

10.3.2 归档模式的管理

1. 归档模式设置

通过 alter database archivelog 可以设置归档模式。下面两个 SQL 命令可以查询当前的归档信息。

```
SQL>select log_mode from v$database;

LOG_MODE
-----------------
ARCHIVELOG
```

查询结果表明：数据库当前工作在归档模式 ARCHIVELOG。

```
SQL>archive log list
数据库日志模式              存档模式
自动存档                    启用
存档终点                    E:\ARCH1
最早的联机日志序列           101
下一个存档日志序列           103
当前日志序列                103
```

查询结果表明：数据库当前工作在归档模式 ARCHIVELOG。归档路径是 E:\ARCH1，当前日志序列号是 103。

例 10-13 更改归档模式。

先关闭数据库，将数据库启动到 MOUNT 状态。

(1) 关闭数据库。

```
SQL>shutdown immediate
```

(2) 装载数据库。

```
SQL>startup mount
```

(3) 更改归档模式。

```
SQL>alter database archivelog;
```

撤销归档命令：alter database noarchivelog;

(4) 打开数据库。

```
SQL>alter database open;
```

2. 归档进程设置

动态参数 log_archive_max_processes 控制在实例启动时归档进程启动的个数。可以使用 alter system 命令改变归档进程的个数。

例 10-14 查看当前数据库归档进程数。

```
SQL>Show parameter log_archive_max_processes

NAME                                  TYPE       VALUE
------------------------------------  --------   ------------
log_archive_max_processes             integer    3
```

查询结果表明：当前归档进程启动的个数为 3。为增加归档速度，可以修改归档进程数。

```
SQL>alter system set log_archive_max_processes=4;
```

系统已更改。

```
SQL>show parameter log_archive_max_processes
```

```
NAME                                     TYPE         VALUE
------------------------------------    --------    ------------
log_archive_max_processes                integer          4
```

3. 执行手工归档

从 Oracle10g 开始，当将日志操作模式转变为归档模式时，Oracle 会自动启动归档进程。如果要使用手工归档，在改变日志操作模式时必须使用命令 alter database archivelog manual。使用手工归档方式，数据库管理员必须手工执行归档命令，如果没有执行手工归档命令，日志组的原有内容将不能被覆盖。使用手工归档方式时，数据库管理员可以执行以下命令归档重做日志：

（1）alter system switch logfile：对单实例数据库中的当前实例执行强制日志切换，归档当前重做日志。

（2）alter system archive log current：对数据库中的所有实例执行日志切换（只归档当前日志）。

（3）alter system archive log all：对数据库中的非当前未归档日志进行归档，不负责归档 current 日志。

10.3.3 归档目的地管理

1. 设置归档目的地

如果不使用备用数据库，只需要将归档日志存放到本地目录。配置本地归档位置可以使用初始化参数 log_archive_dest 和 log_archive_duplex_dest，其中第一个参数用于设置第一个归档位置，第二个参数用于指定第二个归档位置，这两个路径备份的内容是完全相同的。例如：

```
alter system set log_archive_dest='e:\arch1';
alter system set log_archive_duplex_dest='e:\arch2';
```

如果想使用多于两个的镜像日志，使用 log_archive_dest_n 配置多个归档位置。初始化参数 log_archive_dest_n 用于指定多个归档位置，该参数最多可以指定 30 个归档位置。通过使用初始化参数 log_archive_dest_n，不仅可以配置本地归档位置，还可以配置远程归档位置。

在配置远程归档位置时，如果既要在主节点上生成归档日志，又要将归档日志传递到备用节点，那么必须使用参数 log_archive_dest_n。该参数与 log_archive_dest 有如下区别：

（1）初始化参数 log_archive_dest_n 可以配置本地归档位置和远程归档位置，而初始化参数 log_archive_dest 和 log_archive_duplex_dest 只能配置本地归档位置。

（2）初始化参数 log_archive_dest_n 可以配置多达 30 个归档位置，而初始化参数 log_archive_dest 和 log_archive_duplex_dest 最多只能配置两个归档位置。

（3）初始化参数 log_archive_dest_n 不能与初始化参数 log_archive_dest 和 log_archive_duplex_dest 同时使用。

因为初始化参数 log_archive_dest_n 不能与初始化参数 log_archive_dest 和 log_archive_duplex_dest 同时使用，在使用前者时必须禁用初始化参数 log_archve_dest 和 log_ archive_duplex_dest。当使用初始化参数 log_archive_dest_n 配置本地归档位置时,需要指定参数值。

- optional:该选项是默认选项。使用该选项时,无论归档是否成功都可以覆盖重做日志。
- mandatory:强制归档。使用该选项时,只有在归档成功之后,重做日志才能被覆盖。
- reopen:该属性用于指定重新归档的时间间隔,默认值为 300s,必须跟在参数 mandatory 后使用。
- location:存储在本地路径。
- service:存储在后备服务器。

例 10-15 将归档路径 log_archive_dest_1 设置为本地路径 e:\arch1,强制归档。

```
SQL>alter system set log_archive_dest_1 = "location=e:\arch1\mandatory";
系统已更改。
```

例 10-16 将归档路径 log_archive_dest_2 设置为本地路径 e:\arch2,非强制归档。

```
SQL>alter system set log_archive_dest_2 = "location=e:\arch2\optional";
系统已更改。
```

例 10-17 将归档路径 log_archive_dest_3 设置为本地路径 e:\arch3,非强制归档。

```
SQL>alter system set log_archive_dest_3 = "location=e:\arch3\optional";
系统已更改。
```

例 10-18 查询 log_archive_dest 获得归档路径的状态。

```
SQL>show parameter log_archive_dest

NAME                              TYPE          VALUE
--------------------------------  ----------    --------------------------------
log_archive_dest                  string
log_archive_dest_1                string        LOCATION=e:\arch1\MANDATORY
log_archive_dest_19               string
log_archive_dest_2                string        LOCATION=e:\arch2\OPTIONAL
log_archive_dest_3                string        LOCATION=e:\arch3\OPTIONAL
⋮                                 ⋮
log_archive_dest_state_1          string        enable
log_archive_dest_state_2          string        enable
log_archive_dest_state_3          string        enable
⋮                                 ⋮
```

2. 设置最少成功归档数目

初始化参数 log_archive_min_succeed_dest=<n> 设置本地归档至少有多少个成功归档,否则系统会失败。本地归档位置的个数应大于或等于由参数 log_archive_min_succeed_dest 所定义的值,log_archive_min_succeed_dest 默认值为 1。

初始化参数 log_archive_dest_state_<1..30>设置对应的归档路径是启用(Enable)或延迟(Defer)。如果启用归档路径少于 log_archive_min_succeed_dest 指定的数量时,则归档将失败。

例 10-19　查看当前 log_archive_min_succeed_dest 值。

```
SQL>show parameter log_archive_min_succeed_dest

NAME                                 TYPE          VALUE
------------------------------------ ------------- -------------
log_archive_min_succeed_dest         integer       1
```

查询结果表明:当前的 log_archive_min_succeed_dest 值为 1。

例 10-20　修改当前 log_archive_min_succeed_dest 值。使最少成功归档数为 2。

```
SQL>alter system set log_archive_min_succeed_dest =2;
系统已更改。

SQL>show parameter log_archive_min_succeed_dest

NAME                                 TYPE          VALUE
------------------------------------ ------------- -------------
log_archive_min_succeed_dest         integer       2
```

3. 设置归档的目的地启用(禁用)

可以使用 log_archive_dest_state_n 动态控制归档的目的地有效或无效。设置该参数为 enable(默认值),表示会激活相应的归档路径;设置该参数为 defer,表示禁用相应归档路径。当归档日志所在磁盘损坏或填满时,DBA 需要暂时禁用该归档路径。

例 10-21　将归档路径 log_archive_dest_state_3 禁用。

```
SQL>alter system set log_archive_dest_state_3=defer;

系统已更改。

SQL>show parameter log_archive_dest

NAME                           TYPE     VALUE
------------------------------ -------- ------------------------------
log_archive_dest               string
log_archive_dest_1             string   LOCATION=e:\arch1\MANDATORY
log_archive_dest_19            string
log_archive_dest_2             string   LOCATION=e:\arch2\OPTIONAL
log_archive_dest_3             string   LOCATION=e:\arch3\OPTIONAL
 ⋮                                       ⋮
log_archive_dest_state_1       string   enable
log_archive_dest_state_2       string   enable
log_archive_dest_state_3       string   DEFER
 ⋮                                       ⋮
```

查询结果表明：归档路径 log_archive_dest_state_3 已被禁用。

4. 设置归档日志文件名格式

归档日志文件名格式由初始化参数 log_archive_format 设置，从 oracle10g 开始，配置归档日志文件格式时必须带有%s、%t 和%r 匹配符。配置了归档文件格式后，必须重启数据库后才生效。默认是 ARC%S_%R.%T，文件名中可以使用以下宏变量：

- %s：日志序列号。
- %S：日志序列号（带有前导 0）。
- %t：重做线程编号。
- %T：重做线程编号（带有前导 0）。
- %a：活动 ID 号。
- %d：数据库 ID 号。
- %r：resetlogs 的 ID 值。

例 10-22 将归档日志文件名格式设为带有日志序列号、重做线程编号、resetlogs 的 ID 信息。

```
SQL>alter system set log_archive_format='%s_%t_%r.arc' scope=spfile;
```

系统已更改。

```
SQL>alter system switch logfile;
```

系统已更改。

在 DOS 环境中查看生成的日志文件格式。

```
E:\>dir E:\ARCH1
 驱动器 E 中的卷是 E
 卷的序列号是 A034-B4AC

 E:\ARCH1 的目录

2017/11/19  15:42    <DIR>          .
2017/11/19  15:42    <DIR>          ..
2017/11/19  14:55           130,560 MANDATORYARC0000000106_0937754311.0001
2017/11/19  15:41         2,581,504 MANDATORYARC0000000107_0937754311.0001
```

查询结果显示：文件名字并没有按设定的格式显示，需要重新启动数据库。

```
SQL>shutdown immediate
数据库已经关闭。
已经卸载数据库。
Oracle 例程已经关闭。
SQL>startup
Oracle 例程已经启动。
```

```
Total System Global Area    1720328192 bytes
Fixed Size                     2176448 bytes
Variable Size               1325402688 bytes
Database Buffers             385875968 bytes
Redo Buffers                   6873088 bytes
```
数据库装载完毕。
数据库已经打开。

手动切换日志,生成新的归档日志文件。

```
SQL>alter system switch logfile;
```
系统已更改。

再在 DOS 环境中查看生成的日志文件格式。

```
E:\>dir E:\ARCH1
驱动器 E 中的卷是 E
卷的序列号是 A034-B4AC


E:\ARCH1 的目录

2017/11/19  15:42    <DIR>          .
2017/11/19  15:42    <DIR>          ..
2017/11/19  15:42           166,400 MANDATORY108_1_937754311.ARC
2017/11/19  14:55           130,560 MANDATORYARC0000000106_0937754311.0001
2017/11/19  15:41         2,581,504 MANDATORYARC0000000107_0937754311.0001
```

查询结果表明:新生成的归档日志文件 MANDATORY108_1_937754311.ARC 已按设定显示。MANDATORY 说明 E:\ARCH1 是强制归档模式,是设置路径 E:\ARCH1 时选定的。

10.3.4 归档日志文件的常用信息查询

(1) 使用 archive log list 命令可以显示日志操作模式、归档位置、归档的日志序列号等信息。

```
SQL>archive log list
数据库日志模式         存档模式
自动存档              启用
存档终点              e:\arch1\MANDATORY
最早的联机日志序列     105
下一个存档日志序列     107
当前日志序列           107
```

(2) 显示系统归档模式。

```
SQL>select name,log_mode from v$database;
```

```
NAME    LOG_MODE
-----   ------------
ORCL    ARCHIVELOG
```

(3) 显示归档日志信息。name 用于表示归档日志文件名,sequence#用于表示归档日志对应的日志序列号,firs_change#用于标识归档日志的起始 SCN 值。

```
SQL>select name, sequence#, first_change# from v$archived_log;
NAME                                              SEQUENCE#   FIRST_CHANGE#
------------------------------------------------- ----------- --------------
E:\ARCH1\MANDATORYARC0000000105_0937754311.0001   105         2893092
E:\ARCH2\OPTIONALARC0000000105_0937754311.0001    105         2893092
E:\ARCH1\MANDATORYARC0000000106_0937754311.0001   106         2897194
E:\ARCH2\OPTIONALARC0000000106_0937754311.0001    106         2897194
```

(4) 显示当前重做日志的归档信息。可以查看 v$log,group#标识日志组号,thread#标识线程号,sequence#标识日志序列号,members 标识日志组成员数目,archived 标识归档模式,status 标识当前日志归档状态。

```
SQL>select group#,thread#,sequence#,members,archived,status from v$log;

GROUP#   THREAD#   SEQUENCE#   MEMBERS   ARC   STATUS
------   -------   ---------   -------   ---   --------
   1        1         112         2      YES   INACTIVE
   2        1         114         2      NO    CURRENT
   3        1         113         2      YES   INACTIVE
```

(5) 执行介质恢复时需要使用归档日志文件,通过查询动态性能视图 v$archive_dest 可以取得归档日志所在目录。

```
SQL>select destination from v$archive_dest;

DESTINATIO
--------------------------
e:\arch1\MANDATORY
```

(6) 显示日志历史信息。

```
SQL>select * from v$loghist;

THREAD#   SEQUENCE#   FIRST_CHANGE#   FIRST_TIME    SWITCH_CHANGE#
-------   ---------   -------------   -----------   --------------
   1         1           947455       06-1月-17          984482
   1         2           984482       06-1月-17          990744
   1         3           990744       06-1月-17         1002665
   1         4          1002665       06-1月-17         1019086
   1         5          1019086       06-1月-17         1033626
   ⋮
```

thread#用于标识重做线程号,sequnce#用于标识日志序列号,first_change#用于标识日志序列号对应的起始 SCN 值,first_time 用于标识起始 SCN 的发生时间,swicth_change#用于标识日志切换的 SCN 值。

（7）显示归档进程信息。

进行日志切换时,归档进程会自动将重做日志内容复制到归档日志中,为了加快归档速度,可启用多个归档进程。通过查询动态性能视图 v$archive_processes 可以显示所有归档进程的信息。

```
SQL>select * from v$archive_processes;

PROCESS    STATUS      LOG_SEQUENCE    STAT
---------  ----------  --------------  -----
   0       ACTIVE             0        IDLE
   1       ACTIVE             0        IDLE
   2       ACTIVE             0        IDLE
   3       STOPPED            0        IDLE
   4       STOPPED            0        IDLE
   5       STOPPED            0        IDLE
   :
```

process 用于标识归档进程的编号,status 用于标识归档进程的状态(ACTIVE 表示活动,STOPPED 表示未启动),log_sequence 用于标识正在进行归档的日志序列号,state 用于标识归档进程的工作状态。

10.3.5 检查点

检查点(Checkpoint)是数据库的一个内部事件,检查点激活时会触发数据写进程(DBWR),将数据缓冲区里的脏数据块写到数据文件中。检查点主要有两个作用：

（1）保证数据库的一致性,将脏数据写到硬盘,保证内存和硬盘上的数据是一样的。

（2）缩短实例恢复的时间。实例恢复要把实例异常关闭前没有写到硬盘的脏数据块通过日志进行恢复,如果脏数据块过多,实例恢复的时间也会过长,检查点的发生可以减少脏数据块的数量,从而减少实例恢复的时间。

检查点分为完全检查点(Full Checkpoint)、增量检查点(Incremental Checkpoint)和局部检查点(Partial Checkpoint)。

（1）完全检查点：所有的脏数据块写入数据文件,更新数据文件头。当执行以下操作时会发出完全检查点：

- 正常关闭数据库：shutdown immediate。
- 手动检查点切换：alter system checkpoint。
- 日志切换：alter system switch logfile。
- 数据库热备模式：alter database begin backup。

（2）增量检查点：定期将最旧的脏数据块写入数据文件,但不更新数据文件头。

（3）局部检查点：只写入属于表空间的数据文件。当执行以下操作时会发出局部检查点：

- alter tablespace begin backup。
- alter tablespace tablespace offline normal。

完全检查点工作过程：记下当前的 SCN，将 SCN 之前所有的脏数据块一次性写完，再将 SCN 号同步更新控制文件和数据文件头。

例 10-23 在 v$datafile 和 v$database 系统视图中能够查看检查点信息。

```
SQL> select file#,checkpoint_change#,to_char(checkpoint_time,'yyyy-mm-dd
hh24:mi:ss') cpt from v$datafile;

    FILE#  CHECKPOINT_CHANGE#        CPT
  -------  ------------------   --------------------
        1             2955275   2017-11-21 16:01:36
        2             2955275   2017-11-21 16:01:36
        3             2955275   2017-11-21 16:01:36
        4             2955275   2017-11-21 16:01:36
        5             2955275   2017-11-21 16:01:36
        6             2955275   2017-11-21 16:01:36
        7             2955275   2017-11-21 16:01:36
       10             2955275   2017-11-21 16:01:36
       11             2955275   2017-11-21 16:01:36
       12             2955275   2017-11-21 16:01:36

已选择 10 行。
```

例 10-24 通过视图 v$database 查看检查点的信息。

```
SQL> select dbid,checkpoint_change# from v$database;

       DBID   CHECKPOINT_CHANGE#
  ---------   ------------------
 1460356142              2955275
```

10.3.6 快速恢复区

快速恢复区（Fast Recovery Area，FRA）以前称为 Flash Recovery Area。在 Oracle 11g 中开启归档模式时，快速恢复区的默认目录由 db_recovery_file_dest 指定。此参数可以在 pfile/spfile 中设置。快速恢复区存放的数据主要有：

- 当前控制文件的多路复用副本；
- 重做联机日志的多路复用副本；
- 归档日志；
- 数据文件副本；
- 控制文件副本；
- 控制文件自动备份；
- 备份片段；
- 闪回日志。

快速恢复区是 Oracle 中所有与恢复相关的文件和活动的统一存储位置。在发生介质故障后，完全恢复数据库所需的所有文件都包含在快速恢复区中。

例 10-25　查看参数 db_recovery_file_dest 的值。

```
SQL>show parameter db_recovery_file_dest

NAME                                 TYPE          VALUE
------------------------------------ ------------- ------------------------------
db_recovery_file_dest                string        D:\app\ES\flash_recovery_area
db_recovery_file_dest_size           big integer   1G
```

查询结果表明：当前快速恢复区的位置是 d:\app\es\flash_recovery_area，大小为 1GB，可以使用 SQL 命令修改参数值。

```
SQL>alter system set db_recovery_file_dest_size=2G;
```
系统已更改。

```
SQL>alter system set db_recovery_file_dest='e:\arch1';
```
系统已更改。

```
SQL>show parameter db_recovery_file_dest
NAME                                 TYPE          VALUE
------------------------------------ ------------- ------------
db_recovery_file_dest                string        E:\ARCH1
db_recovery_file_dest_size           big integer   2G
```

快速恢复区 FRA 参数说明如下：

- db_recovery_file_dest_size：允许快速恢复区使用的空间量。通过设置可留出一部分磁盘空间作为其他使用，而不被快速恢复区所专用。对于磁盘空间大小，基本的建议是使其等于数据库大小、增量备份大小和尚未复制到外存的所有归档日志文件的大小的总和。快速恢复区的最小值应至少足够放下尚未复制到外存的归档重做日志文件。快速恢复区的大小取决于备份策略。保证的还原点也会影响快速恢复区的大小。
- db_recovery_file_dest：快速恢复区的位置，这个位置用于创建恢复文件的有效路径。

例 10-26　更改系统归档路径，由 log_archive_dest_n 变更为 fast recovery area。首先使用 SQL 命令将 log_archive_dest_n 设为空值。

```
SQL>alter system set log_archive_dest_1='';
```
系统已更改。

```
SQL>alter system set log_archive_dest_2='';
```
系统已更改。

```
SQL>archive log list;
数据库日志模式           存档模式
自动存档                 启用
存档终点                 %ORACLE_HOME%\RDBMS
```

```
最早的联机日志序列          110
下一个存档日志序列          112
当前日志序列              112
```

重启数据库后,归档目录变回为 db_recovery_file_dest 指定的目录。

```
SQL>shutdown immediate
```

数据库已经关闭。
已经卸载数据库。
Oracle 例程已经关闭。

```
SQL>startup
```

Oracle 例程已经启动。

```
Total System Global Area   1720328192 bytes
Fixed Size                    2176448 bytes
Variable Size              1325402688 bytes
Database Buffers            385875968 bytes
Redo Buffers                  6873088 bytes
```

数据库装载完毕。
数据库已经打开。

```
SQL>archive log list;
数据库日志模式            存档模式
自动存档                 启用
存档终点                 USE_DB_RECOVERY_FILE_DEST
最早的联机日志序列          110
下一个存档日志序列          112
当前日志序列              112
```

设置 db_recovery_file_dest_size 时,必须分配足够的空间来存放恢复文件,包括等待备份到外存的备份文件。为了提供空闲空间,已备份到外存的文件都可能被删除。当快速恢复区的已用空间达到 85% 时系统会发出警告,当已用空间达到 97% 时会发出严重警告。这些都是系统内部设置。

查询视图 v$recovery_file_dest 可获得快速恢复区使用情况。视图中 space_limit 标识该区域的大小,space_used 标识已经使用了多少空间,space_reclaimable 标识删除一些垃圾数据之后可以回收的空间,number_of_files 标识该区域目前存有多少文件。

```
SQL>select * from v$recovery_file_dest;

NAME        SPACE_LIMIT    SPACE_USED    SPACE_RECLAIMABLE    NUMBER_OF_FILES
---------   -----------    ----------    -----------------    ---------------
E:\ARCH1    2147483648     118398464         60948480                12
```

第 11 章 管理表空间和数据文件

CHAPTER 11

Oracle 数据库是以表空间这个逻辑单位进行存储管理，一个表空间对应一个或多个数据文件，数据文件中存储数据库的数据。

表空间以内的逻辑结构从大到小分为：
- 段（Segment）：对应于一个数据库的数据对象，如表、索引、表分区（Partition）、LOB 等。
- 区间（Extent）：主要是为了方便段内的空间管理，是物理上相邻的数据块的集合。
- 块（Block）：数据库管理数据的最小单位。

以上逻辑结构都是 1∶n 的关系，即一个表空间由多个段构成，一个段由多个区间构成，一个区间由多个数据块构成。数据库的数据块是由一个或多个操作系统块来构成的。

Oracle 数据库系统的数据字典数据、各个内部功能模块的数据以及一些操作的临时数据会被存储到不同的表空间，用户的数据一般也会分散存储到多个用户的表空间。这样做的优点如下：

（1）数据按照用途区分，便于管理、维护和备份。

（2）有利于根据存储数据的特点定制不同的存储策略，优化整体的性能。

（3）分散磁盘 I/O 读写的负荷，提高 I/O 性能。

（4）创建 Oracle 数据库用户时可以指定对应的默认表空间，不同的用户使用不同的默认表空间，便于控制以用户为单位的磁盘空间使用配额。

（5）数据库中有很多工具，例如数据泵是能够以表空间为单位进行操作的，分成多个表空间有利于这些工具的操作。

11.1 表空间类型

为了追踪表空间内部的使用状况，需要把段内的使用状况管理起来。按照管理方式可以将表空间分为本地管理表空间和字典管理表空间。创建表空间默认是本地管理表空间。字典管理表空间使用数据字典表来管理区的使用状况，这种管理方式对数据库性能的影响较大，在此不做赘述。

11.1.1 本地管理表空间

本地管理表空间使用表空间内部的块来管理表空间中的区间使用状况。Oracle 数据库追加分配空间时以区间为单位进行追加分配。创建表空间时将 extent management 子句指定为 local 就创建了本地管理表空间,这是永久表空间的默认设定。并且这个子句也可以控制表空间中区间的大小是自动分配(Autoallocate)还是统一大小(Uniform Size)。自动分配是默认的。

例 11-1 创建本地管理,自动分配区间的表空间 TBS1。

```
SQL>create tablespace tbs1 datafile 'd:\app\es\oradata\orcl\tb01.dbf' size 50m
extent management local autoallocate;
表空间已创建。
```

表空间创建成功后,可以通过数据字典 dba_data_files 来查看。

```
SQL>select tablespace_name,file_name from dba_data_files where tablespace_name
='TBS1';

TABLESPACE_NAME          FILE_NAME
----------------------   -----------------------------------
TBS1                     D:\APP\ES\ORADATA\ORCL\TB01.DBF
```

查询结果表明:表空间 TBS1 对应的数据文件是 D:\APP\ES\ORADATA\ORCL\TB01.DBF。也可以通过数据字典 dba_tablespaces 查看表空间的属性。

```
SQL>select tablespace_name,extent_management,allocation_type,next_extent
from dba_tablespaces where tablespace_name ='TBS1';

TABLESPACE_NAME     EXTENT_MAN      ALLOCATIO    NEXT_EXTENT
------------------  --------------  -----------  ---------------
TBS1                LOCAL           SYSTEM
```

extent_management 列值为 local,表示表空间的区管理方式是本地管理。allocation_type 列值为 SYSTEM,表示表空间使用的是自动分配区间的分配方式,因为下次分配的区大小不固定,所以 next_extent 显示为空。

例 11-2 创建本地管理,统一大小区间分配方式的表空间。

```
SQL>create tablespace tbs2 datafile 'd:\app\es\oradata\orcl\tb02.dbf' size 50m
extent management local uniform size 128k;
表空间已创建。
```

可以通过数据字典 dba_tablespaces 查看表空间的属性。

```
SQL>select tablespace_name,extent_management,allocation_type,next_extent
from dba_tablespaces where tablespace_name ='TBS2';

TABLESPACE_NAME     EXTENT_MAN      ALLOCATIO    NEXT_EXTENT
------------------  --------------  -----------  ---------------
TBS2                LOCAL           UNIFORM      131072
```

查询结果表明:dba_tablespaces 的 allocation_type 列值为 uniform,表示表空间使用的

是统一大小的区分配方式,下次分配的区大小是 131 072B,也就是 128KB。

11.1.2 自动段管理

自动段管理使用位于段头的几个块存储位图信息,这些位图块构成一个类似索引结构的三层的树形结构,即有根节点、分支节点和叶子节点。各个节点中使用 0、1 位图信息来记录区中各个块的使用状况。使用这种方式管理表空间,数据库管理员只需要设定和调整表空间的 PCTFREE 存储参数,这个参数指定在一个数据块内需要预留百分之多少的空间给数据更新时使用。多个事务扫描空闲块信息时会根据它们的进程 ID 通过 Hash 函数分散到不同的块,比手动段管理方式提供了更好的并发操作性能。

例 11-3 创建自动段管理的表空间 TBS3。

```
SQL>create tablespace tbs3 datafile 'd:\app\es\oradata\orcl\tb03.dbf' size 50m
extent management local segment space management auto;
表空间已创建。
```

通过查询 dba_tablespaces 的 segment_space_management 列值,如果为 AUTO,表明表空间使用的是自动的段管理方式。

```
SQL> select tablespace_name,extent_management,allocation_type,next_extent,
segment_space_management from dba_tablespaces where tablespace_name ='TBS3';

TABLESPACE    EXTENT_MAN      ALLOCATIO       NEXT_EXTENT     SEGMEN
------------  -------------   -------------   -------------   --------
TBS1          LOCAL           SYSTEM                          AUTO
```

11.1.3 手动段管理

手动段管理方式使用空闲列表来管理段中的空闲空间,通过空闲列表查找到可以插入的块。使用这种管理方式,数据库管理员指定和调整表空间的 pctused、freelists 和 freelists groups 存储参数。

例 11-4 创建手动段管理的表空间 manual_tbs1。

```
SQL>create tablespace manual_tbs1 datafile 'd:\app\es\oradata\orcl\manual_
tbs01.dbf' size 100m extent management local segment space management manual;
表空间已创建。
```

通过查询 dba_tablespaces 的 segment_space_management 列值,如果为 manual,可以看出表空间使用的是手动的段管理方式。

```
SQL> select tablespace_name,extent_management,allocation_type,next_extent,
segment_space_management from dba_tablespaces where tablespace_name ='MANUAL_
TBS1';

TABLESPACE_NAME        EXTENT_MAN     ALLOCATIO    NEXT_EXTENT    SEGMEN
--------------------   -------------  -----------  -------------  ----------
MANUAL_TBS1            LOCAL          SYSTEM                      MANUAL
```

通过查询数据字典 dba_tablespaces 可以看到,在创建数据库时自动创建数据库的管理方式。

```
SQL> select tablespace_name,extent_management,allocation_type,next_extent,
segment_space_management from dba_tablespaces where tablespace_name in ('
SYSTEM','SYSAUX','USERS','TEMP','UNDOTBS1');

TABLESPACE_NAME      EXTENT_MAN   ALLOCATIO   NEXT_EXTENT   SEGMEN
-------------------- ----------   ---------   -----------   ------
SYSAUX               LOCAL        SYSTEM                    AUTO
SYSTEM               LOCAL        SYSTEM                    MANUAL
TEMP                 LOCAL        UNIFORM     1048576       MANUAL
UNDOTBS1             LOCAL        SYSTEM                    MANUAL
USERS                LOCAL        SYSTEM                    AUTO
```

从查询结果可以看出,所有的表空间都是本地管理的。在区间的分配方式上,TEMP 表空间是统一大小的分配方式,而其他表空间都是自动分配方式。在段空间的管理方式上,SYSTEM、UNDOTBS1 和 TEMP 表空间是手动方式的,而 SYSAUX 和 USERS 表空间则是自动方式的。

表空间按保持期间分,可以分为永久表空间、临时表空间和回滚(UNDO)表空间,其中 SYSTEM、SYSAUX、USERS 为永久表空间,TEMP 为临时表空间。

表空间是否是永久表空间,可以通过 dbms_metadata.get_ddl() 用于获取对象的 DDL 语句来查询。语句中有 PERMANENT 关键词表明这是一个永久表空间。

例 11-5 查询表空间 TBS1 的属性。

```
SQL> set line 200
SQL> set pagesize 0
SQL> set long 99999
SQL> set feedback off
SQL> set echo off
SQL> select dbms_metadata.get_ddl('tablespace',tablespace_name) ddl from dba_
tablespaces where tablespace_name like 'TBS1';

CREATE TABLESPACE "TBS1" DATAFILE
'D:\APP\ES\ORADATA\ORCL\TB01.DBF' SIZE 52428800
LOGGING ONLINE PERMANENT BLOCKSIZE 8192
EXTENT MANAGEMENT LOCAL AUTOALLOCATE DEFAULT NOCOMPRESS SEGMENT SPACE
MANAGEMENT AUTO
```

查询结果中的 PERMANENT 关键词显示表空间 TBS1 是一个永久表空间。

表空间的定义语句中有关键词 TEMPORARY,表明这是一个临时表空间。

例 11-6 查询表空间 TEMP 的属性。

```
SQL> select dbms_metadata.get_ddl('tablespace',tablespace_name) ddl from dba_
tablespaces where tablespace_name like 'TEMP';
```

```
CREATE TEMPORARY TABLESPACE "TEMP" TEMPFILE
'D:\APP\ES\ORADATA\ORCL\TEMP01.DBF' SIZE 30408704
AUTOEXTEND ON NEXT 655360 MAXSIZE 32767M
EXTENT MANAGEMENT LOCAL UNIFORM SIZE 1048576
```

查询结果中的 TEMPORARY 关键词显示表空间 TEMP 是一个临时表空间。

表空间的定义语句中有关键词 UNDO，表明这是一个回滚表空间。

例 11-7 查询表空间名称中带有 UNDO 的表空间属性。

```
SQL>select dbms_metadata.get_ddl('tablespace',tablespace_name) ddl from dba_
tablespaces where tablespace_name like 'UNDO%';

CREATE UNDO TABLESPACE "UNDOTBS1" DATAFILE
'D:\APP\ES\ORADATA\ORCL\UNDOTBS01.DBF' SIZE 26214400
AUTOEXTEND ON NEXT 5242880 MAXSIZE 32767M
BLOCKSIZE 8192
EXTENT MANAGEMENT LOCAL AUTOALLOCATE
```

查询结果中的 UNDO 关键词显示表空间 UNDOTBS1 是一个回滚表空间。

11.1.4　Oracle 数据库中的表空间分类

1. SYSTEM 表空间

SYSTEM 表空间主要用于存储数据库核心功能使用的信息，例如数据字典信息、系统内部的回滚段等。SYSTEM 表空间是为了保证数据库运行必须存在的表空间。这个表空间不能脱机（OFFLINE）。一旦出现数据字典的损坏或无法访问，数据库可能崩溃，数据库管理员可能面临数据库整体的恢复或重建的局面，因此数据库管理员需要设置合适访问权限，防止对 SYSTEM 表空间的危害。

2. SYSAUX 表空间

SYSAUX 表空间是 Oracle 10g 以后引入的，作为 SYSTEM 表空间的辅助表空间，用于存储数据库除核心功能以外的一些数据库的内部数据，例如自动负载信息库（Automatic Workload Repository，AWR）、统计历史数据、审计功能等。这个表空间也是必须存在的，如果无法访问，这些功能将不能使用。

3. UNDO 表空间

用于维护对数据的变更信息，这些信息主要用于：

（1）数据库变更时事务的回滚信息。

（2）保证并发操作时数据的读取一致性。

（3）用于数据库恢复时的事务恢复。

（4）数据库的闪回查询。

UNDO 表空间也是数据库中必须存在的表空间，如果无法使用，数据库将不能正常运行。创建数据库时会默认创建 UNDO 表空间。可以创建新的 UNDO 表空间，更改默认的 UNDO 表空间。

4. 临时表空间

临时表空间包含仅在会话持续时间内存在的临时数据。临时数据包括：

- 排序的中间结果。
- Hash Join 的中间结果。
- 临时表。
- 临时 LOB。
- 索引的临时段。

临时表空间也是数据库中必须存在的表空间,通常在创建数据库时会创建默认的临时表空间 TEMP。创建用户时,如果没有特别的指定,那么这个用户使用的默认临时表空间就是 TEMP。也可以创建新的临时表空间,更改默认的临时表空间。可以通过以下语句查看数据库的默认临时表空间:

```
SQL > select property_name, property_value from database_properties where property_name='DEFAULT_TEMP_TABLESPACE';

PROPERTY_NAME                    PROPERTY_VALUE
------------------------------   --------------------
DEFAULT_TEMP_TABLESPACE          TEMP
```

查询结果表明:用户数据库的默认临时表空间是 TEMP。

可以通过以下语句查看用户 SCOTT 的默认临时表空间:

```
SQL>select username,temporary_tablespace from dba_users where username='SCOTT';

USERNAME          TEMPORARY_TABLESPACE
----------------  -------------------------
SCOTT             TEMP
```

查询结果表明:用户 SCOTT 的默认临时表空间是 TEMP。

5. 用户表空间

用户表空间就是用户存储应用数据的表空间,通常在创建数据库时会创建默认的用户表空间 USERS。而创建用户时,如果没有特别的指定,那么这个用户的默认表空间就是 USERS。可以通过以下语句查看数据库默认的用户表空间:

```
SQL > select property_name, property_value from database_properties where property_name='DEFAULT_PERMANENT_TABLESPACE';

PROPERTY_NAME                        PROPERTY_VALUE
-----------------------------------  --------------------
DEFAULT_PERMANENT_TABLESPACE         USERS
```

查询结果表明:数据库的默认用户表空间是 USERS。

可以通过以下语句查看指定用户的默认表空间:

```
SQL>select username,default_tablespace from dba_users where username='SCOTT';

USERNAME      DEFAULT_TABLESPACE
-----------   ----------------------
SCOTT         USERS
```

查询结果表明：用户 SCOTT 的默认用户表空间是 USERS。

6. BIGFILE 表空间

一个表空间可以由多个普通的数据文件构成，普通的数据文件也被称为 SMALLFILE 数据文件，它的一个文件最多能包含大约 4 百万个块。因此，对于数据量特别大的用户应用，需要创建很多数据文件。数据文件过多会产生操作系统级别的管理开销。另外，Oracle 数据库限制一个数据库最多可以管理 64K 个数据文件，数据库的整体容量就会被限制。因此，Oracle 引入了 BIGFILE 数据文件。

一个 BIGFILE 表空间由一个 BIGFILE 的数据文件构成。一个 BIGFILE 的数据文件可以最多包含 4GB 个块，能显著地增大数据库的容量。包含普通数据文件的表空间最多能包含大约 1024 个数据文件，而一个 BIGFILE 的容量就超过这个容量了。因此，BIGFILE 能显著地减少数据文件的个数。

例 11-8 创建 BIGFILE 表空间。

```
SQL> create bigfile tablespace big_tbs datafile 'd:\app\es\oradata\orcl\big_
tbs01.dbf' size 1g;
表空间已创建。
```

通过 dba_tablespaces 的 bigfile 列可以看到表空间是否使用 bigfile 数据文件。

```
SQL> select tablespace_name,bigfile from dba_tablespaces where tablespace_name
='BIG_TBS';

TABLESPACE_NAME    BIG
------------------ ------
BIG_TBS            YES
```

使用 BIGFILE 时需要注意以下事项：
（1）BIGFILE 不利于并行执行和 RMAN 备份。
（2）如果磁盘组上可能没有可用空间，不要使用 BIGFILE 表空间。
（3）如果操作系统平台不支持大文件的大小，不要使用 BIGFILE 表空间。
（4）使用 BIGFILE 表空间会增加数据文件恢复的时间。

7. 压缩表空间

随着应用数据量的增加，为了提高数据库的容量，可以考虑在表空间创建时指定默认的压缩方法。如果指定，在这个表空间中创建的表将默认使用指定的压缩方法压缩存储数据。压缩表数据不仅能减少存储数据所用的磁盘空间，而且由于压缩的数据加载到内存中也是压缩格式的，所以同时也能减少数据所用的内存空间。但是，由于数据读取需要解压，数据写入需要转换成压缩格式，这些操作会增加 CPU 资源的开销。

例 11-9 创建压缩表空间 tbs4。

```
SQL> create tablespace tbs4 datafile 'd:\app\es\oradata\orcl\tbs04.dbf' size 50m
default compress for oltp;
表空间已创建。
```

通过 dba_tablespaces 的 compress_for 列可以看到压缩方式为 OLTP。

```
SQL>select tablespace_name,compress_for from dba_tablespaces where tablespace_
name ='TBS4';

TABLESPACE_NAME    COMPRESS_FOR
------------------ ----------------
TBS4               OLTP
```

8. 透明加密表空间

为了提高敏感数据的保密性，防止这些数据文件被非法地读取，可以创建加密的表空间。通过将数据以加密形式存储到数据文件中，可以防止试图绕过数据库的安全功能，通过操作系统中的文件系统直接访问数据库文件，读取数据的非法操作。而加密的数据文件对于通过数据库正常访问的用户是透明的，用户的应用程序不需要修改。加密表空间时，所有表空间块都被加密。数据加密使用行业标准加密算法，包括以下高级加密标准和三重数据加密标准算法。

- AES256
- AES192
- AES128
- 3DES168

例 11-10 创建透明加密表空间。

需要在 sqlnet.ora 中设定 encryption_wallet_location，启动 listener，并且使用 alter system 设定 encryption key 等操作。

首先设置 wallet 目录，在参数文件 sqlnet.ora 中按照下面的格式加入信息。

```
ENCRYPTION_WALLET_LOCATION= (SOURCE= (METHOD=FILE)
  (METHOD_DATA= (DIRECTORY=D:\app\ES\ora_wallet)))
```

再创建 master key 文件，指定 wallet 密码，使用 SYS 用户登录系统，建立加密文件。

```
SQL>alter system set encryption key identified by "wallet";
```

系统已更改。

```
SQL>create tablespace tbs5
  2   datafile 'd:\app\es\oradata\orcl\tb05.dbf' size 100m
  3   encryption using 'aes128'
  4   default storage(encrypt);
```

表空间已创建。

可以通过数据字典视图 v$tablespace 与 v$encrypted_tablespaces 结合，查询加密表空间的加密算法：

```
SQL>select t.name, e.encryptionalg algorithm
  2   from v$tablespace t, v$encrypted_tablespaces e
  3   where t.ts#=e.ts#;

NAME                 ALGORIT
-------------------- ----------------
TBS5                 AES128
```

查询结果表明:表空间 TBS5 使用的加密算法是 AES128。

11.2 表空间以及数据文件的脱机和联机

当要进行以下操作时,需要把表空间或者部分数据文件的属性修改为脱机状态,使得这个表空间或数据文件暂时不可以被使用。

(1) 对表空间进行脱机备份。
(2) 修改数据文件名或移动数据文件。
(3) 数据文件丢失或损坏时。
(4) 应用系统维护时。

表空间脱机后,表空间中所有的数据文件都会变成脱机状态。SYSTEM、UNDO、临时表空间不能脱机。

脱机操作的语句如下:

```
alter tablespace <表空间名>offline <normal/temporary/immediate>;
```

① normal

这是默认的脱机选项。如果表空间的数据文件没有读写错误,就可以用这个选项进行正常脱机操作。这种脱机操作,在脱机前数据库会先做一次检查点,把内存中的变更数据写入数据文件等。

② temporary

数据文件发生错误时可以选择这个脱机选项。如果脱机时数据文件还处于联机状态,数据库也会先做一次检查点。如果文件没有错误,在下次联机操作时就不需要做介质恢复;如果文件有错误,在联机操作时需要做介质恢复。

③ immediate

选择这种脱机选项,数据库不做检查点,直接脱机。以这种方式脱机后,下次联机时需要做介质恢复。如果数据库处于非归档模式的话,不能选择这种方式进行脱机操作。

例 11-11 将表空间 TBS1 进行正常脱机。

先查看表空间 TBS1 的状态:

```
SQL>select tablespace_name,status from dba_tablespaces where tablespace_name
='TBS1';

TABLESPACE_NAME        STATUS
---------------------  -------------
TBS1                   ONLINE
```

查询结果表明:表空间 TBS1 处于联机状态,将表空间 TBS1 正常脱机。

```
SQL>alter tablespace tbs1 offline normal;
```
表空间已更改。

查看表空间 TBS1 的脱机状态:

```
SQL>select tablespace_name,status from dba_tablespaces where tablespace_name
='TBS1';

TABLESPACE_NAME        STATUS
---------------------  ------------
TBS1                   OFFLINE
```

查询结果表明:表空间 TBS1 已处于脱机状态,可以通过以下语句将 TBS1 再次联机。

```
SQL>alter tablespace tbs1 online;
```

表空间已更改。

```
SQL>select tablespace_name,status from dba_tablespaces where tablespace_name
='TBS1';

TABLESPACE_NAME        STATUS
---------------------  ------------
TBS1                   ONLINE
```

查询结果表明:表空间 TBS1 已处于联机状态。

例 11-12 对表空间 TBS1 进行 IMMEDIATE 模式的脱机和联机。

从 v$database 的 log_mode 可以看出,当前数据库正处于归档模式,可以进行 IMMEDIATE 模式的脱机。

```
SQL>select log_mode from v$database;

LOG_MODE
------------------
ARCHIVELOG
```

使用 SQL 语句将表空间 TBS1 立即脱机:

```
SQL>alter tablespace TBS1 offline immediate;
```
表空间已更改。

脱机成功后,表空间的状态就处于脱机状态了。可以在数据字典 dba_tablespaces 中看到。

```
SQL>select tablespace_name,status from dba_tablespaces where tablespace_name
='TBS1';

TABLESPACE_NAME        STATUS
---------------------  ------------
TBS1                   OFFLINE
```

表空间 IMMEDIATE 脱机后,如果想在这个表空间上创建表,系统会报错,如果联机,系统提示需要进行介质恢复。

```
SQL>create table t1 (A number) tablespace tbs1;
```

```
create table t1 (A number) tablespace tbs1
                                    *
```
第 1 行出现错误：
ORA-01542: 表空间 'TBS1' 脱机，无法在其中分配空间

```
SQL>alter tablespace tbs1 online;
alter tablespace tbs1 online
                 *
```
第 1 行出现错误：

ORA-01113: 文件 8 需要介质恢复
ORA-01110: 数据文件 8: 'D:\APP\ES\ORADATA\ORCL\TB01.DBF'

通过以下语句进行介质恢复：

```
SQL>recover datafile 'd:\app\es\oradata\orcl\tb01.dbf';
完成介质恢复。
```

然后再次将表空间 TBS1 联机：

```
SQL>alter tablespace tbs1 online;
表空间已更改。
```

如果只是单个数据文件出现问题，可以将这一个数据文件 OFFLINE。

例 11-13　表空间 TBS1 上有两个数据文件，将其中 tb12.dbf 脱机。

```
SQL>col file_name format a30
SQL>select tablespace_name,file_name,online_status from dba_data_files where tablespace_name='TBS1';
```

TABLESPACE_NAME	FILE_NAME	ONLINE_
TBS1	D:\APP\ES\ORADATA\ORCL\TB01.DBF	ONLINE
TBS1	D:\APP\ES\ORADATA\ORCL\TB12.DBF	ONLINE

可以通过以下语句将数据文件 tb12.dbf 脱机：

```
SQL>alter database datafile 'd:\app\es\oradata\orcl\tb12.dbf' offline;
数据库已更改。
```

被脱机的文件在数据字典视图 dba_data_files 的 online_status 显示为 recover，提示需要进行介质恢复才能再次联机。

```
SQL>select tablespace_name,file_name,online_status from dba_data_files where tablespace_name='TBS1';
```

TABLESPACE_NAME	FILE_NAME	ONLINE_
TBS1	D:\APP\ES\ORADATA\ORCL\TB01.DBF	ONLINE
TBS1	D:\APP\ES\ORADATA\ORCL\TB12.DBF	RECOVER

查看一下表空间 TBS1 的状态,还是联机的状态。

```
SQL>select tablespace_name,status from dba_tablespaces where tablespace_name
='TBS1';

TABLESPACE_NAME      STATUS
-------------------- -------------
TBS1                 ONLINE
```

紧接着把剩余的一个数据文件 tbs01.dbf 也进行脱机:

```
SQL>alter database datafile 'd:\app\es\oradata\orcl\tb01.dbf' offline;
```

数据库已更改。

```
SQL>select tablespace_name,file_name,online_status from dba_data_files where
tablespace_name='TBS1';

TABLESPACE_NAME      FILE_NAME                              ONLINE_
-------------------- -------------------------------------- -------------
TBS1                 D:\APP\ES\ORADATA\ORCL\TB01.DBF        RECOVER
TBS1                 D:\APP\ES\ORADATA\ORCL\TB12.DBF        RECOVER
```

再看看表空间 TBS1 的状态,依然是联机状态:

```
SQL>select tablespace_name,status from dba_tablespaces where tablespace_name
='TBS1';

TABLESPACE_NAME      STATUS
-------------------- -------------
TBS1                 ONLINE
```

这时在 TBS1 上创建一个表,结果显示无法创建表 Table1 的初始区,创建失败。

```
SQL>create table table1(a number) tablespace tbs1;
CREATE TABLE Table1(A NUMBER) TABLESPACE TBS1
              *
```

第 1 行出现错误:

ORA-01658:无法为表空间 TBS1 中的段创建 INITIAL 区

这时如果直接将 tb01.dbf 联机,提示需要进行介质恢复,联机操作失败。

```
SQL>alter database datafile 'd:\app\es\oradata\orcl\tb01.dbf' online;
ALTER DATABASE DATAFILE 'D:\APP\ES\ORADATA\ORCL\tb01.dbf' ONLINE
              *
```

第 1 行出现错误:

ORA-01113:文件 8 需要介质恢复
ORA-01110:数据文件 8: 'D:\APP\ES\ORADATA\ORCL\TB01.DBF'

将 tb01.dbf 进行介质恢复:

```
SQL>recover datafile 'D:\APP\ES\ORADATA\ORCL\tb01.dbf';
```
完成介质恢复。

然后将 tb01.dbf 联机,联机成功了。

```
SQL>alter database datafile 'd:\app\es\oradata\orcl\tb01.dbf' online;
```
数据库已更改。

```
SQL>select tablespace_name,file_name,online_status from dba_data_files where tablespace_name='TBS1';

TABLESPACE_NAME      FILE_NAME                            ONLINE_
-------------------- ------------------------------------ --------------
TBS1                 D:\APP\ES\ORADATA\ORCL\TB01.DBF      ONLINE
TBS1                 D:\APP\ES\ORADATA\ORCL\TB12.DBF      RECOVER
```

这时就可以进行创建表的操作了。

```
SQL>create table table1(a number) tablespace tbs1;
```
表已创建。

11.3　用户表空间以及数据文件的维护

用户创建表空间后,可以根据需要对表空间进行扩展。

1. 添加数据文件

例 11-14　在表空间 TBS1 中添加一个数据文件。

```
SQL> select tablespace_name,file_name,status from dba_data_files where tablespace_name='TBS1';

TABLESPACE_NAME      FILE_NAME                            STATUS
-------------------- ------------------------------------ -------------
TBS1                 D:\APP\ES\ORADATA\ORCL\TB01.DBF      AVAILABLE
TBS1                 D:\APP\ES\ORADATA\ORCL\TB12.DBF      AVAILABLE
```

查询结果表明：用户表空间 tbs1 目前有两个数据文件 tb01.dbf、tb12.dbf。现在增加一个 tb13.dbf,autoextend on 表示此文件可自动扩展,next 128k 表示再增加的区间大小为 128k,maxsize 100M 表示最大可扩展到 100M。

```
SQL>alter tablespace tbs1
  2      add datafile 'd:\app\es\oradata\orcl\tb13.dbf' size 10m
  3      autoextend on
  4      next 128k
  5      maxsize 100m;
```
表空间已更改。

```
SQL> select tablespace_name,file_name,status from dba_data_files where
```

```
tablespace_name='TBS1';

TABLESPACE_NAME      FILE_NAME                              STATUS
-------------------  -------------------------------------  ---------------
TBS1                 D:\APP\ES\ORADATA\ORCL\TB01.DBF        AVAILABLE
TBS1                 D:\APP\ES\ORADATA\ORCL\TB12.DBF        AVAILABLE
TBS1                 D:\APP\ES\ORADATA\ORCL\TB13.DBF        AVAILABLE
```

查询结果表明：表空间 TBS1 已有三个数据文件。

2. 手动修改数据文件的大小

先查看对象表空间中各个数据文件的当前大小，可以看出 tbs01.dbf 是 50MB，tbs12.dbf 和 tbs13.dbf 都是 10MB，Oracle 数据库内显示的大小基本和操作系统显示一致。

```
SQL> select tablespace_name, file_name, bytes from dba_data_files where
tablespace_name='TBS1';

TABLESPACE_NAME      FILE_NAME                              BYTES
-------------------  -------------------------------------  ----------
TBS1                 D:\APP\ES\ORADATA\ORCL\TB01.DBF        52428800
TBS1                 D:\APP\ES\ORADATA\ORCL\TB12.DBF        10485760
TBS1                 D:\APP\ES\ORADATA\ORCL\TB13.DBF        10485760
```

例 11-15　将表空间 TBS1 的数据文件 tb01.dbf 减少到 40MB，tb12.dbf 增大到 30MB。

```
SQL>alter database datafile 'd:\app\es\oradata\orcl\tb01.dbf' resize 40m;
数据库已更改。

SQL>alter database datafile 'd:\app\es\oradata\orcl\tb12.dbf' resize 30m;
数据库已更改。
```

从以下查询结果可以看出，数据库中看到的数据文件的大小已经发生了改变。

```
SQL> select tablespace_name, file_name, bytes from dba_data_files where
tablespace_name='TBS1';

TABLESPACE_NAME      FILE_NAME                              BYTES
-------------------  -------------------------------------  ----------
TBS1                 D:\APP\ES\ORADATA\ORCL\TB01.DBF        41943040
TBS1                 D:\APP\ES\ORADATA\ORCL\TB12.DBF        31457280
TBS1                 D:\APP\ES\ORADATA\ORCL\TB13.DBF        10485760
```

3. 扩展数据文件

数据文件中的空余空间耗尽会引起数据库和应用系统错误，可以考虑在创建表空间时指定为自动扩展数据文件方式，或者在往表空间中添加数据文件时指定允许自动扩展，或者将已经存在的数据文件修改为允许自动扩展。

例 11-16　建立用户表空间 TBS2，指定允许自动扩展。

```
SQL>create tablespace tbs2
  2    datafile 'd:\app\es\oradata\orcl\tb021.dbf' size 10m
  3    autoextend on;
```
表空间已创建。

可以查看数据字典 dba_data_files 的 autoextensible 属性，得到表空间 TBS2 的扩展信息。

```
SQL>select tablespace_name,file_name,autoextensible from dba_data_files where tablespace_name='TBS2';

TABLESPACE_NAME      FILE_NAME                                 AUT
-------------------- ----------------------------------------- --------
TBS2                 D:\APP\ES\ORADATA\ORCL\TB021.DBF          YES
```

查询结果表明：数据文件 tb021.dbf 的 autoextensible 属性为 YES，即为自动扩展。

例 11-17 修改用户表空间 TBS2，增加数据文件 tb022.dbf，指定允许自动扩展。

```
SQL>alter tablespace tbs2
  2    add datafile 'd:\app\es\oradata\orcl\tb022.dbf' size 10m
  3    autoextend on;
```
表空间已更改。

```
SQL>select tablespace_name,file_name,autoextensible from dba_data_files where tablespace_name='TBS2';

TABLESPACE_NAME      FILE_NAME                                 AUT
-------------------- ----------------------------------------- --------
TBS2                 D:\APP\ES\ORADATA\ORCL\TB021.DBF          YES
TBS2                 D:\APP\ES\ORADATA\ORCL\TB022.DBF          YES
```

查询结果表明：tb022.dbf 的属性也为自动扩展。可以使用 autoextend on/off 将扩展属性打开或关闭。

例 11-18 修改用户表空间 TBS2，将数据文件 tb021.dbf 自动扩展属性关闭再打开。

```
SQL>alter database datafile 'd:\app\es\oradata\orcl\tb021.dbf' autoextend off;
```

数据库已更改。

```
SQL>select tablespace_name,file_name,autoextensible from dba_data_files where tablespace_name='TBS2';

TABLESPACE_NAME      FILE_NAME                                 AUT
-------------------- ----------------------------------------- --------
TBS2                 D:\APP\ES\ORADATA\ORCL\TB021.DBF          NO
TBS2                 D:\APP\ES\ORADATA\ORCL\TB022.DBF          YES
```

查询结果表明：tb021.dbf 的扩展属性已关闭。

```
SQL>alter database datafile 'd:\app\es\oradata\orcl\tb021.dbf' autoextend on;
```
数据库已更改。
```
SQL>select tablespace_name,file_name,autoextensible from dba_data_files where
tablespace_name='TBS2';
```

TABLESPACE_NAME	FILE_NAME	AUT
TBS2	D:\APP\ES\ORADATA\ORCL\TB021.DBF	YES
TBS2	D:\APP\ES\ORADATA\ORCL\TB022.DBF	YES

查询结果表明：tb021.dbf 的扩展属性已打开。

4. 重命名和移动数据文件

为了管理方便或者为了分散磁盘的 I/O 负荷,有时需要重命名或移动现有数据文件。在进行数据库备份之后,可以通过以下步骤进行重命名和移动数据文件的操作。

(1) 将数据文件脱机。
```
SQL>alter database datafile 'd:\app\es\oradata\orcl\tb021.dbf' offline;
```
数据库已更改。
```
SQL>alter database datafile 'd:\app\es\oradata\orcl\tb022.dbf' offline;
```
数据库已更改。

查询数据字典 dba_data_files,可以看到 tb021.dbf、tb022.dbf 已处于 recover 状态。需要进行介质恢复才能再次联机。
```
SQL>select tablespace_name,file_name,online_status from dba_data_files where
tablespace_name='TBS2';
```

TABLESPACE_NAME	FILE_NAME	ONLINE_
TBS2	D:\APP\ES\ORADATA\ORCL\TB021.DBF	RECOVER
TBS2	D:\APP\ES\ORADATA\ORCL\TB022.DBF	RECOVER

(2) 使用以下任意方法移动或重命名数据文件。

① 在操作系统中通过操作系统移动或重命名数据文件。
```
SQL > host copy d:\app\es\oradata\orcl\tb021.dbf d:\app\es\ora_wallet\tb021cp.dbf
```
已复制一个文件。

② 在数据库中使用 dbms_file_transfer 包移动或重命名数据文件。

首先创建 dbms_file_transfer 包使用的原路径 FROM_DIR、目的路径 TO_DIR。
```
SQL>create or replace directory FROM_DIR as 'd:\app\es\oradata\orcl';
```
目录已创建。
```
SQL>create or replace directory TO_DIR as 'd:\app\es\ora_wallet';
```
目录已创建。

将路径值赋予包中的变量 source_directory_object、destination_directory_object。

```
SQL>begin
  2  dbms_file_transfer.copy_file(
  3       source_directory_object      =>'from_dir',
  4       source_file_name             =>'tb022.dbf',
  5       destination_directory_object =>'to_dir',
  6       destination_file_name        =>'tb022cp.dbf');
  7  end;
  8  /
PL/SQL 过程已成功完成。
```

通过操作系统命令查看目的路径 ora_wallet 下的文件。

```
SQL>host dir D:\app\ES\ora_wallet
驱动器 D 中的卷是 D
卷的序列号是 302F-6C2D

D:\app\ES\ora_wallet 的目录

2017/11/07  21:15    <DIR>          .
2017/11/07  21:15    <DIR>          ..
2017/11/07  12:03             1,573 ewallet.p12
2017/11/07  21:03        10,493,952 TB021cp.DBF
2017/11/07  21:15        10,493,952 TB022CP.DBF
               3 个文件     20,989,477 字节
               2 个目录 22,532,104,192 可用字节
```

查询结果表明：数据文件 tb021cp.dbf、tb022cp.dbf 已被移到该路径下。

以上操作只产生数据文件的备份，控制文件并没有改变。使用 alter database 语句修改控制文件，指向重命名或移动后的文件。

```
SQL>alter database
  2     rename file 'd:\app\es\oradata\orcl\tb021.dbf',
  3                 'd:\app\es\oradata\orcl\tb022.dbf'
  4            to 'd:\app\es\ora_wallet\tb021cp.dbf',
  5                 'd:\app\es\ora_wallet\tb022cp.dbf';
```

数据库已更改。

通过数据字典 dba_data_files 查询表空间 TBS2 的数据文件的路径。

```
SQL>select tablespace_name,file_name,online_status from dba_data_files where
tablespace_name='TBS2';

TABLESPACE_NAME      FILE_NAME                                ONLINE_
-------------------- ---------------------------------------- --------------
TBS2                 D:\APP\ES\ORA_WALLET\TB021CP.DBF         RECOVER
TBS2                 D:\APP\ES\ORA_WALLET\TB022CP.DBF         RECOVER
```

查询结果表明：表空间 TBS2 的数据文件都已移到 D:\APP\ES\ORA_WALLET 路径下。将数据文件联机。

```
SQL>recover datafile 'd:\app\es\ora_wallet\tb021cp.dbf';
```
完成介质恢复。
```
SQL>recover datafile 'd:\app\es\ora_wallet\tb022cp.dbf';
```
完成介质恢复。
```
SQL>alter database datafile 'd:\app\es\ora_wallet\tb021cp.dbf' online;
```
数据库已更改。
```
SQL>alter database datafile 'd:\app\es\ora_wallet\tb022cp.dbf' online;
```
数据库已更改。
```
SQL>select tablespace_name,file_name,online_status from dba_data_files where
tablespace_name='TBS2';

TABLESPACE_NAME         FILE_NAME                                   ONLINE_
----------------------  ------------------------------------------  -------------
TBS2                    D:\APP\ES\ORA_WALLET\TB021CP.DBF            ONLINE
TBS2                    D:\APP\ES\ORA_WALLET\TB022CP.DBF            ONLINE
```

5. 删除数据文件

当数据文件出现损坏且无法恢复时，需要把数据文件删除。删除数据文件需要确认以下几点：

（1）数据库必须是打开的状态。

（2）被删除的数据文件不能是表空间中的第一个或唯一的数据文件，第一个数据文件包含表空间的一些元数据，必须通过删除表空间来删除。

（3）被删除的数据文件不能是 SYSTEM 表空间的数据文件。

（4）被删除的数据文件中不为空，而且所包含的对象不能删除，这时不能删除数据文件，必须通过删除表空间指定 INCLUDING CONTENT 来删除数据文件。

（5）被删除的数据文件不能是从字典管理表空间上迁移过来的，或是只读状态的表空间的数据文件。

在文件删除前，最好保证数据文件上所有的对象都已经被删除。可以通过以下语句查询各个数据文件上的对象名以及所属模式情况，然后可以把这个对象删除。

```
SQL>col segment_name format a20
SQL>col owner format a10
SQL>select a.owner, a.segment_name, b.file_name
  2  from dba_extents a, dba_data_files b
  3  where a.file_id =b.file_id
  4  and a.tablespace_name ='tbs1'
  5  and b.file_name like 'd:\app\es\oradata\orcl\tb%.dbf'
  6  group by a.owner, a.segment_name, b.file_name;
```

第11章 管理表空间和数据文件

```
OWNER      SEGMENT_NAME       FILE_NAME
---------- ------------------ -------------------------------------
SYS        TABLE1             D:\APP\ES\ORADATA\ORCL\TB01.DBF
```

查询结果表明：在表空间 TBS1 上，有一个表 TABLE1 存放在数据文件 D:\APP\ES\ORADATA\ORCL\TB01.DBF 上。也可以在 dba_objects 中查看。

```
SQL>select owner,object_type,object_name from dba_objects where owner='sys'
and object_name='TABLE1';

OWNER      OBJECT_TYPE     OBJECT_NAME
---------- --------------- ---------------
SYS        TABLE           TABLE1
```

执行删除命令，将表 table1 删除。

```
SQL>drop table table1;
```

表已删除。

```
SQL>select a.owner, a.segment_name, b.file_name
  2  from dba_extents a, dba_data_files b
  3  where a.file_id =b.file_id
  4  and a.tablespace_name ='TBS1'
  5  and b.file_name like 'd:\app\es\oradata\orcl\tb%.dbf'
  6  group by a.owner, a.segment_name, b.file_name;
```

未选定行。

查询结果表明：表 table1 已被删除。

被删除的数据文件不能是表空间中的第一个或唯一的数据文件，通过查询 FILE_ID 的值判断表空间的第一个数据文件，最小的 FILE_ID 就是表空间的第一个数据文件。

```
SQL>select tablespace_name,file_id,file_name,online_status from dba_data_
files where tablespace_name='TBS1';

TABLESPACE_NAME    FILE_ID FILE_NAME                              ONLINE_
------------------ ------- -------------------------------------- ----------
TBS1                     8 D:\APP\ES\ORADATA\ORCL\TB01.DBF        ONLINE
TBS1                    15 D:\APP\ES\ORADATA\ORCL\TB12.DBF        ONLINE
```

如果执行删除语句，在表空间 TBS1 中删除数据文件 tb01.dbf，由于被删除文件是表空间的第一个数据文件，系统将报错。

```
SQL>alter tablespace tbs1 drop datafile 'd:\app\es\oradata\orcl\tb01.dbf';
alter tablespace tbs1 drop datafile 'd:\app\es\oradata\orcl\tb01.dbf'
*
第 1 行出现错误：
ORA-03263：无法删除表空间 TBS1 的第一个文件
```

修改数据文件名称,改成 tb12.dbf,就可以删除成功了。

```
SQL>alter tablespace tbs1 drop datafile 'd:\app\es\oradata\orcl\tb12.dbf';
```
表空间已更改。
```
SQL>select tablespace_name,file_id,file_name,online_status from dba_data_
files where tablespace_name='TBS1';
```

```
TABLESPACE_NAME      FILE_ID FILE_NAME                               ONLINE_
------------------   ------- --------------------------------------- ----------
TBS1                       8 D:\APP\ES\ORADATA\ORCL\TB01.DBF         ONLINE
```

查询结果表明:数据文件 tb12.dbf 已被删除。这时在操作系统中可以看到数据文件 tb12.dbf 也已经消失。

6. 删除表空间

当表空间上的数据不再需要了,可以把整个表空间删除。表空间的删除是无法恢复的,所以最好在删除表空间前先进行数据库备份,以防误操作。删除表空间可以在表空间联机或脱机状态下进行,但为了防止表空间被别的会话使用,最好在表空间脱机的状态进行。如果表空间上还有会话进行事务操作,尚未提交的话,删除表空间的操作将被挂起,没有响应。

如果被删除的表空间不是空的,还有对象存在,就需要在删除语句上加上 including contents 选项。

例 11-19 删除表空间 TBS5 及它上面的所有表、索引、视图、LOB 等对象。

```
SQL>drop tablespace tbs5 including contents;
```
表空间已删除。

这样的话,TBS5 就从控制文件和数据字典上消失了。

```
SQL>select tablespace_name,file_id,file_name,online_status from dba_data_
files where tablespace_name='TBS5';
```
未选定行。

查询结果表明:TBS5 在数据字典 dba_data_files 上已经消失了。

```
SQL>select tablespace_name,status from dba_tablespaces where tablespace_name=
'TBS5';
```
未选定行。

查询结果表明:TBS5 在数据字典 dba_tablespaces 上也消失了。

然而,数据文件在操作系统上还是存在的,需要用操作系统命令来删除。在操作系统上删除数据文件需要先关闭数据库。

```
SQL>shutdown immediate
```
数据库已经关闭。
已经卸载数据库。
Oracle 例程已经关闭。

```
SQL>startup
```

Oracle 例程已经启动。

```
Total System Global Area  1720328192 bytes
Fixed Size                   2176448 bytes
Variable Size             1325402688 bytes
Database Buffers           385875968 bytes
Redo Buffers                 6873088 bytes
```
数据库装载完毕。
数据库已经打开。

执行删除命令，删除数据文件 TB05.DBF。

SQL>host del d:\app\es\oradata\orcl\tb05.dbf;

执行查看命令，查看数据文件 TB05.DBF。

```
SQL>host dir d:\app\es\oradata\orcl\tb05.dbf
   驱动器 D 中的卷是 D
   卷的序列号是 302F-6C2D
   D:\APP\ES\ORADATA\ORCL 的目录
   找不到文件
```

查询结果表明：数据文件 TB05.DBF 在操作系统上已被删除。如果需要在删除表空间时，同时删除操作系统上的数据文件，可以在删除表空间指令上指定 INCLUDING DATAFILES 选项。

```
SQL>select tablespace_name,file_name from dba_data_files where tablespace_name
='TBS4';

TABLESPACE_NAME        FILE_NAME
--------------------   --------------------------------------
TBS4                   D:\APP\ES\ORADATA\ORCL\TBS04.DBF
```

通过以下语句删除表空间 TBS4 以及操作系统上的文件：

SQL>drop tablespace tbs4 including contents and datafiles;

表空间已删除。

```
SQL>select tablespace_name,file_name from dba_data_files where tablespace_name
='TBS4';
```
未选定行。

从以下查询可以看出，操作系统上的文件已经被物理删除了。

```
SQL>host dir d:\app\es\oradata\orcl\tbs04.dbf
   驱动器 D 中的卷是 D
   卷的序列号是 302F-6C2D

   D:\APP\ES\ORADATA\ORCL 的目录
```
找不到文件。

如果表空间上的对象在其他表空间上还有依存对象的话,为了保证各个依存对象逻辑上的一致性,需要加上 cascade constraints 选项来级联删除有依存关系的对象上的数据。

例 11-20 在表空间 TBS2 上建立表 dept,在表空间 TBS3 上建立表 emp,其中 emp 的 deptno 属性参照 dept 的 deptno 属性。删除表 emp 时需要加上 cascade constraints。

```
SQL>create table dept
  2  (deptno number(14) not null,
  3  dname   char(20) not null,
  4  loc char(20),
  5  primary key (deptno))
  6  tablespace tbs2;
```

表已创建。

```
SQL>create table emp
  2  (empno char(10) not null,
  3  ename char(20) not null,
  4  sal smallint,
  5  comm smallint,
  6  job char(20),
  7  hiredate date,
  8  deptno number(14),
  9  primary key (empno),
  10  foreign key(deptno) references dept(deptno)) tablespace tbs3;
```

表已创建。

```
SQL>drop tablespace tbs2;
drop tablespace tbs2
*
```

第 1 行出现错误:

ORA-01549:表空间非空,请使用 INCLUDING CONTENTS 选项

```
SQL>drop tablespace tbs2 including contents;
drop tablespace tbs2 including contents
*
```

第 1 行出现错误:

ORA-02449:表中的唯一/主键被外键引用

```
SQL>drop tablespace tbs2 including contents cascade constraints;
```
表空间已删除。

11.4 只读表空间

通常对于一些历史数据,只做查询,不做修改。这时可以把只保存历史数据的表空间设置为只读(Read-Only)表空间。对于只读表空间,Oracle 数据库不用进行备份和恢复,可以减少备份的开销,同时也防止对历史数据进行修改。

将一个表空间设置为只读表空间时有以下限制:
(1) 不能把 SYSTEM、UNDO 和临时表空间设置为只读表空间。
(2) 表空间必须是联机状态的。
(3) 设置为只读表空间时,表空间上不能有未提交的变更数据。
(4) 设置为只读表空间时,表空间上不能有联机备份的操作。

为了保证数据文件所在的数据块,完成延迟块清除操作,最好在设置为只读表空间前对这个表空间上进行过 insert/update/delete 的对象执行 select count(*) from <表名>,进行全表扫描,完成内部的块清除操作。

例 11-21 将表空间 TBS1 变更为只读表空间。

```
SQL>alter tablespace tbs1 read only;
表空间已更改。
```

通过数据字典 dba_tablespaces 查看表空间 TBS1 的状态。

```
SQL>select tablespace_name,status from dba_tablespaces where tablespace_name=
'TBS1';

TABLESPACE_NAME         STATUS
----------------------  ----------------
TBS1                    READ ONLY
```

查询结果表明:TBS1 的状态已为只读。

这时在这个表空间上进行 create、insert、update、delete 等操作,系统将提示数据文件不能修改的错误,处理语句失败。

```
SQL>insert into t1 values(1);
insert into t1 values(1)
            *
第 1 行出现错误:
ORA-00372:此时无法修改文件 8
ORA-01110:数据文件 8: 'D:\APP\ES\ORADATA\ORCL\TB01.DBF'


SQL>create table t2 (A number) tablespace tbs1;
  create table t2 (A number) tablespace tbs1
                                        *
第 1 行出现错误:
```

ORA-01647: 表空间'TBS1'是只读的,无法在其中分配空间

但是对于只读表空间上的对象是可以进行对象删除(DROP)操作的。

```
SQL>drop table t1;
```
表已删除。

例 11-22 把表空间 TBS1 的只读状态变为可以读写状态。

```
SQL>alter tablespace tbs1 read write;
```
表空间已更改。

```
SQL>select tablespace_name,status from dba_tablespaces where tablespace_name=
'TBS1';

TABLESPACE_NAME                STATUS
----------------------         --------------
TBS1                           ONLINE
```

查询结果表明:TBS1 的状态为 ONLINE,即可以读写。

在把表空间变更为只读表空间操作时,如果表空间上有尚未提交的事务,表空间的变更语句将被阻塞住,没有响应。例如,会话 1 执行了一个 insert 语句,没有执行 commit;而会话 2 执行了表空间的变更,会话 2 将出现语句无法返回的状况。

会话 1:通过数据字典 v$mystat 查看会话 1 的 SID。

```
SQL>select distinct sid from v$mystat;

SID
------
125
SQL>create table t1(c1 number) tablespace tbs3;
```
表已创建。

```
SQL>insert into t1 values(123);
```
已创建一行。

会话 2:通过数据字典 v$mystat 查看会话 2 的 SID。

```
SQL>select distinct sid from v$mystat;

SID
------
144
```

在会话 2 中把表空间 TBS3 变更为只读表空间。

```
SQL>alter tablespace tbs3 read only;
```

会话 3:从 v$session 等信息可以看出会话 2 被阻塞了。

```
SQL>select sid,sql_text, saddr,event
```

```
  2  from v$sqlarea,v$session
  3  where v$sqlarea.address =v$session.sql_address
  4  and sql_text like 'ALTER TABLESPACE TBS3 READ ONLY';

SID    SQL_TEXT                                SADDR                 EVENT
-----  --------------------------------------  --------------------  ------------
144    ALTER TABLESPACE TBS3 READ ONLY         00007FFA708130A0      unbound tx
```

通过 v$transaction 进一步分析,可找到未提交事务的会话。目前这个环境中只有一个事务尚未提交,而且 SCN 号小于会话 2,它会话的内存地址是 84A2F0。

```
SQL>select ses_addr, start_scnb
  2    from v$transaction
  3    order by start_scnb;

SES_ADDR              START_SCNB
--------------------  ------------
00007FFA7084A2F0      2563870
00007FFA708130A0      2563924
00007FFA708130A0      2563928
```

然后通过阻塞会话的会话地址再次查询 v$session 等信息,可以确定 SID、执行的机器名等信息,这时需要通知这个会话的执行者尽快执行 commit 或 rollback。

```
SQL>select t.ses_addr, s.sid, s.username, s.machine
  2    from v$session s, v$transaction t
  3    where t.ses_addr =s.saddr
  4    and t.ses_addr like '%84A2F0'
  5    order by t.ses_addr
  6  ;

SES_ADDR              SID    USERNAME    MACHINE
--------------------  -----  ----------  ----------------------------------
00007FFA7084A2F0      125    SYS         WORKGROUP\DESKTOP-PFT9224
```

表空间及数据文件相关的数据字典视图如表 10-1 所示。

表 10-1　表空间及数据文件相关的数据字典视图

视　图	说　明
v$tablespace	来自控制文件的所有表空间的名称和编号
v$encrypted_tablespaces	所有加密表空间的名称和加密算法
dba_tablespaces,user_tablespaces	所有(或用户可访问的)表空间的描述
dba_tablespace_groups	显示表空间组和属于它们的表空间
dba_segments,user_segments	有关所有(或用户可访问的)表空间中段的信息
dba_extents,user_extents	有关所有(或用户可访问的)表空间中的数据扩展区的信息

续表

视　图	说　明
dba_free_space, user_free_space	有关所有(或用户可访问的)表空间中的可用范围的信息
dba_temp_free_space	显示每个临时表空间中的总分配和可用空间
v$datafile	有关所有数据文件的信息,包括拥有表空间的表空间数
v$tempfile	有关所有临时文件的信息,包括拥有表空间的表空间数
dba_data_files	显示属于表空间的文件(数据文件)
dba_temp_files	显示属于临时表空间的文件(临时文件)
v$temp_extent_map	所有本地管理的临时表空间中所有范围的信息
v$temp_extent_pool	对于本地管理的临时表空间,每个实例缓存并使用的临时空间的状态
v$temp_space_header	显示每个临时文件所用的空间/空闲空间
dba_users	所有用户的默认和临时表空间
dba_ts_quotas	列出所有用户的表空间配额
v$sort_segment	给定实例中每个排序段的信息。仅当表空间为 TEMPORARY 类型时才会更新该视图
v$tempseg_usage	描述用户临时或永久表空间的临时(排序)段用法

第 12 章　用户的安全设置

CHAPTER 12

访问数据库,用户必须使用数据库中定义的有效用户名连接到数据库实例。一个 Oracle 数据库用户账户包含了用户名、认证方式、密码、账户状态、账户锁定日期、账户失效日期及访问限制等信息。

当创建 Oracle 数据库的用户时,也需要指定用户的身份验证方式。Oracle 数据库提供多种用户身份验证方式,数据库用户可以通过数据库内部的密码验证,或者也可以通过操作系统认证等外部验证的方式。

当创建 Oracle 数据库的用户时,需要通过各种方式来保障用户的安全性。其中指定用户的配置文件(Profile)是很重要的一种保证手段。通过配置信息可以限制密码的策略以及密码过期时间等。

当创建完 Oracle 数据库的用户后,需要授予用户的权限或角色来限制用户对数据库操作的范围。

为了保护敏感数据,可以通过创建私有数据库安全策略,根据不同用户将不同的 where 谓词动态嵌入到用户发出的 SQL 语句中,使得用户只能访问部分数据。

12.1　用户账户的安全性管理

Oracle 数据库能够以多种方式保证用户安全。在创建数据库用户时,可以选择通过数据库内部的密码来进行身份验证,也可以选择通过操作系统的外部认证来验证身份。另外,当创建用户账户时,或者在创建用户后,可以通过指定用户账户的配置文件来限制用户各种系统资源的使用数量、密码复杂程度、密码保存时间、密码输入错误的次数及密码锁定时间等,设置各种资源限制。

12.1.1　用户身份认证方式

为了防止未授权用户非法地连接到 Oracle 数据库,需要验证连接用户的身份,建立信任关系,以便进一步交互。Oracle 数据库提供根据数据库内部的密码验证以及通过操作系统验证等外部验证方式。

创建用户的语法如下:

```
create user user
```

```
            identified { by password
                       | externally [as 'certificate_dn'|as 'kerberos_principal_name' ]
                       | globally [ as '[ directory_dn ]' ]
                       }
            [ default tablespace tablespace
            | temporary tablespace
                 { tablespace | tablespace_group_name }
            | { quota { size_clause | unlimited } on tablespace }…
            | profile profile
            | password expire
            | account { lock | unlock }
            | enable editions
            ] ;
```

创建 profile 的语法：

```
create profile profile
    limit { resource_parameters
         | password_parameters
         }…
;
```

1. 数据库认证

Oracle 数据库可以通过使用该数据库本身存储的用户密码来验证尝试连接到数据库的用户。使用数据库身份验证，必须使用关联的密码。用户的密码最长不能超过 30 字节。用户密码是加密存储的，一旦忘记密码，不能进行恢复，只能通过拥有 DBA 权限或 ALTER USER 权限等的用户来修改用户的密码。

例 12-1 创建一个密码认证的用户 user01，密码是 a。

```
SQL>create user user01 identified by a;
用户已创建。
```

例 12-2 授予 user01 建立会话和使用资源的权限。

```
SQL>grant create session,resource to user01;
授权成功。
```

将 user01 连接到数据库。

```
SQL>connect user01/a
已连接。
```

通过数据字典 dual 查看用户的认证方式，可以看出 user01 是使用数据库的密码方式认证。

```
SQL>select sys_context ('userenv', 'session_user') session_user ,sys_context
('userenv', 'authentication_method') authentication_method from dual;
```

```
SESSION_USER       AUTHENTICATION_METHO
---------------    --------------------------
USER01             PASSWORD
```

2. 操作系统认证

操作系统认证是只要以操作系统中特定的用户组的用户登录到数据库所在的服务器上,就可以直接连接到数据库,建立数据库的会话。整个过程只需要登录服务器时在操作系统中进行身份验证,不需要进行数据库验证。操作系统中的这个用户组如果是 UNIX 相关的操作系统,则是 DBA;如果是 Windows 系统,则是 ORA_DBA。

12.1.2 用户密码的安全性管理

当创建新用户时,如果没有制定配置文件,数据库给它指定默认配置文件。通过数据字典 dba_users 可以看出,用户 user01 采用默认配置。

```
SQL>col username for a10;
SQL>col profile for a10
SQL>select username,profile from dba_users where username='USER01';

USERNAME      PROFILE
------------  ------------
USER01        DEFAULT
```

从 dba_profiles 的查询结果可以看出,默认的 Profile 包含了各种资源的限制,以及密码控制设定。例如,密码控制设定如下:

- failed_login_attempts:其设定值为 10,表明对某个用户,如果连续输入错误的密码,超过 10 次用户的账户将被锁定。
- password_life_time:其设定值为 180,表明用户的密码使用期限是 180 天,超期后会在会话连接时提示修改。
- password_grace_time:其设定值为 7,表明用户的密码超过使用期限后可以有 7 天的宽限进行密码修改,如果超过 7 天仍然没有修改,账户将被锁住。
- password_verify_function:其设定值为空,表明对于用户密码的复杂程度没有设置验证函数。
- password_reuse_time:如果设置为 unlimited,表明没有对密码重复利用的时间进行限制。
- password_reuse_max:如果设置为 unlimited,表明没有对密码重复利用的次数进行限制。

```
SQL>col resource_name for a30
SQL>col limit for a10
SQL>select profile,resource_name,limit from dba_profiles where profile=
'DEFAULT';
```

```
PROFILE      RESOURCE_NAME                 LIMIT
----------   ----------------------------  ----------
DEFAULT      COMPOSITE_LIMIT               UNLIMITED
DEFAULT      SESSIONS_PER_USER             UNLIMITED
DEFAULT      CPU_PER_SESSION               UNLIMITED
DEFAULT      CPU_PER_CALL                  UNLIMITED
DEFAULT      LOGICAL_READS_PER_SESSION     UNLIMITED
DEFAULT      LOGICAL_READS_PER_CALL        UNLIMITED
DEFAULT      IDLE_TIME                     UNLIMITED
DEFAULT      CONNECT_TIME                  UNLIMITED
DEFAULT      PRIVATE_SGA                   UNLIMITED
DEFAULT      FAILED_LOGIN_ATTEMPTS         10
DEFAULT      PASSWORD_LIFE_TIME            180
DEFAULT      PASSWORD_REUSE_TIME           UNLIMITED
DEFAULT      PASSWORD_REUSE_MAX            UNLIMITED
DEFAULT      PASSWORD_VERIFY_FUNCTION      NULL
DEFAULT      PASSWORD_LOCK_TIME            1
DEFAULT      PASSWORD_GRACE_TIME           7
```
已选择 16 行。

1. 密码的过期与修改

如果默认的配置文件 Profile 不能满足用户要求，可以创建一个新的配置文件。

```
SQL>conn / as sysdba
```
已连接。
```
SQL>grant create session to user01;
```
授权成功。

通过查询 dba_users 可以了解到用户 user01 的目前账户状态是 open，密码失效时间大约是 180 天之后。

```
SQL>alter session set nls_date_format ='yyyy-mm-dd hh24:mi:ss';
```
会话已更改。

```
SQL>select username,account_status,lock_date,expiry_date from dba_users where username='USER01';

USERNAME     ACCOUNT_STATUS    LOCK_DATE     EXPIRY_DATE
-----------  ----------------  ------------  --------------------
USER01       OPEN                            2018-05-08 14:28:21
```

然后创建一个密码短期失效的配置文件 short_limit_profile，设置参数 password_life_time，限制用户密码的使用期限是 1 分钟。设置参数 password_grace_time，在密码过期后 1 分钟之内必须修改密码。

```
SQL>create profile short_limit_profile limit password_life_time 1/1440 password
   _grace_time 1/1440;
```

配置文件已创建。

接着修改用户 user01 的配置文件为 short_limit_profile。

SQL>alter user user01 profile short_limit_profile;
用户已更改。

这时用户账户的过期时间变成了当天。

SQL>select username,account_status,lock_date,expiry_date from dba_users where username='USER01';

```
USERNAME    ACCOUNT_STATUS    LOCK_DATE    EXPIRY_DATE
----------  ----------------  -----------  ---------------------
USER01      OPEN                           2017-11-12 10:58:01
```

通过 user01 用户连接到数据库时被提示密码即将过期的错误 ORA-28002。

SQL>conn user01/a
ERROR:
ORA-28002: the password will expire within 0 days
已连接。

切换到 SYS 用户，查看 user01 账户状态。

SQL>conn / as sysdba
已连接。

SQL>alter session set nls_date_format ='yyyy-mm-dd hh24:mi:ss';
会话已更改。

SQL>select username,account_status,lock_date,expiry_date from dba_users where username='USER01';

```
USERNAME    ACCOUNT_STATUS    LOCK_DATE    EXPIRY_DATE
----------  ----------------  -----------  ---------------------
USER01      EXPIRED(GRACE)                 2017-11-12 11:01:17
```

查询结果表明：账户状态已经变成了 expired(grace)，表明账户已经过期，进入了密码修改的宽限期间。其中 expiry_date 显示为 user01 会话连接的时刻＋1 分钟。再过 1 分钟可以看到账户状态已经变成了 expired，表明密码已经过期。

SQL>select username,account_status,lock_date,expiry_date from dba_users where username='USER01';

```
USERNAME    ACCOUNT_STATUS    LOCK_DATE    EXPIRY_DATE
----------  ----------------  -----------  ---------------------
USER01      EXPIRED                        2017-11-12 11:01:17
```

连接数据库，系统将提示修改密码。

```
SQL>conn user01/a
ERROR:
ORA-28001: the password has expired
更改 user01 的口令
新口令:
重新键入新口令:
口令已更改
已连接。
```

这时通过 dba_users 查看账户状态,已经变回了 open,表明账户已经处于正常使用的打开状态。

```
SQL>select username,account_status,lock_date,expiry_date from dba_users where username='USER01';

USERNAME   ACCOUNT_STATUS      LOCK_DATE    EXPIRY_DATE
---------- ------------------- ------------ --------------------------
USER01     OPEN                             2017-11-12 11:06:50
```

为了后续的测试,先把配置文件的设定修改为:密码过期时间是 30 天,密码修改的宽限期间是 1 天。

```
SQL>alter profile short_limit_profile limit password_life_time 30 password_grace_time 1;
配置文件已更改。
```

2. 用户账户的锁定与密码输入错误的次数设定

如果因为某种原因需要立即禁止个别用户的会话连接,可以通过 SYS 等管理员用户锁定对应的用户账户。锁定用户 user01 账户命令如下:

```
SQL>alter user user01 account lock;
用户已更改。
SQL>select username,account_status,lock_date from dba_users where username='USER01';

USERNAME   ACCOUNT_STATUS      LOCK_DATE
---------- ------------------- ------------------------
USER01     LOCKED              2017-11-12 11:11:47
```

查询结果表明,用户 user01 已被锁定。如果需要重新打开这个用户,可以通过以下语句来解锁。

```
SQL>alter user user01 account unlock;
用户已更改。
SQL>select username,account_status,lock_date from dba_users where username='USER01';
```

```
USERNAME     ACCOUNT_STATUS        LOCK_DATE
-----------  --------------------  ------------------------
USER01       OPEN
```

为了防止用户的非法登录,可以通过编辑配置文件来限制密码错误的次数。例如通过以下语句修改 short_limit_profile,只允许输错两次密码,超过次数后账户将被锁定。

```
SQL>alter profile short_limit_profile limit failed_login_attempts 2;
```
配置文件已更改。

这时输入错误的密码两次后,将被提示账户已经被锁住的错误 ORA-28000。

```
SQL>conn user01/b
ERROR:
ORA-01017: invalid username/password; logon denied
```

警告:您不再连接到 Oracle。
```
SQL>conn user01/b
ERROR:
ORA-01017: invalid username/password; logon denied

SQL>conn user01/b
ERROR:
ORA-28000: the account is locked
```

查看数据字典 dba_users,账户状态显示为 LOCKED(TIMED)。

```
SQL>conn / as sysdba
```
已连接。

```
SQL>select username,account_status,lock_date from dba_users where username=
'USER01';

USERNAME     ACCOUNT_STATUS        LOCK_DATE
-----------  --------------------  ---------------
USER01       LOCKED(TIMED)         12-11月-17
```

3. 限制相同密码的重复利用

为了强制用户不要使用重复的密码,可以通过配置文件的 password_reuse_time 和 password_reuse_max 来限制。

例 12-3 设置最近三次的旧密码不能重复利用,并且指定超过三次之后的 1 分钟就可以重复利用。

```
SQL>alter profile short_limit_profile limit password_reuse_max 3 password_
reuse_time 1/1440;
```
配置文件已更改。

```
SQL>alter user user01 identified by t1;
```

用户已更改。

```
SQL>alter user user01 identified by t2;
```
用户已更改。

```
SQL>alter user user01 identified by t3;
```
用户已更改。

```
SQL>alter user user01 identified by t1;
alter user user01 identified by t1
              *
```
第 1 行出现错误：
ORA-28007：无法重新使用口令

由于本次修改的密码是最近三次变更密码中的一个，所以被提示密码不能重复利用的错误 ORA-28007。

继续修改密码，三次之后且时间超过 1 分钟，密码就可以重复利用了。

```
SQL>alter user user01 identified by t4;
```
用户已更改。

```
SQL>alter user user01 identified by t1;
```
用户已更改。

4. 验证密码的复杂度

为了防止用户使用过于简单的密码，可以通过配置文件添加密码验证函数。密码验证函数通过程序对密码进行更加复杂的约束。

为了添加 Oracle 数据库推荐的验证函数 verify_function_11G，需要通过 SYS 用户执行以下脚本：

```
SQL>@ d:\app\es\product\11.2.0\dbhome_3\rdbms\admin\utlpwdmg.sql
```
函数已创建。

配置文件已更改

函数已创建。

修改配置文件采用密码验证函数 verify_function_11G。

```
SQL>alter profile short_limit_profile limit password_verify_function verify_
function_11g;
```

配置文件已更改。

这时修改密码，如果密码长度小于 8 就将报错。

```
SQL>alter user user01 identified by t123;
alter user user01 identified by t123
```

```
                                                        *
第 1 行出现错误:
ORA-28003: 指定口令的口令验证失败
ORA-20001: Password length less than 8
```

修改密码时,新的密码只包含字母而没有包含数字也会报错。

```
SQL>alter user user01 identified by abcdefghij;
alter user user01 identified by abcdefghij
                                                        *
第 1 行出现错误:
ORA-28003: 指定口令的口令验证失败
ORA-20008: Password must contain at least one digit, one character
```

如果新的密码是函数中定义的简单密码,同样也会报错。

```
SQL>alter user user01 identified by oracle123;
alter user user01 identified by oracle123
                                                        *
第 1 行出现错误:
ORA-28003: 指定口令的口令验证失败
ORA-20006: Password too simple
```

密码验证函数还包括其他限定,可参阅 utlpwdmg.sql 脚本源文件。如果取消 Oracle 密码复杂度检查,执行下列语句,先查看配置文件中的 password_verify_function 属性设置。

```
SQL>col profile for a25
SQL>col resource_name for a40
SQL>select profile,resource_type,resource_name,limit from dba_profiles where resource_type='password' and profile='SHORT_LIMIT_PROFILE';
```

PROFILE	RESOURCE	RESOURCE_NAME	LIMIT
SHORT_LIMIT_PROFILE	PASSWORD	FAILED_LOGIN_ATTEMPTS	2
SHORT_LIMIT_PROFILE	PASSWORD	PASSWORD_LIFE_TIME	30
SHORT_LIMIT_PROFILE	PASSWORD	PASSWORD_REUSE_TIME	.0006
SHORT_LIMIT_PROFILE	PASSWORD	PASSWORD_REUSE_MAX	3
SHORT_LIMIT_PROFILE	PASSWORD	PASSWORD_VERIFY_FUNCTION	VERIFY_FUNCTION_11G
SHORT_LIMIT_PROFILE	PASSWORD	PASSWORD_LOCK_TIME	DEFAULT
SHORT_LIMIT_PROFILE	PASSWORD	PASSWORD_GRACE_TIME	1

查询结果表明:当前的 password_verify_function 属性值为 verify_function_11g。将属性值置为 null,取消函数限制。

```
SQL>alter profile short_limit_profile limit password_verify_function null;
```

配置文件已更改。

```
SQL>select profile,resource_type,resource_name,limit from dba_profiles where
```

```
resource_type='password' and profile='SHORT_LIMIT_PROFILE';

PROFILE                  RESOURCE   RESOURCE_NAME              LIMIT
------------------------ ---------- -------------------------- --------------
SHORT_LIMIT_PROFILE      PASSWORD   FAILED_LOGIN_ATTEMPTS      2
SHORT_LIMIT_PROFILE      PASSWORD   PASSWORD_LIFE_TIME         30
SHORT_LIMIT_PROFILE      PASSWORD   PASSWORD_REUSE_TIME        .0006
SHORT_LIMIT_PROFILE      PASSWORD   PASSWORD_REUSE_MAX         3
SHORT_LIMIT_PROFILE      PASSWORD   PASSWORD_VERIFY_FUNCTION   NULL
SHORT_LIMIT_PROFILE      PASSWORD   PASSWORD_LOCK_TIME         DEFAULT
SHORT_LIMIT_PROFILE      PASSWORD   PASSWORD_GRACE_TIME        1
```

5. 密码区分大小写

Oracle 11g 以前数据库的密码是不区分大小写的，Oracle 11g 则强化了安全性检查，默认是区分大小写的。如果想保持和以前的版本一致，可以把初始化参数 sec_case_sensitive_logon 修改为 false。这个参数生效需要重启数据库。

```
SQL>show parameter sec_case_sensitive_logon

NAME                             TYPE         VALUE
-------------------------------- ------------ -------
sec_case_sensitive_logon         boolean      TRUE
SQL>alter system set sec_case_sensitive_logon=false scope=spfile;
系统已更改。

SQL>shutdown immediate
数据库已经关闭。
已经卸载数据库。
Oracle 例程已经关闭。
SQL>startup
Oracle 例程已经启动。

Total System Global Area    1720328192 bytes
Fixed Size                     2176448 bytes
Variable Size               1325402688 bytes
Database Buffers             385875968 bytes
Redo Buffers                   6873088 bytes
数据库装载完毕。
数据库已经打开。
SQL>sho parameter sec_case_sensitive_logon

NAME                             TYPE         VALUE
-------------------------------- ------------ ---------
sec_case_sensitive_logon         boolean      FALSE
```

创建用户 user03，密码为大写的 U3。

```
SQL>create user user03 identified by U3;
用户已创建。

SQL>grant create session,resource to user03;
授权成功。
```

用户 user03 以小写的密码 u3 连接数据库。

```
SQL>conn user03/u3
已连接。
```

可以看到,数据库的密码已不区分大小写。

当把 sec_case_sensitive_logon 参数值修改为 TRUE,输入的密码就会进行大小写的校验,验证不过就会报出密码不正确的错误。

```
SQL>show parameter sec_case_sensitive_logon

NAME                              TYPE         VALUE
--------------------------------  -----------  ---------
sec_case_sensitive_logon          boolean      TRUE
SQL>conn user03/u3
ERROR:
ORA-01017: invalid username/password; logon denied
警告：您不再连接到 Oracle。
```

12.1.3　用户账户的资源限制

数据库用户默认不设置资源限制,即只要用户能连接到数据库就可以任意创建会话,可以无限制地使用 CPU,可以一直保持与数据库连接等。通过设置用户的配置文件,可以限制用户使用的资源。为了使资源限制起作用,必须把初始化参数 resource_limit 设置为 TRUE,这个参数可以动态修改,不需要重启数据库。注意：配置文件的设定只在用户连接数据库时被读入,如果在初始化参数 resource_limit 被设置为 TRUE 之前用户就已经连接上了会话,用户将不受 resource_limi 限制,初始化参数 resource_limi 只会影响修改时刻以后新建立的会话连接。

```
SQL>show parameter resource_limit

NAME                              TYPE         VALUE
--------------------------------  -----------  ---------
resource_limit                    boolean      FALSE
SQL>alter system set resource_limit=true;

System altered.

SQL>show parameter resource_limit
```

```
NAME                          TYPE         VALUE
------------------------      ----------   ----------
resource_limit                boolean      TRUE
```

表 12-1 限制资源的类型

对象选项	说明
composite_limit	基于以下限制类型计算出来的成本值进行综合限制
sessions_per_user	限制每个用户可以最多创建的会话个数
cpu_per_session	限制每个会话可以使用的 CPU 时间（单位：1/100 秒）
cpu_per_call	限制每次客户端的调用可以使用的 CPU 时间（单位：1/100 秒）
logical_reads_per_session	限制每个会话可以使用的逻辑读的次数
logical_reads_per_call	限制每次客户端的调用可以使用的逻辑读的次数
idle_time	限制每个会话在不执行 SQL、PL/SQL，以及其他系统调用程序时的空闲时间
connect_time	限制每个会话的连接时间
private_sga	针对共享服务器连接时，共享服务器进程会使用私有 SGA 空间，以此来限制可以使用的私有 sga 的大小

1. sessions_per_user

例 12-4 创建一个配置文件来限制用户只能创建一个会话。

```
SQL>create profile resource_limit_profile limit sessions_per_user 1;
配置文件已创建。
```

修改用户 user01 使用 resource_limit_profile 这个配置文件。

```
SQL>alter user user01 profile resource_limit_profile;
用户已更改。
```

通过 user01 用户连接数据库，建立第一个会话。

```
SQL>conn user01/A;
已连接。
```

在会话尚未退出时再打开一个窗口，通过 user01 用户连接数据库，此时 user01 建立第二个会话，系统就会报出会话数超过限制的错误。

```
SQL>conn user01/A;
ERROR:
ORA-02391: exceeded simultaneous sessions_per_user limit
警告：您不再连接到 Oracle。
```

如果要取消这样的限制，可以执行以下语句：

```
SQL>alter profile resource_limit_profile limit sessions_per_user unlimited;
配置文件已更改。
```

2. cpu_per_session 和 cpu_per_call

例 12-5 通过 cpu_per_session 和 cpu_per_call 来限制每个会话可以最多使用 10s 的 CPU(cpu_per_session 的单位是 1/100 秒)。

```
SQL>alter profile resource_limit_profile limit cpu_per_session 1000;
配置文件已更改。
```

然后建立一个会话,执行 PL/SQL 处理,当使用的 CPU 时间超过了 1s 后,就会报出使用 CPU 超过限制的错误,并且会话被强制结束。

```
SQL>conn user01/A
已连接。

SQL>declare
  2    cnt number:=1;
  3  begin
  4    while (cnt>=0) loop
  5    null;
  6    end loop;
  7  end;
  8  /
declare
*
第 1 行出现错误:
ORA-02392:超出 CPU 使用的会话限制,您将被注销
```

也可以用比会话更小的单位来限制 CPU 的使用时间,通过设置配置文件的 cpu_per_call 参数实现。先把 cpu_per_session 修改为不受限制。

```
SQL>alter profile resource_limit_profile limit cpu_per_session unlimited;
配置文件已更改。
```

再把 cpu_per_call 设置为 0.1s。

```
SQL>alter profile resource_limit_profile limit cpu_per_call 10;
配置文件已更改。
```

通过 user01 用户建立数据库连接。当单次执行事务,消耗的 CPU 时间较多时,系统提示超过 CPU 限制的错误。

```
SQL>conn user01/A
已连接。
SQL>declare
  2    cnt number:=1;
  3  begin
  4    while (cnt>=0) loop
  5      null;
  6    end loop;
```

```
    7  end;
    8  /
declare
*
```
第 1 行出现错误：
ORA-02393：超出 CPU 使用的调用限制

通过以下语句来取消 cpu_per_call 的限制。

```
SQL>alter profile resource_limit_profile limit cpu_per_call unlimited;
配置文件已更改。
```

通过数据字典 dba_profiles 查看 cpu_per_call 的值。

```
SQL>select profile,resource_type,resource_name,limit from dba_profiles where
resource_type='KERNEL' and resource_name='CPU_PER_CALL' and profile='RESOURCE
_LIMIT_PROFILE';

PROFILE                        RESOURCE_TYPE     RESOURCE_NAME     LIMIT
------------------------------ ----------------  ----------------  ----------
RESOURCE_LIMIT_PROFILE         KERNEL            CPU_PER_CALL      UNLIMITED
```

查询结果表明：参数 cpu_per_call 的值已改为 unlimited。

3. logical_reads_per_session 和 logical_reads_per_call

通过 logical_reads_per_session 和 logical_reads_per_cal 可以限制每个会话最多进行逻辑读的次数。

例 12-6 设置会话逻辑读次数为 200。

```
SQL>conn sys/jsj as sysdba
已连接。
SQL>alter profile resource_limit_profile limit logical_reads_per_session 200;
配置文件已更改。

SQL>grant select on dba_objects to user01;
授权成功。
```

如果用户从会话建立时起进行的逻辑读次数超过 200，系统将报出资源超限错误，并且会话被强行结束。

```
SQL>conn user01/A
已连接。
SQL>select count(*) from dba_objects;
select count(*) from dba_objects
              *
```
第 1 行出现错误：
ORA-02394：超出 IO 使用的会话限制，您将被注销

也可以通过设置 logical_reads_per_call 来限制用户端每次调用逻辑读的次数。可以先

将会话上的逻辑读次数限制取消,再设置每次调用最多可以进行 1000 次逻辑读。

```
SQL>conn / as sysdba
已连接。
SQL> alter profile resource_limit_profile limit logical_reads_per_session
unlimited;
配置文件已更改。
SQL>alter profile resource_limit_profile limit logical_reads_per_call 1000;
配置文件已更改。
```

通过 user01 连接到数据库。

```
SQL>conn user01/A
已连接。
```

执行第一个 SQL 语句,逻辑读次数少,系统没有报错。

```
SQL>select sysdate from dual;

SYSDATE
--------------
12-11月-17
```

执行第二个 SQL 语句,逻辑读次数较多,系统报错。

```
SQL>select count(*) from dba_objects;
select count(*) from dba_objects
                *
第 1 行出现错误:
ORA-02395: 超出 IO 使用的调用限制
```

12.1.4 用户默认表空间和使用配额

用户的默认表空间是指通过这个用户连接到数据库后,执行建表语句时,如果没有指定表所属的表空间,用户将使用的表空间。这个默认表空间是在创建用户时设定的,如果创建用户时没有明确指定,将使用 USERS 表空间作为其默认表空间。默认表空间也可以在创建完用户之后动态修改。

用户连接到数据库后,创建临时表,执行带 ORDER BY 的子句,或者执行排序或散列操作时有可能会使用临时表空间。临时表空间也可以按用户进行指定。

可以指定用户使用的默认表空间最大配额。变更用户的默认表空间及使用配额的语法如下:

```
alter user
  { user
    | default tablespace tablespace
    | temporary tablespace { tablespace | tablespace_group_name }
    | { quota { size_clause
             | unlimited
```

```
            } on tablespace
        } ...
};
```

例 12-7 将用户 user01 的默认表空间指定为 TBS1,在 TBS1 上使用的表空间最大配额是 200KB。

首先查看用户 user01 的默认表空间。

```
SQL>select username,default_tablespace,account_status from dba_users where username='USER01';

USERNAME    DEFAULT_TABLESPACE     ACCOUNT_STATUS
----------  --------------------   ------------------
USER01      USERS                  OPEN
```

查询结果表明:用户 user01 的默认表空间是 USERS。修改用户 user01 的默认表空间为 TBS1。

```
SQL>alter user user01 default tablespace TBS1 quota 200K ON TBS1;
用户已更改。

SQL>select username,default_tablespace,account_status from dba_users where username='USER01';

USERNAME    DEFAULT_TABLESPACE     ACCOUNT_STATUS
----------  --------------------   ------------------
USER01      TBS1                   OPEN
```

查询结果表明:用户 user01 的默认表空间已修改为 TBS1。

通过 dba_ts_quotas 视图可以看到用户 user01 在 TBS1 上最大可以使用 200KB,目前已经使用大小为 0。

```
SQL>select username,bytes,max_bytes from dba_ts_quotas where tablespace_name = 'TBS1';

USERNAME       BYTES      MAX_BYTES
-------------  --------   ------------
USER01         0          204800
```

用户 user01 连接数据库,创建一个表,插入一行。

```
SQL>conn user01/A
已连接。
SQL>create table tb(col1 number, col2 varchar(30));
表已创建。
SQL>insert into tb values(1,'a');
已创建一行。
```

通过查询数据字典 dba_ts_quotas，可以看到插入一行数据后使用了 64KB 的表空间，也就是初始化区的大小。

```
SQL>conn / as sysdba
已连接。
SQL>select username,bytes,max_bytes from dba_ts_quotas where tablespace_name =
'TBS1';

USERNAME        BYTES     MAX_BYTES
------------ --------- -------------
USER01          65536       204800
```

通过以下语句准备一次插入 500 000 行数据，这时报出了超过表空间的配额限制的错误，语句执行失败了。

```
SQL>conn user01/a
已连接。
SQL>insert into tb select level, 'A'||level from dual connect by level <=500000;
insert into tb select level, 'A'||level from dual connect by level <=500000
            *
第 1 行出现错误：
ORA-01536: 超出表空间 'TBS1' 的空间限额
```

这时查看 dba_ts_quotas 的结果，显示已经接近使用配额最大上限了。

```
SQL>select username,bytes,max_bytes from dba_ts_quotas where tablespace_name =
'TBS1';

USERNAME        BYTES     MAX_BYTES
------------ --------- -------------
USER01         196608       204800
```

查看表里的行数，只有之前插入成功的一行数据。

```
SQL>select count(*) from user01.tb;

COUNT(*)
------------
       1
```

12.2 权限与角色

当创建一个用户，而不给它授予任何权限或角色时，这个用户将无法连接 Oracle 数据库，无法建立会话，更不能做其他任何操作。

```
SQL>create user user02 identified by b;
用户已创建。
```

```
SQL>conn user02/b;
ERROR:
ORA-01045: user USER02 lacks CREATE SESSION privilege; logon denied
警告：您不再连接到 Oracle。
```

为了实施某些数据库操作，必须给用户授予相应的权限或者相关的角色。如果要连接数据库实例，建立数据库会话，必须要给用户授予 create session 的系统权限或者包含这个系统权限的角色，例如 CONNECT 角色。

以 SYS 连接数据库，授予用户 user02 连接数据库的权限。

```
SQL>conn / as sysdba
已连接。
SQL>grant create session to user02;
授权成功。

SQL>conn user02/b;
已连接。
```

权限在被授予后，可以通过 revoke 语句进行撤销。

```
SQL>conn / as sysdba
已连接。
SQL>revoke create session from user02;
撤销成功。
```

用户权限是执行特定的数据库操作或访问属于另一个用户的对象的权限或运行 PL/SQL 包等的权利。角色是一个权限集合，将特权或其他角色组合在一起，使用角色可以使权限管理更加方便。

权限分为在数据库中执行标准的管理员任务的系统权限，以及与对象相关联的对象权限。

权限的授予语法如下：

```
GRANT { grant_system_privileges
      | grant_object_privileges
      } ;
```

其中系统权限授予(grant_system_privileges)语法如下：

```
{ system_privilege
| role
| ALL PRIVILEGES
}
  [, { system_privilege
     | role
     | ALL PRIVILEGES
     }
  ]…
TO grantee_clause
```

        [WITH ADMIN OPTION]

其中对象权限授予(grant_object_privileges)语法如下：

```
grant_object_privileges:
{ object_privilege | ALL [ PRIVILEGES ] }
  [ (column [, column ]…) ]
    [, { object_privilege | ALL [ PRIVILEGES ] }
      [ (column [, column ]…) ]
    ]…
on_object_clause
TO grantee_clause
  [ WITH HIERARCHY OPTION ]
  [ WITH GRANT OPTION ]
```

12.2.1　系统权限

Oracle 数据库的所有系统权限名称信息可以通过 system_privilege_map 视图进行查询。例如，本地的 11.2.0.1.0 环境中有 208 种系统权限。

```
SQL>select name from system_privilege_map order by name;

NAME
----------------------------------------
ADMINISTER ANY SQL TUNING SET
ADMINISTER DATABASE TRIGGER
ADMINISTER RESOURCE MANAGER
ADMINISTER SQL MANAGEMENT OBJECT
ADMINISTER SQL TUNING SET
ADVISOR
ALTER ANY ASSEMBLY
ALTER ANY CLUSTER
ALTER ANY CUBE
ALTER ANY CUBE DIMENSION
ALTER ANY DIMENSION

NAME
----------------------------------------
ALTER ANY EDITION
ALTER ANY EVALUATION CONTEXT
ALTER ANY INDEX
ALTER ANY INDEXTYPE
ALTER ANY LIBRARY
ALTER ANY MATERIALIZED VIEW
ALTER ANY MINING MODEL
ALTER ANY OPERATOR
ALTER ANY OUTLINE
```

```
ALTER ANY PROCEDURE
ALTER ANY ROLE
...
```

已选择 208 行。

1. 带有 ANY 关键字的系统权限

系统权限中有很多带有 ANY 关键字,使用 ANY 关键字的系统权限允许用户设置数据库中整个对象类型的权限。例如,create any procedure 系统权限允许用户在数据库中,除 SYS 以外任何模式中创建存储过程,create any table 系统权限允许用户在除 SYS 以外任何模式中创建表。

例 12-8 将 create any procedure 系统权限、create any table 系统权限授予用户 user02。

```
SQL>conn / as sysdba
```
已连接。
```
SQL>grant connect,resource,create any table,create any procedure to user02;
```
授权成功。

例 12-9 用户 user02 在 SYS 模式中建立过程和表。

```
SQL>conn user02/b
```
已连接。
```
SQL>create or replace procedure sys.testpro is
  2    begin
  3    null;
  4    end;
  5    /
create or replace procedure sys.testpro is
*
```
第 1 行出现错误:
ORA-01031: 权限不足

```
SQL>create table sys.testtb(c1 number);
create table sys.testtb(c1 number)
*
```
第 1 行出现错误:
ORA-01031: 权限不足

操作结果表明:拥有 ANY 关键字的系统权限用户不能在 SYS 模式中创建数据对象。拥有 ANY 关键字的系统权限用户可以在除 SYS 以外任何模式中建立数据对象。

例 12-10 用户 user02 在 user01 模式中建立过程和表。

```
SQL>create or replace procedure user01.testpro is
  2    begin
  3    null;
```

```
   4  end;
   5  /
```
过程已创建。

```
SQL>create table user01.testtb(c1 number);
```
表已创建。

通过数据字典 dba_objects 可以查看 user01 创建的数据对象。

```
SQL>conn / as sysdba
```
已连接。

```
SQL>select owner,object_type,object_name from dba_objects where object_name in
('TESTPRO','TESTTB');

OWNER            OBJECT_TYPE      OBJECT_NAME
-------------    --------------   -----------------
USER01           TABLE            TESTTB
USER01           PROCEDURE        TESTPRO
```

查询结果表明：用户 user01 的表 testtb、过程 testpro 已被成功建立。

2. sysdba 和 sysoper

系统权限中，sysdba 和 sysoper 是非常特殊的系统管理权限，这些权限允许用户的数据库实例尚未启动时连接到数据库，进行实例的启动、停止、备份和恢复等操作。要获得 sysdba 和 sysoper 权限，用户在连接数据库时必须指定 as sysdba 或 as sysoper。这样连接上以后，事实上的数据库用户是 sys 和 public。

表 12-2 sysdba 和 sysoper 系统权限

系统权限	允许的操作
sysdba	数据库实例的启动与停止 alter database 命令进行实例打开、装载、备份、字符集变更 create database drop database create spfile alter database archivelog alter database recover restricted session
sysoper	startup、shutdown create spfile alter database open/mount/backup alter database archivelog alter database recover（仅限完全恢复。until time|change|cancel|controlfile 等不完全恢复需要用 sysdba 连接） restricted session

例 12-11 给 user02 授予 sysdba 权限。

```
SQL>grant sysdba to user02;
```

授权成功。

这样用户 user02 就和 SYS 用户一样被密码文件管理了,可以从 v＄pwfile_users 中看到。

```
SQL>col username for a10
SQL>select username,sysdba,sysoper from v$pwfile_users;

USERNAME     SYSDB      SYSOP
------------ ---------- ---------
SYS          TRUE       TRUE
USER02       TRUE       FALSE
```

再给 user02 授予 SYSOPER 权限。

```
SQL>grant sysoper to user02;
```

授权成功。

```
SQL>select username,sysdba,sysoper from v$pwfile_users;

USERNAME     SYSDB      SYSOP
------------ ---------- ---------
SYS          TRUE       TRUE
USER02       TRUE       TRUE
```

如果 user02 连接到数据库时不指定 as ×××短语,连接后显示当前用户是 user02。如果指定了 as sysdba,连接后显示用户是 SYS。同样,如果指定了 as sysdba,连接后的用户显示为 pubic。

```
SQL>conn user02/b
```
已连接。
```
SQL>show user
USER 为 "USER02"。
SQL>conn user02/b as sysdba
```
已连接。
```
SQL>show user
USER 为 "SYS"。
SQL>conn user02/b as sysoper
```
已连接。
```
SQL>show user
USER 为 "PUBLIC"。
```

3. public 角色

public 是 Oracle 数据库中一个非常特殊的角色或者用户。把权限或角色授予给 public 后,所有用户都能使用这个权限或角色了。所以给 public 的权限授予与撤销需要非常谨慎。默认状态下，public 上没有任何系统权限和对象权限。

```
SQL>select * from role_sys_privs where role='PUBIC';
```
未选定行。

```
SQL>select * from role_tab_privs where role='PUBIC';
```
未选定行。

例如，如果 user03 没有 create session 的系统权限，无法连接数据库，但如果别的管理员用户把 create session 的权限授予给 public 后，user03 用户就可以连接数据库了。

```
SQL>create user user03 identified by c;
```
用户已创建。

```
SQL>conn user03/c
ERROR:
ORA-01045: user USER03 lacks CREATE SESSION privilege; logon denied
```
警告：您不再连接到 Oracle。

```
SQL>conn / as sysdba
```
已连接。

```
SQL>grant create session to public;
```
授权成功。

```
SQL>conn user03/c
```
已连接。

4. 系统权限的授予与撤销

管理员用户可以通过 grant 语句给一个用户或角色授予系统权限。也可以通过 revoke 语句来撤销系统权限。语法如下：

```
revoke <privilege name> from <username or role>;
```

用户不能给自己授予或撤销权限。

如果 grant 语句中指定了 with admin option，那么被授予这个权限的用户还可以把这个权限授予给其他用户。当用户的权限被撤销时，授予出去的权限将被保留，即系统权限不能被级联收回，with admin option 子句要慎用。

例 12-12 创建用户 u1、u2，并授予 u1 连接数据库的权利，同时拥有传递此权限的权利。

```
SQL>conn / as sysdba
```
已连接。

```
SQL>create user u1 identified by u1;
```
用户已创建。

```
SQL>create user u2 identified by u2;
```
用户已创建。

```
SQL>grant create session to u1 with admin option;
授权成功。
```

授权时如果带有 with admin option 子句,接受权限的用户就有了管理权限的能力,有可能造成授权用户被撤销权限的状况。

例 12-13 用户 u1 将 create session 的权限授予了 u2,同时指定了 with admin option 子句,用户 u2 将获得管理 create session 的权限,可以撤销 u1 的 create session 的权限。

```
SQL>conn u1/u1
已连接。
SQL>grant create session to u2 with admin option;
授权成功。
SQL>conn u2/u2
已连接。
SQL>revoke create session from u1;
撤销成功。
SQL>conn u1/u1
ERROR:
ORA-01045: user U1 lacks CREATE SESSION privilege; logon denied
警告:您不再连接到 Oracle。
```

12.2.2 用户角色

为了便于管理权限,可以创建一个角色,把一组权限授予这个角色,再把角色授予某个用户,这样用户就同时拥有了这一组权限。如果要撤销这些权限,只需要把这个角色撤销就可以了。

```
SQL>conn / as sysdba
已连接。
```

例 12-14 创建角色 testrole。

```
SQL>create role testrole;
角色已创建。
```

例 12-15 将 create session、create table 权限授予角色 testrole。

```
SQL>grant create session, create table to testrole;
授权成功。
```

例 12-16 将角色 testrole 授予用户 u1。

```
SQL>grant testrole to u1;
授权成功。
```

这样用户 u1 就同时拥有了 create session 和 create table 权限。

```
SQL>conn u1/u1
```
已连接。
```
SQL>create table t1(c1 number);
```
表已创建。

如果某些权限是通过角色授予用户的,那么撤销时也必须以角色为单位进行撤销,不能对角色中的某个系统权限进行单独撤销。

```
SQL>conn / as sysdba
```
已连接。
```
SQL>revoke create table from u1;
revoke create table from u1 *
```
第 1 行出现错误:
ORA-01952:系统权限未授予'U1'
```
SQL>revoke create table from testrole;
```
撤销成功。

撤销角色 testrole 的 create table 权限后,用户 u1 也失去该权限。

```
SQL>conn u1/u1
```
已连接。
```
SQL>create table t2(c1 number);
create table t2(c1 number)
                *
```
第 1 行出现错误:
ORA-01031:权限不足

查询角色中包含的系统权限,可以使用 role_sys_privs 视图。

```
SQL>select * from role_sys_privs where role ='TESTROLE';
```

ROLE	PRIVILEGE	ADM
TESTROLE	CREATE SESSION	NO
TESTROLE	CREATE TABLE	NO

角色还可以授予给其他角色,这样的话,通过其他角色的授予也可以拥有这些权限。

例 12-17　创建角色 testrole1,将角色 testrole 授予角色 testrole1。

```
SQL>create role testrole1;
```
角色已创建。
```
SQL>grant testrole to testrole1;
```
授权成功。

授权之后,角色 testrole1 也拥有了 create session、create table 权限。将 u1 的角色

testrole 收回，授予 u1 角色 testrole1，u1 同样拥有 create session、create table 权限。

```
SQL>revoke testrole from u1;
```
撤销成功。
```
SQL>grant testrole1 to u1;
```
授权成功。
```
SQL>conn u1/u1
```
已连接。

但角色不能循环授权，因为循环授权，系统级联收回权限时找不到授权的起始点。

例 12-18 将角色 testrole2 授予 testrole3，再将 testrole3 授予 testrole1，如果再将 testrole1 授予 testrole2，系统将报错。

```
SQL>conn / as sysdba
```
已连接。
```
SQL>create role testrole2;
```
角色已创建。
```
SQL>create role testrole3;
```
角色已创建。
```
SQL>grant testrole2 to testrole3;
```
授权成功。
```
SQL>grant testrole3 to testrole1;
```
授权成功。
```
SQL>grant testrole1 to testrole2;
grant testrole1 to testrole2
              *
第 1 行出现错误：
ORA-01934：检测到循环的角色授权
```

对一个用户可以同时授予多个角色，这些角色都是 default role，是同时有效的。但如果只想使用某些角色，其他角色暂时不使用，可以指定使用的角色为 default role。语法为：

```
alter user <username> default roles <role list>;
```

设置默认角色后，只有默认的角色有效，其他角色无效。如果想使用其他的非默认角色，可以通过执行 set role ＜角色＞命令使其有效。

例 12-19 为用户 u3 授予角色 role1、role2 和 role3，将用户 u3 的默认角色设置成 role1 后，角色 role2 和 role2 将失效。

```
SQL>conn / as sysdba
```
已连接。
```
SQL>create user u3 identified by u3;
```

用户已创建。

```
SQL>create role role1;
```

角色已创建。

```
SQL>grant create session to role1;
```

授权成功。

```
SQL>create role role2;
```

角色已创建。

```
SQL>grant create table to role2;
```

授权成功。

```
SQL>create role role3;
```

角色已创建。

```
SQL>grant create view to role3;
```

授权成功。

```
SQL>grant role1,role2,role3 to u3;
```

授权成功。

将用户 u3 的默认角色设置成 role1 后，角色 role2 和 role2 将失效。

```
SQL>alter user u3 default role role1;
```

用户已更改。

```
SQL>conn u3/u3
```

已连接。

```
SQL>create table t1(c1 number);
create table t1(c1 number)
              *
```

第 1 行出现错误：
ORA-01031: 权限不足

使用 set role 命令，使角色 role2 生效。

```
SQL>set role role2;
```

角色集。

```
SQL>create table t1(c1 number);
```

表已创建。

```
SQL>create view v1 as select * from t1;
create view v1 as select * from t1
       *
```

第 1 行出现错误：
ORA-01031: 权限不足

使用 set role 命令，使角色 role3 生效。

```
SQL>set role role3;
```
角色集。
```
SQL>create view v1 as select * from t1;
```
视图已创建。

对于非默认角色，可以通过密码进行保护，如果没有执行 set role <角色名> identified by <角色的密码>，角色将不被使用。

```
SQL>conn / as sysdba
```
已连接。

删除角色 testrole，重新建立角色 testrole，并设置密码为 test。或者使用 alter role testrole identified by test 修改角色需要指定口令。

```
SQL>drop role testrole;
```
角色已删除。
```
SQL>create role testrole identified by test;
```
角色已创建。
```
SQL>grant create table to testrole;
```
授权成功。

例 12-20　创建用户 u4，并将权限 create session、角色 testrole 授予用户 u4。

```
SQL>create user u4 identified by u4;
```
用户已创建。
```
SQL>grant create session,testrole to u4;
```
授权成功。

例 12-21　将用户 u4 的权限，除了角色 testrole 之外设成有效。即只有 create session 权限生效。

```
SQL>alter user u4 default role all except testrole;
```
用户已更改。

如果用户 u4 创建表，系统将显示权限不足。

```
SQL>conn u4/u4
```
已连接。
```
SQL>create table tb(c1 number);
create table tb(c1 number)
             *
第 1 行出现错误：
ORA-01031: 权限不足
```

使用 set role 命令，通过角色密码使 testrole 生效。

```
SQL>set role testrole identified by test;
```

角色集。

```
SQL>create table tb(c1 number);
表已创建。
```

用户被授予的角色中哪个是默认角色？可以查看 dba_role_privs 的 default_role 属性，如果值是 yes，对应的角色就是默认角色。

```
SQL>select * from dba_role_privs where grantee = 'U3';

GRANTEE        GRANTED_ROLE         ADM     DEF
------------   ----------------     ------  ----
U3             ROLE1                NO      YES
U3             ROLE2                NO      NO
U3             ROLE3                NO      NO
```

12.2.3 对象权限

表、索引和序列等具体对象上的操作权限叫对象权限。对象权限控制对特定对象的访问。对于不同的对象类型，有不同的权限。Oracle 的所有对象权限的名称可以通过 table_privilege_map 视图来查看。

```
SQL>select name from table_privilege_map;

NAME
----------------------------------------
ALTER
AUDIT
COMMENT
DELETE
GRANT
INDEX
INSERT
LOCK
RENAME
SELECT
UPDATE

NAME
----------------------------------------
REFERENCES
EXECUTE
CREATE
READ
WRITE
ENQUEUE
```

```
DEQUEUE
UNDER
ON COMMIT REFRESH
QUERY REWRITE
DEBUG

NAME
---------------------------------------
FLASHBACK
MERGE VIEW
USE
FLASHBACK ARCHIVE
```

已选择 26 行。

管理员用户可以使用以下语句将对象权限授予任何用户或角色：

grant <privilege name> on <schema>.<object_name> to <username or role> [WITH GRANT OPTION];

也可以使用以下语句来撤销对象权限：

revoke <privilege name> on <schema>.<object_name> from <username or role>;

授予对象权限时，如果指定 with grant option 子句，接受权限的用户可以将得到的对象权限授予其他用户或角色。同时，当接受权限的用户失去该权限时，由该用户授予此权限的所有用户也将失去该权限。

例 12-22 将查询用户 u4 的表 tb 的权限授予 user01，同时指定 with grant option 子句，因此 user01 可以将此权限授予其他用户。用户 user01 将此权限授予 user02，并指定 with grant option 子句，用户 user02 又将此权限授予 user03。

```
SQL>conn / as sysdba
已连接。
SQL>grant select on u4.tb to user01 with grant option;
SQL>conn user01/a
已连接。
SQL>select count(*) from u4.tb;

  COUNT(*)
----------
         1
SQL>grant select on u4.tb to user02 with grant option;
授权成功。
SQL>conn user02/b
```

已连接。

SQL>select count(*) from u4.tb;

COUNT(*)

         1

SQL>grant select on u4.tb to user03;

授权成功。

SQL>conn user03/c

已连接。

SQL>select count(*) from u4.tb;

COUNT(*)

         1

例 12-23 将用户 user01 查询用户 u4 的表 tb 的权限收回。

系统将级联收回 user02、user03 从 user01 处获得的查询用户 u4 的表 tb 的权限。

SQL>conn / as sysdba

已连接。

SQL>revoke select on u4.tb from user01;

撤销成功。

SQL>conn user01/a

已连接。

SQL>select count(*) from u4.tb;
select count(*) from u4.tb
             *

第 1 行出现错误：
ORA-00942：表或视图不存在

SQL>conn user02/b

已连接。

SQL>select count(*) from u4.tb;
select count(*) from u4.tb
             *

第 1 行出现错误：
ORA-00942：表或视图不存在

SQL>conn user03/c

已连接。

SQL>select count(*) from u4.tb;

```
select count(*) from u4.tb
                *
```
第 1 行出现错误：
ORA-00942：表或视图不存在

表 12-3　权限和角色的相关视图

对象选项	说　　明
system_privilege_map	Oracle 的所有系统权限列表
table_privilege_map	Oracle 的所有对象权限列表
dba_roles	数据库内定义的所有角色
dba_role_privs	数据库内所有用户/角色所拥有的权限列表
dba_sys_privs	数据库内所有用户/角色所拥有的系统权限列表
dba_tab_privs	数据库内所有用户/角色所拥有的对象权限列表
role_role_privs	显示授予另一个角色的角色信息。只显示当前用户可以访问的角色
role_sys_privs	显示角色里被授予的系统权限。只显示当前用户可以访问的角色
role_tab_privs	显示角色里被授予的对象权限。只显示当前用户可以访问的角色
session_privs	显示当前会话的权限
session_roles	显示当前会话的角色

第 13 章 数据导入与导出

CHAPTER 13

Oracle 提供了很多方法和工具,方便客户从外部往数据库批量导入数据,以及从数据库往外批量导出数据。

(1) 传统的数据导入导出工具 exp/imp。
(2) 数据泵导入导出工具 expdp/impdp。
(3) 数据加载工具 SQL * LOADER。
(4) 直接访问保存在操作系统中的数据文件的方法:外部表。

13.1 传统的数据导入导出工具 exp/imp

传统的数据导入导出工具 exp/imp 从 Oracle7 开始就存在了,是一个数据库之间传输数据的简单工具。使用这个工具可以在不同软件和硬件平台上的 Oracle 数据库之间传输数据,可以导出整个数据库、部分模式、部分表以及与表相关的对象,如索引、约束等。

这个工具在数据泵 expdp/impdp 工具推出后,已经逐渐被取代了,之所以还保留着,是为了向下兼容,在低版本的数据库导入导出数据时使用。

13.1.1 exp/imp 的使用前提

使用传统数据导入导出工具 exp/imp 的条件如下:
(1) exp/imp 工具所需要的内部视图等元数据已经存在。
(2) 执行 exp/imp 的数据库用户需要有连接数据库及访问导出对象和创建导入对象的权限。为了导入和导出整个数据库,可以直接授予 exp_full_database、imp_full_database 的角色或 DBA 角色。
(3) 有足够的保存输出文件的磁盘空间。

关于如何估计需要多少磁盘空间,可以简单查询导出对象的段的大小,例如:

```
SQL>show user
USER 为 "U4"
SQL>select sum(bytes) from user_segments where segment_type='TABLE';

SUM(BYTES)
-----------
     65536
```

13.1.2 exp/imp 的执行方式

传统数据导入导出工具 exp/imp 的几种执行方式：

1. 命令行中指定参数的方式

```
exp parameter1=(value1,value2,…,valuen)
    parameter2=(value1,value2,…,valuen)
imp parameter1=(value1,value2,…,valuen)
    parameter2=(value1,value2,…,valuen)
```

例 13-1 将用户 u4 的表 tb 导出到磁盘 e:\back\tb.dmp。

```
SQL>host exp u4/u4 rows=y tables =tb file=e:\back\tb.dmp

Export: Release 11.2.0.1.0 -Production on 星期四 11 月 16 20:59:53 2017

Copyright (c) 1982, 2009, Oracle and/or its affiliates. All rights reserved.

连接到: Oracle Database 11g Enterprise Edition Release 11.2.0.1.0 -64bit Production
With the Partitioning, OLAP, Data Mining and Real Application Testing options
已导出 ZHS16GBK 字符集和 AL16UTF16 NCHAR 字符集

即将导出指定的表通过常规路径…
..正在导出表              TB 导出了          1 行
成功终止导出, 没有出现警告。
```

以上命令是执行 Windows 上的 sqlplus 会话，所以 DOS 命令前需加 host。

2. 在参数文件中指定参数的方式

```
exp parfile=params.dat
imp parfile=params.dat
```

其中,参数文件的内容：

```
params.dat:
parameter1=value
parameter2=(value)
parameter3=(value1, value2, …)
```

例 13-2 将例 13-1 的导出命令存放在文件 par.txt 中，在执行导出时调用。使用 DOS 命令 type 查看 par.txt 的内容。

```
C:\Users\ES>type e:\back\par.txt
file=e:\back\tb.dmp tables=tb
SQL>host exp u4/u4 parfile=e:\back\par.txt

Export: Release 11.2.0.1.0 -Production on 星期四 11 月 16 21:12:43 2017
```

Copyright (c) 1982, 2009, Oracle and/or its affiliates. All rights reserved.

连接到: Oracle Database 11g Enterprise Edition Release 11.2.0.1.0 - 64bit Production
With the Partitioning, OLAP, Data Mining and Real Application Testing options
已导出 ZHS16GBK 字符集和 AL16UTF16 NCHAR 字符集

即将导出指定的表通过常规路径…
. . 正在导出表   TB 导出了   1 行
成功终止导出, 没有出现警告。

3. 交互方式

输入 exp 或者 imp 命令后按 Enter 键,根据提示输入用户名和密码、参数等。

例 13-3 按照 exp 命令提示将 u4 的表 tb 导出到文件 u4tb.dmp 中。

C:\Users\ES>exp

Export: Release 11.2.0.1.0 - Production on 星期四 11 月 16 21:21:26 2017

Copyright (c) 1982, 2009, Oracle and/or its affiliates. All rights reserved.

用户名: u4
口令:

连接到: Oracle Database 11g Enterprise Edition Release 11.2.0.1.0 - 64bit Production
With the Partitioning, OLAP, Data Mining and Real Application Testing options
输入数组提取缓冲区大小: 4096 >

导出文件: EXPDAT.DMP > u4tb.dmp

(2)U(用户), 或 (3)T(表): (2)U > 3

导出表数据 (yes/no): yes > yes

压缩区 (yes/no): yes > no

已导出 ZHS16GBK 字符集和 AL16UTF16 NCHAR 字符集

即将导出指定的表通过常规路径…
要导出的表 (T) 或分区 (T:P): (按 RETURN 退出) > u4.tb

. . 正在导出表   TB 导出了   1 行
要导出的表 (T) 或分区 (T:P): (按 RETURN 退出) >

成功终止导出, 没有出现警告。

13.1.3　exp/imp 的参数

exp/imp 的参数有很多，具体请参考表 13-1 和表 13-2。基本参数有连接数据库的用户名/密码、导入导出的文件路径和文件名等。

exp 参数中，指定导出模式的有 full、tablespaces、owner、tables，分别指定导出对象的范围是全数据库、表空间、用户模式、表。这些参数只能指定其一，不能同时指定。

例 13-4　导出参数时使用了全库导出和表空间导出，系统报错。

```
SQL>host exp u4/u4 full=y tablespaces=users

Export: Release 11.2.0.1.0 - Production on 星期四 11 月 16 21:51:12 2017

Copyright (c) 1982, 2009, Oracle and/or its affiliates. All rights reserved.


连接到: Oracle Database 11g Enterprise Edition Release 11.2.0.1.0 - 64bit Production
With the Partitioning, OLAP, Data Mining and Real Application Testing options
EXP-00026: 指定了冲突模式
EXP-00000: 导出终止失败
```

在 exp 参数中，有控制某类对象是否导出的参数，如 rows、indexes、triggers、grants、statistics 等，分别控制是否导出表的数据行、索引、触发器、权限、统计信息等。这些参数控制的是不同对象，互相不冲突，可以同时指定。

例 13-5　导出 u4 用户下所有表的定义、数据行，不导出索引、触发器、权限、统计信息。

```
SQL>host exp u4/u4 file=e:\back\u4.dmp owner=u4 rows=y indexes=n triggers=n
grants=n statistics=none

Export: Release 11.2.0.1.0 - Production on 星期四 11 月 16 22:11:26 2017

Copyright (c) 1982, 2009, Oracle and/or its affiliates. All rights reserved.


连接到: Oracle Database 11g Enterprise Edition Release 11.2.0.1.0 - 64bit Production
With the Partitioning, OLAP, Data Mining and Real Application Testing options
已导出 ZHS16GBK 字符集和 AL16UTF16 NCHAR 字符集
注: 将不导出对表/视图/序列/角色的授权
注: 将不导出表的索引

即将导出指定的用户...
. 正在导出 pre-schema 过程对象和操作
. 正在导出用户 U4 的外部函数库名
. 导出 PUBLIC 类型同义词
. 正在导出专用类型同义词
. 正在导出用户 U4 的对象类型定义
```

即将导出 U4 的对象…
. 正在导出数据库链接
. 正在导出序号
. 正在导出簇定义
. 即将导出 U4 的表通过常规路径…
..正在导出表   TB 导出了   1 行
. 正在导出同义词
. 正在导出视图
. 正在导出存储过程
. 正在导出运算符
. 正在导出引用完整性约束条件
. 正在导出索引类型
. 正在导出后期表活动
. 正在导出实体化视图
. 正在导出快照日志
. 正在导出作业队列
. 正在导出刷新组和子组
. 正在导出维
. 正在导出 post-schema 过程对象和操作
. 正在导出统计信息
成功终止导出，没有出现警告。

表 13-1　exp 常用参数概要

参数名称	说　　明
full	控制是否使用全数据库模式进行导出。默认是 full=n,不使用全数据库模式。full=y,执行全数据库导出。注意 sys 的对象除外
tablespaces	控制是否使用表空间模式进行导出。tablespaces=＜表空间名＞,指定导出对象表空间
owner	控制是否使用对象用户模式进行导出。owner=＜用户名＞,表示导出该用户的所有对象
tables	控制是否使用表模式进行导出。tables=＜表名＞,指定导出对象表
log	指定导出时输出日志文件名
parfile	指定参数文件名
rows	控制表的数据行是否导出。默认是 y,就是导出数据行
indexes	控制表的数据行是否导出。默认是 y,就是导出索引
triggers	控制触发器是否导出。默认是 y,就是导出触发器
grants	控制权限是否导出。默认是 y,就是导出权限
statistics	控制如何导出统计信息。默认是 estimate,导出已有的统计信息
constraints	控制约束是否导出。默认是 y,就是导出约束
direct	控制是否使用直接路径的导出方式,默认是 n,就是不使用

续表

参数名称	说明
feedback	指定进度条的显示，显示 n 个行的一次输出。例如，如果指定了 feedback = 10，则每次导出 10 行都会显示一次
consistent	控制是否保持导出表的数据的一致性，默认是 n。如果指定为 y，在导出时将指定 set transaction readonly。如果导出开始后有别的事务更新了对象表，导出时将根据 undo 信息将对象表数据回撤到导出开始时的状态。这种导出方式会比较慢
filesize	指定导出文件的大小。如果超过这个大小，将自动做成新的文件
file	指定导出文件的路径和文件名
query	与 tables 参数一起使用，用于指定导出对象行的条件

imp 导入参数中同样有指定导入模式的 full、tablespaces、fromuser、tables，分别指定导入对象的范围是全数据库、表空间、用户模式、表。

例 13-6 将例 13-1 从用户 u4 导出的表 tb 导入到用户 u3。

```
SQL>Grant dba to u4;
```

授权成功。

```
SQL>host imp u4/u4 file=e:\back\u4.dmp fromuser=u4 touser=u3

Import: Release 11.2.0.1.0 - Production on 星期四 11 月 16 22:17:46 2017

Copyright (c) 1982, 2009, Oracle and/or its affiliates. All rights reserved.

连接到: Oracle Database 11g Enterprise Edition Release 11.2.0.1.0 -64bit Production
With the Partitioning, OLAP, Data Mining and Real Application Testing options

经由常规路径由 EXPORT:V11.02.00 创建的导出文件
已经完成 ZHS16GBK 字符集和 AL16UTF16 NCHAR 字符集中的导入
. 正在将 U4 的对象导入到 U3
..正在导入表                        "TB"导入了              1 行
成功终止导入，没有出现警告。
```

表 13-2　imp 常用参数概要

参数名称	说明
full	控制是否将导出的文件全部导入。默认是 full=y，即全部导入
tablespaces	当导出的文件中包含多个表空间时，指定导入的表空间。tablespaces=＜表空间名＞，指定导出对象表空间
fromuser	指定导入文件中对象用户的对象
touser	指定对象被导入的用户模式

续表

参数名称	说明
tables	指定导入的表。tables=＜表名＞
log	指定导入时输出日志文件名
parfile	指定参数文件名
indexes	控制是否导入索引。默认是 y
file	指定导出文件的路径和文件名
rows	控制表的数据行是否导出。默认是 y,就是导出数据行
statistics	控制统计信息的导入方式: 默认是 always,即不管导入文件中的统计信息是否有问题,都进行导入;其他有:none,不导入统计信息,也不在导入时重新计算统计信息;safe,导入文件中没有问题的统计信息,并在导入时重新计算其他对象的统计信息;recalculate,在导入时重新计算所有对象的统计信息
grants	控制权限是否导入。默认是 y,就是导入权限
feedback	指定进度条的显示,显示 n 个行的一次输出。例如,如果指定了 feedback=10,则每次导出 10 行都会显示一次

13.2 数据泵导入导出工具 expdp/impdp

Oracle 数据泵(以下称为数据泵)是从 Oracle 数据库 10g 引入的技术。传统的 exp/imp 工具基本上由客户端进行处理,但数据泵作为数据库服务器端的作业进行管理可以大幅度地提高效率。

13.2.1 expdp/impdp 的使用前提

1. 创建目录

当数据泵执行导入导出时需要创建目录对象。目录定义的路径必须存在并且数据库的用户能访问。该目录中保存执行导入导出时的日志和导出文件。如果数据泵执行时没有指定目录,将使用默认 data_pump_dir 目录,这个目录指向的路径可以通过 dba_directories 视图查询,例如:

```
SQL>select directory_path from dba_directories where directory_name='data_pump
_dir';

DIRECTORY_PATH
--------------------------------------------
D:\app\ES/admin/orcl/dpdump/
```

例 13-7 创建名为 USER01_DIR 的目录为 D:\app\ES\admin\orcl\user01dmp,并将这个目录的读/写权限授予执行 expdp/impdp 的 user01 用户。

```
SQL>create or replace directory USER01_DIR as 'D:\app\ES\admin\orcl\user01dmp';
```
目录已创建。

```
SQL>grant read, write on directory USER01_DIR to user01;
```
授权成功。

2. 需要的权限

执行数据泵导入导出的用户需要有连接数据库和访问导出对象及创建导入对象的权限。为了导入和导出整个数据库，可以直接授予 datapump_exp_full_database、datapump_imp_full_database 权限，或者 DBA 的角色。

3. 足够的磁盘空间

估计数据泵执行时导出文件需要多少磁盘空间，可以通过参数 ESTIMATE_ONLY=YES 的选项，由数据泵工具估算出大约的磁盘空间使用量，使用这个参数时并不实际生成导出文件。

13.2.2 expdp/impdp 的执行方式

数据泵 expdp/impdp 与传统的 exp/imp 比较类似，也有如下几种执行方式：

1. 命令行中指定参数的方式

```
expdp parameter1=(value1,value2,…,valuen)
      parameter2=(value1,value2,…,valuen)
impdp parameter1=(value1,value2,…,valuen)
      parameter2=(value1,value2,…,valuen)
```

例 13-8 导出用户 user01 的表 dept。

```
SQL>host expdp user01/a directory=USER01_DIR dumpfile=dept.dmp tables=dept

Export: Release 11.2.0.1.0 - Production on 星期五 11 月 17 16:16:04 2017

Copyright (c) 1982, 2009, Oracle and/or its affiliates. All rights reserved.

连接到: Oracle Database 11g Enterprise Edition Release 11.2.0.1.0 - 64bit Production
With the Partitioning, OLAP, Data Mining and Real Application Testing options
启动 "USER01"."SYS_EXPORT_TABLE_01":  user01/********directory=USER01_DIR
dumpfile=dept.dmp tables=dept
正在使用 BLOCKS 方法进行估计...
处理对象类型 TABLE_EXPORT/TABLE/TABLE_DATA
使用 BLOCKS 方法的总估计: 64 KB
处理对象类型 TABLE_EXPORT/TABLE/TABLE
..导出了 "USER01"."DEPT"                         6.085 KB       5 行
已成功加载/卸载了主表 "USER01"."SYS_EXPORT_TABLE_01"
******************************************************************************
USER01.SYS_EXPORT_TABLE_01 的转储文件集为:
  D:\APP\ES\ADMIN\ORCL\USER01DMP\DEPT.DMP
作业 "USER01"."SYS_EXPORT_TABLE_01" 已于 16:16:15 成功完成
```

例 13-9 导入用户 user01 的表 dept。

```
SQL>host impdp user01/a directory=USER01_DIR dumpfile=dept.dmp tables=dept
table_exists_action=replace

Import: Release 11.2.0.1.0 - Production on 星期五 11 月 17 16:19:33 2017

Copyright (c) 1982, 2009, Oracle and/or its affiliates. All rights reserved.

连接到: Oracle Database 11g Enterprise Edition Release 11.2.0.1.0 - 64bit Production
With the Partitioning, OLAP, Data Mining and Real Application Testing options
已成功加载/卸载了主表 "USER01"."SYS_IMPORT_TABLE_01"
启动 "USER01"."SYS_IMPORT_TABLE_01": user01/********directory=USER01_DIR
dumpfile=dept.dmp tables=dept table_exists_action=replace
处理对象类型 TABLE_EXPORT/TABLE/TABLE
处理对象类型 TABLE_EXPORT/TABLE/TABLE_DATA
..导入了 "USER01"."DEPT"                          6.085 KB        5 行
作业 "USER01"."SYS_IMPORT_TABLE_01" 已于 16:19:40 成功完成
```

2. 在参数文件中指定参数的方式

```
expdp parfile=params.dat
impdp parfile=params.dat
params.dat:
  parameter1=value
  parameter2=(value)
  parameter3=(value1, value2, …)
```

例 13-10 导出用户 user01 的所有数据对象。将所有参数存放到一个名为 expdpuser01.txt 的文本文件中，数据泵 expdp 应用程序调用该文本文件实现一键导出备份。

编辑 expdpuser01.txt 文件中的内容为：

```
directory=USER01_DIR
dumpfile=user01back.dmp
schemas=user01
```

将以上内容存放到 E:\back\exp 下的 expdpuser01.txt 文件中，在操作系统中查看其内容。

```
C:\Users\ES>more E:\back\exp\expdpuser01.txt
directory=USER01_DIR
dumpfile=user01back.dmp
schemas=user01
```

执行 expdp，调用 expdpuser01.txt 文件将用户 user01 的所有数据对象导出到路径 USER01_DIR 下的 user01back.dmp 文件。

```
SQL>host expdp user01/a parfile=e:\back\exp\expdpuser01.txt

Export: Release 11.2.0.1.0 - Production on 星期五 11月 17 22:00:21 2017

Copyright (c) 1982, 2009, Oracle and/or its affiliates. All rights reserved.

连接到: Oracle Database 11g Enterprise Edition Release 11.2.0.1.0 - 64bit Production
With the Partitioning, OLAP, Data Mining and Real Application Testing options
自动启用 FLASHBACK 以保持数据库完整性。
启动 "USER01"."SYS_EXPORT_SCHEMA_01": user01/********parfile=e:\back\exp\
expdpuser01.txt
正在使用 BLOCKS 方法进行估计...
处理对象类型 SCHEMA_EXPORT/TABLE/TABLE_DATA
使用 BLOCKS 方法的总估计: 64 KB
处理对象类型 SCHEMA_EXPORT/USER
处理对象类型 SCHEMA_EXPORT/SYSTEM_GRANT
处理对象类型 SCHEMA_EXPORT/ROLE_GRANT
处理对象类型 SCHEMA_EXPORT/DEFAULT_ROLE
处理对象类型 SCHEMA_EXPORT/TABLESPACE_QUOTA
处理对象类型 SCHEMA_EXPORT/PRE_SCHEMA/PROCACT_SCHEMA
处理对象类型 SCHEMA_EXPORT/TABLE/TABLE
处理对象类型 SCHEMA_EXPORT/TABLE/INDEX/INDEX
处理对象类型 SCHEMA_EXPORT/TABLE/CONSTRAINT/CONSTRAINT
处理对象类型 SCHEMA_EXPORT/TABLE/INDEX/STATISTICS/INDEX_STATISTICS
处理对象类型 SCHEMA_EXPORT/TABLE/COMMENT
处理对象类型 SCHEMA_EXPORT/TABLE/STATISTICS/TABLE_STATISTICS
..导出了 "USER01"."DEPT"                  6.085 KB       5 行
已成功加载/卸载了主表 "USER01"."SYS_EXPORT_SCHEMA_01"
******************************************************************************
USER01.SYS_EXPORT_SCHEMA_01 的转储文件集为:
  D:\APP\ES\ADMIN\ORCL\USER01DMP\USER01BACK.DMP
作业 "USER01"."SYS_EXPORT_SCHEMA_01" 已于 22:03:50 成功完成
```

在操作系统路径 D:\app\ES\admin\orcl\user01dmp 下可以看到导出的文件 user01back.dmp。

```
D:\app\ES\admin\orcl\user01dmp>dir
 驱动器 D 中的卷是 D
 卷的序列号是 302F-6C2D
 D:\app\ES\admin\orcl\user01dmp 的目录
2017/11/17  22:00    <DIR>          .
2017/11/17  22:00    <DIR>          ..
2017/11/17  16:16            90,112 DEPT.DMP
2017/11/17  22:03             1,510 export.log
2017/11/17  16:19               740 import.log
2017/11/17  22:03           184,320 USER01BACK.DMP
```

```
        4 个文件            276,682 字节
        2 个目录    24,832,593,920 可用字节
```

例 13-11 将表 dept 删除,再使用例 13-10 导出的文件 user01back.dmp 恢复。使用参数文件 expdpuser01.txt 完成导入。

```
SQL>conn user01/a
已连接。
SQL>drop table dept;

表已删除。

SQL>select * from dept;
select * from dept
               *
第 1 行出现错误:
ORA-00942: 表或视图不存在

SQL>host impdp user01/a parfile=e:\back\exp\expdpuser01.txt

Import: Release 11.2.0.1.0 -Production on 星期五 11 月 17 22:15:40 2017

Copyright (c) 1982, 2009, Oracle and/or its affiliates. All rights reserved.

连接到: Oracle Database 11g Enterprise Edition Release 11.2.0.1.0 -64bit Production
With the Partitioning, OLAP, Data Mining and Real Application Testing options
已成功加载/卸载了主表 "USER01"."SYS_IMPORT_SCHEMA_01"
启动 "USER01"."SYS_IMPORT_SCHEMA_01": user01/********parfile=e:\back\exp\
expdpuser01.txt
处理对象类型 SCHEMA_EXPORT/USER
ORA-31684: 对象类型 USER:"USER01" 已存在
处理对象类型 SCHEMA_EXPORT/SYSTEM_GRANT
处理对象类型 SCHEMA_EXPORT/ROLE_GRANT
处理对象类型 SCHEMA_EXPORT/DEFAULT_ROLE
处理对象类型 SCHEMA_EXPORT/TABLESPACE_QUOTA
处理对象类型 SCHEMA_EXPORT/PRE_SCHEMA/PROCACT_SCHEMA
处理对象类型 SCHEMA_EXPORT/TABLE/TABLE
处理对象类型 SCHEMA_EXPORT/TABLE/TABLE_DATA
..导入了 "USER01"."DEPT"                         6.085 KB      5 行
处理对象类型 SCHEMA_EXPORT/TABLE/STATISTICS/TABLE_STATISTICS
作业 "USER01"."SYS_IMPORT_SCHEMA_01" 已经完成,但是有 1 个错误 (于 22:15:49 完成)
```

结果显示"USER01"已存在,不影响逻辑恢复的结果,impdp 程序跳过已存在的对象。查询 dept 表,可以看到数据已导入成功。

```
SQL>select * from dept;
```

```
DEPTNO     DNAME       LOC
-------    --------    ------
   10      销售         大连
   20      采购         大连
   30      行政         沈阳
   40      人事         大连
   50      售后         沈阳
```

使用 expdp/impdp 还可以实现不同用户及不同表空间的数据移动。

例 13-12 将用户 user01 在表空间 users 的表 dept 移动到用户 user02 的默认表空间 tbs1 上。

用户 user01 导出 dept 操作在例 13-10 中已完成,生成 D:\app\ES\admin\orcl\user01dmp\user01back.dmp 文件,将其导入到 user02 的默认表空间 tbs1 上。由于参数较多,所有参数存放到一个名为 impdpuser01.txt 的文本文件中,impdp 应用程序调用该文本文件实现一键导入数据,编辑 impdpuser01.txt 文件中的内容为:

```
directory=USER01_DIR
dumpfile=user01back.dmp
remap_schema=user01:user02
remap_tablespace=users:tbs1
```

将以上内容存放到 E:\back\exp 下的 impdpuser01.txt 文件中。

在 DOS 中查看 impdpuser01.txt 的内容:

```
E:\>more E:\back\exp\impdpuser01.txt
directory=USER01_DIR
dumpfile=user01back.dmp
remap_schema=user01:user02
remap_tablespace=users:tbs1
```

使用查询命令查看 user01 的数据对象,可以看到 user01 有一个表 dept。

```
SQL>conn user01/a
已连接。
SQL>select object_name,object_type,status from user_objects;

OBJECT_NAME     OBJECT_TYPE     STATUS
-------------   -------------   ---------
DEPT            TABLE           VALID
```

使用查询命令查看 user01 的数据对象 dept 所在的表空间,可以看到表 dept 所在的表空间为 USERS。

```
SQL>Select table_name, tablespace_name from user_tables;

TABLE_NAME      TABLESPACE_NAME
-------------   -----------------
DEPT            USERS
```

使用查询命令查看 user02 的数据对象,可以看到 user02 没有数据对象。

```
SQL>conn user02/b
已连接。
SQL>select object_name,object_type,status from user_objects;
未选定行。
```

使用查询命令查看 user02 的默认表空间,可以看到 user02 的默认表空间为 TBS1。

```
SQL>select username, default_tablespace from user_users;

USERNAME         DEFAULT_TABLESPACE
-------------    ----------------------
USER02           TBS1
```

使用 impdp 将用户 user01 在表空间 users 的表 dept 移动到用户 user02 的默认表空间 tbs1 上。

```
E:\> impdp user01/a parfile=e:\back\exp\impdpuser01.txt table_exists_action
=replace

Import: Release 11.2.0.1.0 - Production on 星期六 11 月 18 10:27:49 2017

Copyright (c) 1982, 2009, Oracle and/or its affiliates. All rights reserved.

连接到: Oracle Database 11g Enterprise Edition Release 11.2.0.1.0 -64bit Production
With the Partitioning, OLAP, Data Mining and Real Application Testing options
已成功加载/卸载了主表 "USER01"."SYS_IMPORT_FULL_01"
启动 "USER01"."SYS_IMPORT_FULL_01": user01/********parfile=e:\back\exp\
impdpuser01.txt table_exists_action=replace
处理对象类型 SCHEMA_EXPORT/USER
ORA-31684: 对象类型 USER:"USER02" 已存在
处理对象类型 SCHEMA_EXPORT/SYSTEM_GRANT
处理对象类型 SCHEMA_EXPORT/ROLE_GRANT
处理对象类型 SCHEMA_EXPORT/DEFAULT_ROLE
处理对象类型 SCHEMA_EXPORT/TABLESPACE_QUOTA
处理对象类型 SCHEMA_EXPORT/PRE_SCHEMA/PROCACT_SCHEMA
处理对象类型 SCHEMA_EXPORT/TABLE/TABLE
处理对象类型 SCHEMA_EXPORT/TABLE/TABLE_DATA
..导入了 "USER02"."DEPT"                        6.085 KB        5 行
处理对象类型 SCHEMA_EXPORT/TABLE/STATISTICS/TABLE_STATISTICS
作业 "USER01"."SYS_IMPORT_FULL_01" 已经完成, 但是有 1 个错误 (于 10:27:53 完成)
```

结果显示"USER02"已存在,不影响逻辑恢复的结果,impdp 程序跳过已存在的对象。

```
SQL>conn user02/b
已连接。
```

查看 user02 的数据对象，可以看到 user02 已有一个表 dept。

```
SQL>select object_name,object_type,status from user_objects;

OBJECT_NAME       OBJECT_TYPE        STATUS
---------------   ----------------   --------------
DEPT              TABLE              VALID
```

查看 user02 的数据对象 dept 所在的表空间，可以看到 dept 所在的表空间为 TBS1。

```
SQL>Select table_name, tablespace_name from user_tables;
TABLE_NAME            TABLESPACE_NAME
-------------------   -------------------
DEPT                  TBS1
SQL>select * from dept;
DEPTNO  DNAME   LOC
------- ------- --------
10      销售    大连
20      采购    大连
30      行政    沈阳
40      人事    大连
50      售后    沈阳
```

查询结果表明：已将用户 user01 在表空间 users 的表 dept 移动到用户 user02 的默认表空间 tbs1 上。

3. 交互方式

交互方式与传统 exp/imp 一样，输入 expdp 或者 impdp 命令后按 Enter 键，根据提示输入用户名和密码、参数等。此外，expdp 或者 impdp 命令执行中可以通过按 Ctrl＋C 组合键进入交互模式，可以暂停数据泵的处理，查看进度，修改导出文件的大小，追加导出文件，修改并行度等。

13.2.3　expdp/impdp 的参数

expdp/impdp 的参数有很多，具体请参考表 13-3 和表 13-4。

表 13-3　expdp 常用参数概要

参 数 名 称	说　　　明
full	控制是否使用全数据库模式进行导出。默认是 full＝n，不使用全数据库模式。full＝y，执行全数据库导出
tablespaces	控制是否使用表空间模式进行导出。tablespaces=＜表空间名＞，指定导出对象表空间
schemas	控制是否使用对象用户模式进行导出。owner=＜用户名＞，表示导出该用户的所有对象
tables	控制是否使用表模式进行导出。tables=＜表名＞，指定导出对象表
log	指定导出时输出日志文件名

续表

参数名称	说　　明
parfile	指定参数文件名
estimate	指定导出文件大小的估算方法 blocks：表示根据导出表的块数估算 statistics：表示根据统计信息估算
content	控制是否导出数据或定义 all：数据和表定义同时导出 data_only：只导出数据
dumpfile	指定导入文件的文件名
directory	指定导入所用的目录对象名
access_method	控制导出数据的访问方法：[automatic | direct_path | external_table]
network_link	通过 dblink 从远端数据库导出时指定 dblink 名
parallel	指定导出处理的并行度
compression	指定导出时是否压缩，以及压缩的对象类型。 compression=[all | data_only | metadata_only | none]
include	指定导出的对象或对象类型。 include=object_type[:name_clause] [,…]
exclude	指定不导出的对象或对象类型。 exclude=object_type[:name_clause] [,…]

表 13-4　impdp 常用参数概要

参数名称	说　　明
full	控制是否将导出的文件全部导入。默认是 full=y，即全部导入
tablespaces	当导出的文件中包含多个表空间时，指定导入的表空间。tablespaces=<表空间名>，指定导出对象表空间
schemas	从导出文件中只导入指定的用户模式的对象
tables	指定导入的表。tables=<表名>
remap_schema	导入时将某用户模式下的对象都导入到另一个用户模式。 remap_schema=source_schema:target_schema
remap_table	导入时将某个表的数据导入另一个表。 remap_table=[schema.]old_tablename[:partition]:new_tablename
remap_tablespace	导入时将某个表空间的数据导入另一个表空间。 remap_tablespace=source_tablespace:target_tablespace
table_exists_action	指定导入中，如果同名表已经存在时，跳过这个表 或者在这个表中追加数据，或者先把这个表的数据全部删除再导入，或者把这个表定义都删除再创建表导入数据。 table_exists_action=[skip | append | truncate | replace]

续表

参 数 名 称	说　　　明
log	指定导入时输出日志文件名
parfile	指定参数文件名
dumpfile	指定导入文件的文件名
directory	指定导入所用的目录对象名
access_method	控制导入数据的访问方法：[automatic ｜ direct_path ｜ external_table]
include	指定导入的对象或对象类型。 include=object_type[:name_clause] [,…]
exclude	指定不导入的对象或对象类型。 exclude=object_type[:name_clause] [,…]

基本上传统的 exp/imp 有的功能，expdp/impdp 都有类似功能，并追加若干新的功能。这些参数中有一部分和传统 exp/imp 类似。例如，expdp 参数中同样有指定导出对象范围的参数 full、tablespaces、schemas 和 tables。这些参数只能指定其一，不能同时指定。

也有些参数实现功能类似，使用语法却完全不同。比如为了指定索引、约束、触发器、权限是否导出，变成了由参数 include 指定包含的对象，由 exclude 来指定排除的对象，include/exclude 的选项值中都可以指定条件。例如，以下参数指定导出 emp 和 dept 表，并导出触发器和约束，只导出名字以 emp 开头的索引。

```
include=table:"in ('emp', 'dept')"
include=trigger,constraint
include=index:"like 'emp%'"
```

导出数据的设定，由 content 参数设置，content=data_only 指定只导出数据，content=metadata_only 指定只导出表定义等元数据，content=all 或不指定 content 表示数据和对象定义都导出。

将一个用户模式下的对象导入到另一个用户模式时，需要指定 remap_schema=＜原用户模式＞:＜新用户模式＞。这是 exp/imp 完全没有的功能。

13.3　数据加载工具 SQL * Loader

Oracle SQL * Loader(SQLLDR)将数据从外部文件加载到数据库的表中。外部文件一般为文本格式，只包含数据。SQLLDR 可以在非常短的时间内加载大量的数据，因此在很多场合，尤其是在新构建数据环境时被使用。

1. 加载方式

SQLLDR 有三种加载方式：传统路径方式、直接路径方式和外部表方式。传统路径方式，内部用 SQL 语句进行数据加载，相对较慢；而直接路径方式，内部不使用 SQL，而是直接往数据块进行写入，比较快；外部表方式则是将数据文件做成一个外部表进行读取，读取时可以并行读取，在数据文件大时也比较快。SQLLDR 默认是使用传统路径方式，通过控制文件中指定 direct=true 可以使用直接路径方式,而指定 external_table=execute 可以使用外部表方式。

2. 使用方法

首先需要准备好数据文件,文件中一行数据对应于插入表中的一条记录,每行数据中统一用同样的分隔符隔开。

例 13-13　向 dept 表加载两行数据。

准备好的数据文件为 E:\back\exp\deptdata.txt,在 DOS 下查看其内容为:

```
E:\>more E:\back\exp\deptdata.txt
60,客服,大连
70,研发,杭州
```

然后准备好控制加载的文件 controldept.ctl,用于记录数据文件的位置和文件名,如何分析和解释数据,在哪里插入数据,以及执行 sqlldr 的各种参数选项。在 DOS 下查看 controldept.ctl 内容为:

```
e:\>more e:\back\exp\controldept.ctl
options(
direct=true,
)
load data
infile 'e:\back\exp\deptdata.txt'
into table dept
append
fields terminated by ','
(deptno,dname,loc)
```

以上的控制文件中,options 部分指定了选择直接路径的加载方式,infile 'e:\back\exp\deptdata.txt'指定加载数据所在的文件名,into table dept 指定插入的对象表,append 指定在原有数据上追加,fields terminated by ','指定数据文件中各个列的数据用逗号分隔,(deptno,dname,loc)指定数据文件各个列的数据分别插入 dept 表的哪些列。

在 SQL 环境下查看用户 user01 的表 dept 的数据。

```
SQL>conn user01/a
已连接。

SQL>select * from dept;

DEPTNO  DNAME     LOC
------- --------- ---------
10      销售      大连
20      采购      大连
30      行政      沈阳
40      人事      大连
50      售后      沈阳
```

然后就可以通过 sqlldr 命令执行加载数据。

```
E:\>sqlldr user01/a control=E:\back\exp\controldept.ctl

SQL*Loader: Release 11.2.0.1.0 - Production on 星期六 11月 18 11:53:22 2017

Copyright (c) 1982, 2009, Oracle and/or its affiliates. All rights reserved.
加载完成 - 逻辑记录计数 2。
```

查看一下 user01 的表 dept 数据,已经追加了两行数据:

```
SQL>select * from dept;

    DEPTNO DNAME      LOC
---------- ---------- ----------
        10 销售       大连
        20 采购       大连
        30 行政       沈阳
        40 人事       大连
        50 售后       沈阳
        60 客服       大连
        70 研发       杭州

已选择 7 行。
```

13.4 外部表

外部表是一种特殊的表,它的表的定义等元数据存储在 Oracle 数据库内部的数据字典中,而它的数据记录不在数据库内部,而在操作系统中的普通文件中。Oracle 数据库可以像普通表一样访问这个表,也可以通过 dbms_stats 包来收集统计信息,但不能进行 insert、update、delete 等 DML 处理,也不能创建索引。

外部表的删除。一般情况下,先删除外部表,然后再删除目录对象,如果目录对象中有多个表,应删除所有表之后再删除目录对象。如果在未删除外部表的情况下,强制删除了目录,在查询到被删除的外部表时将收到"对象不存在"的错误信息。

查询 dba_external_locations 来获得当前所有的目录对象以及相关的外部表,同时会给出这些外部表所对应的操作系统文件的名字。如果只是在数据库层面上删除外部表,并不会自动删除操作系统上的外部表文件。

访问外部表时需要加载数据,数据加载的驱动可以使用 SQL*Loader 或者数据泵。下面通过一个例子来简单说明一下外部表的使用方法。

首先查看对象数据文件,确认 Oracle 数据库的用户能够正常访问对象数据文件 sales_user01.txt。

```
E:\>more E:\back\exp\sales_user01.txt
360,Jane,Janus,ST_CLERK,121,17-MAY-2001,3000,0,50,jjanus
```

```
361,Mark,Jasper,SA_REP,145,17-MAY-2001,8000,.1,80,mjasper
362,Brenda,Starr,AD_ASST,200,17-MAY-2001,5500,0,10,bstarr
363,Alex,Alda,AC_MGR,145,17-MAY-2001,9000,.15,80,aalda
```

然后连接到数据库，创建好目录对象，其中 admin_dat_dir 用于指定外部表的数据文件路径，admin_log_dir 用于指定数据加载时的日志文件路径，admin_bad_dir 用于指定加载时由于数据类型等加载失败的数据记录的保存路径。

```
SQL>conn / as sysdba
已连接。
SQL>create or replace directory admin_dat_dir as 'e:\back\exp';
目录已创建。

SQL>create or replace directory admin_log_dir as 'e:\back\exp';
目录已创建。

SQL>create or replace directory admin_bad_dir as 'e:\back\exp';
目录已创建。
```

通过以下语句创建外部表，其中除了一般建表指定各个列的类型以外，其他参数的含义如下：

- organization external：表示这个表是外部表。
- type oracle_loader：指定数据加载的驱动使用 sql * loader。
- default directory：默认路径为 admin_dat_dir，指明存放数据文件的目录。
- access parameters：后面指明使用的参数。
- records delimited by newline：记录用换行符分隔。
- badfile admin_bad_dir:'sales.bad'：加载失败的数据文件存放目录，文件名为 sales.bad。
- logfile admin_log_dir:'sales.log'：加载数据的日志文件存放目录，文件名为 sales.log。
- fields terminated by ','：字段由","符号分隔。
- location ('sales_user01.txt')：指定外部表读取的数据文件名。
- parallel：指定加载时使用并行机制。
- reject limit unlimited：指定不限制加载错误的记录行数。

```
SQL>create table admin_user01_employees
  2   (employee_id number(4),
  3    first_name varchar2(20),
  4    last_name varchar2(25),
  5    job_id varchar2(10),
  6    manager_id number(4),
  7    hire_date date,
  8    salary number(8,2),
  9    commission_pct number(2,2),
```

```
10   department_id number(4),
11   email varchar2(25)
12   )
13   organization external
14   (
15   type oracle_loader
16   default directory admin_dat_dir
17   access parameters
18   (
19   records delimited by newline
20   badfile admin_bad_dir:'sales.bad'
21   logfile admin_log_dir:'sales.log'
22   fields terminated by ','
23   missing field values are null
24   ( employee_id, first_name, last_name, job_id, manager_id,
25   hire_date char date_format date mask "dd-mon-yyyy",
26   salary, commission_pct, department_id, email
27   )
28   )
29   location ('sales_user01.txt')
30   )
31   parallel
32   reject limit unlimited;
```

表已创建。

然后就可以像查询普通表一样查询外部表了：

```
SQL > select employee_id, first_name, last_name, job_id from admin_user01_
employees;

EMPLOYEE_ID    FIRST_NAME    LAST_NAME    JOB_ID
-------------  ------------  ------------ ----------
360            Jane          Janus        ST_CLERK
361            Mark          Jasper       SA_REP
362            Brenda        Starr        AD_ASST
363            Alex          Alda         AC_MGR
```

第 14 章 备份和恢复

任何数据库在长期使用过程中都会存在一定的安全隐患,例如,由于数据库的物理结构被破坏,或由于机器硬件故障而使数据遭到损失。数据库的运行环境相当复杂,很多因素都可能导致数据库的崩溃。如果数据库崩溃了,数据库管理员必须以最短的时间恢复数据库,并做到最好不丢失任何已经提交的数据,尽可能避免数据损失,使数据库正常运行。如果没有可靠的备份与恢复机制,就可能造成系统瘫痪,数据丢失。为了解决这个问题,唯一的办法就是备份。

14.1 数据库备份与恢复的种类

Oracle 的备份与恢复大致分为两大类,备份恢复(物理上的)以及导入导出(逻辑上的),逻辑备份已在第 13 章详细阐述,这里只介绍物理备份。备份恢复可以根据数据库的工作模式分为非归档模式(Nonarchivelog-style)和归档模式(Archivelog-style),通常把非归档模式称为冷备份或者脱机备份,而相应的把归档模式称为热备份或者联机备份。另外,Oracle 提供一款备份恢复的工具软件 RMAN,本书不做介绍。Oracle 的备份与恢复的分类如图 14-1 所示。

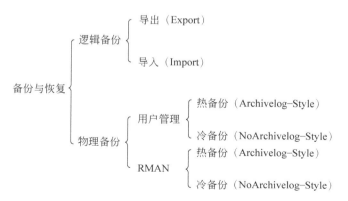

图 14-1 Oracle 的备份与恢复的分类

14.2 冷备份

冷备份发生在数据库已经正常关闭的情况下,当数据库正常关闭时,冷备份会得到一个完整的数据库。冷备份是将关键性文件复制到另外的存储位置。对于备份 Oracle 信息而言,冷备份是最安全的方法。如果数据库运行在非归档模式,没有归档日志文件,则只能进行冷备份和恢复。由于联机重做日志中的数据在切换日志时被覆盖,使用冷备份恢复数据库时会丢失一部分数据,只能恢复到上一次的备份点。Oracle 默认运行在非归档模式。

冷备份及恢复的优点如下:

(1) 非常快速的备份方法(只需复制文件)。
(2) 容易归档(简单复制即可)。
(3) 容易恢复到某个时间点上。
(4) 能与归档方法相结合,做数据库"最佳状态"的恢复。
(5) 低度维护,高度安全。

但冷备份和恢复也有不足:

(1) 单独使用时,只能做到"某一时间点上"的恢复。
(2) 在实施备份的过程中,数据库不能作其他工作。也就是说,在冷备份过程中数据库必须是关闭状态。
(3) 不能按表或用户恢复。

14.2.1 冷备份操作步骤

(1) 使用 Oracle 的数据字典找到所有需要备份的文件。
① 使用 v＄controlfile 找到所有的控制文件。
② 使用 v＄logfile 找到所有的重做日志文件。
③ 使用 v＄datafile 找到所有的数据文件。
④ 使用 v＄tempfile 找到所有的临时文件。
(2) 正常关闭要备份的数据库。
(3) 备份整个数据库到另一个存储位置。
(4) 重新启动数据库。

冷备份中必须复制的文件包括所有数据文件、所有控制文件、所有重做日志文件及参数 Init.ora 文件(可选)。

注意:冷备份必须在数据库关闭的情况下进行,当数据库处于打开状态时,执行数据库冷备份是无效的。

14.2.2 备份完整实例

冷备份数据库,首先要得到需要备份文件的信息,使用 Oracle 的数据字典可以找到所有需要备份的文件。

例 14-1 查看当前数据库的数据文件。

首先使用 SQL * Plus 命令设置环境参数,每行显示 120 个字符,避免折行显示。

```
SQL>set linesize 800
SQL>select file_id, file_name from dba_data_files ;

FILE_ID  FILE_NAME
-------  ----------------------------------------
4        D:\APP\ES\ORADATA\ORCL\USERS01.DBF
3        D:\APP\ES\ORADATA\ORCL\UNDOTBS01.DBF
2        D:\APP\ES\ORADATA\ORCL\SYSAUX01.DBF
1        D:\APP\ES\ORADATA\ORCL\SYSTEM01.DBF
5        D:\APP\ES\ORADATA\ORCL\EXAMPLE01.DBF
```

例 14-2 查看当前数据库的控制文件。

```
SQL>select name from v$controlfile;

NAME
--------------------------------------------------------
D:\APP\ES\ORADATA\ORCL\CONTROL01.CTL
D:\APP\ES\FLASH_RECOVERY_AREA\ORCL\CONTROL02.CTL
```

例 14-3 查看当前数据库的日志文件。

```
SQL>select member from v$logfile;

MEMBER
----------------------------------------
D:\APP\ES\ORADATA\ORCL\REDO03.LOG
D:\APP\ES\ORADATA\ORCL\REDO02.LOG
D:\APP\ES\ORADATA\ORCL\REDO01.LOG
```

例 14-4 查看当前数据库的临时文件。

```
SQL>select name from v$tempfile;
D:\APP\ES\ORADATA\ORCL\TEMP01.DBF
```

打开记事本程序，编写冷备份批处理文件，将图 14-2 所示命令写入文件中。从文件中可以看到，备份前先关闭数据库，然后将数据文件、重做日志文件、控制文件、临时文件备份到指定位置 E:\coldback 目录下，最后打开数据库。将备份的命令文件存入磁盘，在这里存入路径及文件名为 E:\coldback\back.sql。注意：保存的文件类型选择"所有文件"，文件扩展名是 sql，如图 14-3 所示。

例 14-5 备份数据库，将数据库的数据文件、重做日志文件、控制文件、临时文件备份到 E:\coldback 目录下。

运行 e:\coldback\back.sql 文件进行备份。

```
SQL>@ e:\coldback\back.sql
已连接。
数据库已经关闭。
已经卸载数据库。
```

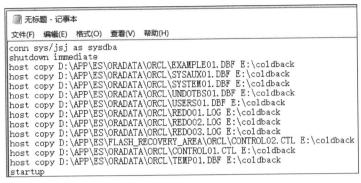

图 14-2　back.sql 文件中输入的命令

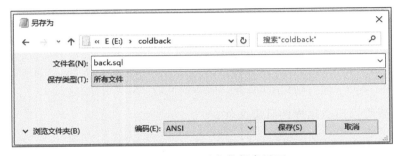

图 14-3　back.sql 文件保存界面

Oracle 例程已经关闭。
已复制　　　 1 个文件。
已复制　　　 1 个文件。
已复制　　　 1 个文件。
已复制　　　 1 个文件。
已复制　　　 1 个文件。
已复制　　　 1 个文件。
已复制　　　 1 个文件。
已复制　　　 1 个文件。
已复制　　　 1 个文件。
已复制　　　 1 个文件。

Oracle 例程已经启动。

```
Total System Global Area  1720328192 bytes
Fixed Size                   2176448 bytes
Variable Size             1040190016 bytes
Database Buffers           671088640 bytes
Redo Buffers                 6873088 bytes
```
数据库装载完毕。
数据库已经打开。

在操作系统下打开 E:\coldback 目录，可以看到文件已经备份成功，如图 14-4 所示。

图 14-4 操作系统 E:\coldback 目录中的文件界面

14.2.3 冷恢复

如果数据库出现数据文件丢失的情况，可以利用冷备份文件实现恢复，使数据库恢复到备份点上。冷恢复又叫脱机恢复，脱机恢复数据库的步骤如下：

（1）关闭数据库。
（2）将所有备份的数据文件、控制文件、重做日志文件复制到数据库中原来的位置。
（3）重新启动数据库。

例 14-6 利用冷备份恢复数据库实例。

打开记事本程序，将图 14-5 所示命令写入文件。从文件中可以看到，恢复前先关闭数据库，然后将备份的数据文件、重做日志文件、控制文件、临时文件备份到数据库原来位置，最后打开数据库。将上述恢复文件存入磁盘，在这里存入路径及文件名为 E:\coldback\coldrestoreorcl.sql，如图 14-6 所示。运行 coldrestoreorcl.sql 文件进行数据库脱机恢复。

```
conn sys/jsj as sysdba
shutdown immediate
host copy E:\coldback\EXAMPLE01.DBF  D:\APP\ES\ORADATA\ORCL
host copy E:\coldback\SYSAUX01.DBF  D:\APP\ES\ORADATA\ORCL
host copy E:\coldback\SYSTEM01.DBF  D:\APP\ES\ORADATA\ORCL
host copy E:\coldback\UNDOTBS01.DBF  D:\APP\ES\ORADATA\ORCL
host copy E:\coldback\USERS01.DBF  D:\APP\ES\ORADATA\ORCL
host copy E:\coldback\REDO01.LOG  D:\APP\ES\ORADATA\ORCL
host copy E:\coldback\REDO02.LOG  D:\APP\ES\ORADATA\ORCL
host copy E:\coldback\REDO03.LOG  D:\APP\ES\ORADATA\ORCL
host copy E:\coldback\CONTROL02.CTL  D:\APP\ES\FLASH_RECOVERY_AREA\ORCL
host copy E:\coldback\CONTROL01.CTL  D:\APP\ES\ORADATA\ORCL
host copy E:\coldback\TEMP01.DBF  D:\APP\ES\ORADATA\ORCL
startup
```

图 14-5 coldrestoreorcl.sql 文件中输入的命令

图 14-6　coldrestoreorcl.sql 文件保存界面

```
SQL>@ e:\coldback\coldrestoreorcl.sql
```
已连接。
数据库已经关闭。
已经卸载数据库。
Oracle 例程已经关闭。
已复制　　　　1 个文件。
已复制　　　　1 个文件。
已复制　　　　1 个文件。
已复制　　　　1 个文件。
已复制　　　　1 个文件。
已复制　　　　1 个文件。
已复制　　　　1 个文件。
已复制　　　　1 个文件。
已复制　　　　1 个文件。
已复制　　　　1 个文件。
已复制　　　　1 个文件。
Oracle 例程已经启动。

```
Total System Global Area   1720328192 bytes
Fixed Size                    2176448 bytes
Variable Size              1040190016 bytes
Database Buffers            671088640 bytes
Redo Buffers                  6873088 bytes
```
数据库装载完毕。
数据库已经打开。

　　非归档模式下的恢复方案可选性很小，一般情况下只能有一种恢复方式，就是数据库的冷备份的完全恢复，仅需要复制原来的备份就可以。

　　这种情况下的恢复可以完全恢复到备份的点上，但是可能会丢失数据，在备份之后与数据库崩溃之前的数据将全部丢失。

　　不管毁坏了多少数据文件、重做日志或是控制文件，都可以通过这个办法恢复，把数据库又放到了一个以前的"点"上。

14.3 热备份

冷备份可以起到恢复数据库的作用，但是备份时必须关闭数据库，这对每天 24 小时或每周七天运营的数据库是完全不可以接受的，如银行、电信数据库系统等。冷备份还必须备份整个数据库，这对大型或超大型数据库来说是根本不现实的。一些大型或超大型数据库系统中的绝大多数数据都是静止的，只有少数数据是经常变化的。那么 Oracle 能不能只备份那些变化的表空间或数据文件呢？

答案是肯定的，只要数据库运行在归档模式，Oracle 不但可以进行联机备份，而且还可以进行表空间一级或数据文件一级的联机备份。在进行联机备份时，不用关闭数据库，所有的数据库操作可以照常运行，而且可以备份指定的表空间或数据文件。联机备份又叫热备份。

进行联机备份的首要要求是数据库必须运行在归档模式。在做联机备份时只有数据文件必须备份，那么其他文件损坏了该怎么办呢？通过以前的内容就可以了解这一点，因为控制文件、重做日志文件和归档日志文件都是靠冗余来保护的，而不需要备份来保护。如许多数据库要求有三个冗余的控制文件，每个重做日志文件必须有三个成员等。

热备份及恢复的优点如下：

(1) 在备份期间数据库上的业务可以正常运行，用户可以正常使用数据库。
(2) 既可以备份表空间又可以备份数据文件，备份的数据量减少。
(3) 所有提交的数据都可以恢复。
(4) 只恢复损坏的数据文件，恢复快捷。

热备份及恢复的不足如下：

(1) 数据库运行在归档模式，系统的开销增大，管理和维护成本增加。
(2) 对数据库管理员的技术要求明显提高，管理和维护难度比冷备份大。

14.3.1 热备份的步骤

(1) 使用数据字典 dba_data_files 查看数据文件及对应表空间的相关信息。

```
select file_id,file_name,tablespace_name from dba_data_files;
```

(2) 使用数据字典 v$backup 查看当前备份状态。

```
select * from v$backup;
```

(3) 设置表空间为备份状态。

```
alter tablespace <表空间>begin backup;
```

(4) 备份表空间的数据文件。使用操作系统命令 copy 复制表空间文件到指定备份位置。

(5) 结束表空间备份状态。

```
alter tablespace <表空间>end backup;
```

(6) 将当前重做日志文件写到归档日志文件中。

```
alter system switch logfile;
```

在上述步骤中,步骤(2)使用字典 v$backup 查看当前备份状态是必要的,因为在大型或超大型数据库系统上可能有许多数据库管理员在上面工作,而且这些数据库管理员可能不在一个办公室,甚至不在一个城市或国家。在这种情况下不能确定表空间的备份状态,所以最好的办法还是先查询确定后再继续后面的操作。

当执行了第(3)步的命令之后,备份的表空间所对应的所有数据文件的文件头被冻结并产生检查点。

第(4)步进行真正的物理备份,只有当表空间或数据文件处在备份状态时的联机备份才是有效的备份,是以后可以使用的物理备份。

第(5)步结束表空间的备份状态,即将表空间所对应的所有数据文件的文件头解锁,此后数据库对这些数据文件的操作就恢复到正常。

第(6)步将当前重做日志文件的信息写到归档日志文件中去,该命令将造成重做日志的切换及产生检查点。

14.3.2 热备份的实例

下面具体讲述一下热备份的过程。将数据文件 USERS01.DBF 作为热备份的对象,使用例 14-6 和例 14-7 的 SQL*Plus 格式化命令格式化输出显示,再使用例 14-8 的查询语句从数据字典 dba_data_files 查看数据文件及对应的表空间相关信息。

例 14-7 格式化字段 file-name 输出占 55 个字符宽度。

```
SQL>col file_name for a55
```

例 14-8 格式化字段 tablespace_name 输出占 10 个字符宽度。

```
SQL>col tablespace_name for a10
```

例 14-9 使用查询语句从数据字典 dba_data_files 查看数据文件信息。

```
SQL>select file_id,file_name,tablespace_name from dba_data_files;

  FILE_ID FILE_NAME                                     TABLESPACE
--------- --------------------------------------------- --------------
        4 D:\APP\ES\ORADATA\ORCL\USERS01.DBF            USERS
        3 D:\APP\ES\ORADATA\ORCL\UNDOTBS01.DBF          UNDOTBS1
        2 D:\APP\ES\ORADATA\ORCL\SYSAUX01.DBF           SYSAUX
        1 D:\APP\ES\ORADATA\ORCL\SYSTEM01.DBF           SYSTEM
        5 D:\APP\ES\ORADATA\ORCL\EXAMPLE01.DBF          EXAMPLE
```

例 14-10 使用查询语句从数据字典 v$backup 中查看当前备份状态。

```
SQL>select * from v$backup;
```

```
FILE#    STATUS           CHANGE#    TIME
-------  --------------   --------   ------
   1     NOT ACTIVE          0
   2     NOT ACTIVE          0
   3     NOT ACTIVE          0
   4     NOT ACTIVE          0
   5     NOT ACTIVE          0
```

例 14-11 查询语句显示的结果表明所有的数据文件都没有处在备份状态,数据字典的 STATUS 列显示结果都为 NOT ACTIVE,其中 FILE# 列为数据文件的文件号。

例 14-12 将 USERS01.DBF 文件所对应的表空间 USERS 置为备份状态,再查看每个数据文件的备份状态信息。

```
SQL>alter tablespace users begin backup;
表空间已更改。
SQL>select * from v$backup;
FILE#    STATUS           CHANGE#    TIME
-------  --------------   --------   ----------
   1     NOT ACTIVE          0
   2     NOT ACTIVE          0
   3     NOT ACTIVE          0
   4     ACTIVE           1160764    26-2月-17
   5     NOT ACTIVE          0
```

结果表明表空间 USERS 对应的 4 号数据文件处在备份状态。

例 14-13 使用操作系统命令将数据文件 USERS01.DBF 备份到 e:\hotback。

```
SQL>host copy D:\APP\ES\ORADATA\ORCL\USERS01.DBF e:\hotback
已复制         1 个文件。
```

例 14-14 使用 Oracle 命令结束表空间 USERS 的备份状态,再查看数据文件的备份状态信息。

```
SQL>alter tablespace users end backup;
表空间已更改。

SQL>select * from v$backup;

FILE#    STATUS           CHANGE#    TIME
-------  --------------   --------   ----------
   1     NOT ACTIVE          0
   2     NOT ACTIVE          0
   3     NOT ACTIVE          0
   4     NOT ACTIVE       1160764    26-2月-17
   5     NOT ACTIVE          0
```

结果表明 4 号数据文件又恢复到非备份状态,因为数据字典中 STATUS 列的显示结果为 NOT ACTIVE。再查看一下操作系统文件是否已经生成,如图 14-7 所示。

图 14-7　生成的操作系统文件

可以看到操作系统文件已经生成了。到此为止,数据文件 USERS01.DBF 的热备份已经完成。为了确保数据库联机恢复时日志文件正确有效,可以用 alter system switch logfile;命令将当前的重做日志归档,生成归档日志存放在磁盘上,保证数据库联机恢复时利用有效的日志文件恢复到此备份点。

例 14-15　查看当前归档日志信息。

```
SQL>select group#,thread#,sequence#,members,archived,status from v$log;

 GROUP#    THREAD#    SEQUENCE#    MEMBERS    ARC    STATUS
---------  ---------- ------------ ---------- ------ ----------
    1         1           13           1       NO     CURRENT
    2         1           11           1       YES    INACTIVE
    3         1           12           1       YES    INACTIVE
```

结果表明当前的重做日志序列号是 13 号。使用 alter system switch logfile 命令手动切换日志,再查看当前归档日志信息。

例 14-16　将当前重做日志文件写到归档日志文件中,再查看当前归档日志信息。

```
SQL>alter system switch logfile;
系统已更改。

SQL>select group#,thread#,sequence#,members,archived,status from v$log;

 GROUP#    THREAD#    SEQUENCE#    MEMBERS    ARC    STATUS
---------  ---------- ------------ ---------- ------ ----------
    1         1           13           1       YES    ACTIVE
    2         1           14           1       NO     CURRENT
    3         1           12           1       YES    INACTIVE
```

结果表明 13 号日志已被归档,当前的重做日志序列号是 14 号。再查看一下操作系统归档文件是否已经生成,如图 14-8 所示。

结果表明一个序列号为 14 号的归档日志已经在归档目录 e:\arch1 中生成。归档目录是通过 alter system set log_archive_dest_1 = " LOCATION = E:\ARCH1 MANDATORY";命令预先设置的,否则系统采用默认路径。

图 14-8　操作系统中的归档日志文件

14.3.3　热备份的恢复

如果数据库运行在非归档模式，Oracle 数据库无法保证在系统崩溃之后所有提交的数据都能恢复，在非归档模式下数据库只能保证恢复到上一次备份的时间点，从上一次备份到系统崩溃这段时间内的所有提交数据可能丢失。这对银行、电信等数据库系统是不允许的。在非归档模式下备份和恢复时都要关闭数据库，这对那些 24 小时运营的数据库也是无法接受的。联机恢复不必关闭数据库，所有提交的数据都可以恢复，只需要修复损坏或者丢失的数据文件，效率高。

在联机恢复时，首先要将恢复的文件或表空间设为脱机，但是不包括系统表空间或活动的还原表空间，之后修复损坏的操作系统文件，即将备份的物理文件复制到数据库中原来的位置，最后再将写在归档日志文件和重做日志文件中的所有提交数据复原过来。

可以用如下表达式表示这一过程：

将数据文件带回到备份的时间点（Restore）＋恢复从备份到数据文件崩溃这段时间所有提交的数据（Recover）＝ 数据库完全恢复

这里需要说明的是 Restore 和 Recover 在有些中文书中都翻译成"恢复"，其实这两个单词有很大的差别。这两个词是由两部分构成的：前缀 Re 后面跟一个动词，Re 的意思是重新，store 的含义是存放或存储，而 cover 是覆盖。因此 Restore 的含义就是将数据库文件重新放回原来的位置，而 Recover 的含义是愈合，在这里的含义是当 Restore 成功之后，数据文件回到了备份时间点，从备份到数据库崩溃之间所有丢失的数据好像在数据文件上留下了一个伤口，而 Recover 使这个伤口得以愈合。

典型的联机数据库恢复过程需要如下三个阶段。

（1）Restore：选择某个历史备份作为恢复的起点，即首先将数据库恢复至备份时刻的状态。

（2）Roll Forward：利用归档日志和联机重做日志依次重做自备份时刻以来的事务。

（3）Roll Back：在故障时刻前的一些事务，有些还未来得及提交（Commit），但由于系统内部 Checkpoint 事件的触发导致已经写入重做日志，这部分事务需要利用重做日志进行必要的回滚。

如果这三个阶段的操作都能顺利进行，就可以将数据库毫发无损地恢复到损坏前一刻的状态，即所谓的完全数据库恢复（Complete Recovery）。如果这个恢复过程在第二、三阶段由于某种原因中途结束,则数据库只能恢复到过去的某个时间点,即不完全恢复(Incomplete Recovery)。Oracle 联机恢复数据库的典型示例如图 14-9 所示。

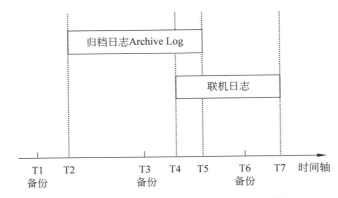

图 14-9　Oracle 联机恢复数据库的典型示例

假设系统在 T7 时刻出现故障,导致 Oracle 数据库停止运行,数据库分别在 T1、T3、T6 有三次历史备份。由图 14-9 可知,归档日志 Archive Log 中包含了 T2~T5 时间段的事务日志,联机重做日志 Online Redo Log 中包含了 T4~T7 时间段的事务日志,下面说明恢复过程。

最直接的恢复方法是选择 T6 时刻的备份作为恢复的起点,首先利用备份将数据文件 Restore 到 T6 时刻,在此基础上只需利用联机重做日志依次重新运行 T6~T7 时间段包含的所有事务,即可将数据库恢复到故障时刻,实现数据库完全恢复。

如果选择 T3 时刻的备份作为恢复的起点,则需要同时使用两类日志,首先利用归档日志重做 T3 及 T4(或 T5)时间段的事务,接着利用重做日志重做 T4(或 T5)~T7 时间段的事务,也可将数据库恢复至故障时刻,同样实现数据库完全恢复。

若数据库在 T2~T7 时间段没有备份可以利用,则只能选择较远的 T1 时刻的备份作为恢复的起点,此时由于缺乏 T1 及 T2 时间段的事务日志,数据库只能恢复到 T1 时刻,导致 T1~T7 时间段内的最新数据丢失,即只能实现不完全恢复。同样,在选择 T3 时刻的备份作为起点的恢复方法中,如果重做日志丢失,则数据库只能最大限度地恢复至 T5 时刻,同样实现的是不完全恢复。

下面介绍三种数据库完全恢复的方法:
(1) 数据库运行时数据文件破坏的数据库恢复。
(2) 数据库关闭时数据文件破坏的数据库恢复。
(3) 关闭数据库状态下的数据库恢复。

在进行以上任何一种数据库恢复时所需的归档日志文件必须存在于 Oracle 服务器可以访问的磁盘上。在管理和维护大型数据库系统时,如果数据库崩溃了,数据库管理员要做的第一件事不是要恢复数据库,而是想尽一切办法以最快的速度将数据库启动,之后再考虑找到问题和恢复损坏的数据文件,最大限度地减少损失,数据库恢复的策略也是基于上述思想。

14.3.4　数据库运行时数据文件破坏的数据库恢复

数据库在运行时,如果数据文件被破坏,但数据库仍然处于运行状态,可以在数据库运行状态对数据库进行恢复,在整个恢复过程中数据库始终处于运行状态。此时所需恢复的数据文件不能属于系统表空间或还原/回滚表空间。数据库运行时,数据文件破坏的数据库恢复步骤如下:

(1) 使用数据字典 dba_data_files 获得要恢复的数据文件与对应的表空间及它们的状态信息。

(2) 使用数据字典 dba_tablespaces 获得要恢复的表空间的联机状态信息。也可以使用数据字典 v$datafile 确认要恢复的数据文件是在脱机还是联机状态。

(3) 如果要恢复的表空间处于联机状态,要先将该表空间设置为脱机状态,使用命令 alter tablespace <表空间名> offline。也可以将数据文件设置为脱机状态,使用命令 alter database datafile <数据文件号> offline。

(4) 使用操作系统复制命令将备份的数据文件复制到数据库原来的位置。

(5) 使用 recover 命令将所有提交的数据从归档日志文件和重做日志文件中重新写入已经修复的数据文件。这里即可以使用命令 recover tablespace <表空间名>,也可以使用命令 recover datafile <数据文件名>|<数据文件号>进行恢复。

(6) 当恢复完成后,使用命令 alter tablespace <表空间名> online 或命令 alter database datafile <数据文件号> online 将表空间或数据文件重新设置为联机状态。

将表空间设置为脱机状态,该表空间对应的所有数据文件都脱机,也就是表空间中所有的数据文件都不能访问。在一个表空间包含多个数据文件的情况下,当一个数据文件脱机时,只有这个数据文件中的数据不可以访问,而其他文件中的数据照样可以访问。

当数据库处于 mount 状态下,可以使用数据字典视图 v$datafile,而不能使用数据字典 dba_tablespaces、dba_data_files,数据库处于 open 状态下两者都可以使用。

例 14-17 数据库运行时数据文件破坏的数据库恢复过程。

数据库处于运行状态,模拟数据文件损坏,这里通过打开表空间 users 对应的数据文件,插入任意字符,模拟破坏文件。关闭数据库,系统报错,不能正常关闭。将损坏的数据文件脱机,使用操作系统复制命令将备份的数据文件复制到数据库原来的位置。使用 recover 命令将所有提交的数据从归档日志文件和重做日志文件中重新写入已经修复的数据文件 users01.dbf,将表空间或数据文件重新设置为联机状态。

首先模拟数据文件 users01.dbf 损坏。在操作系统环境下打开 users01.dbf 文件,任意插入字符,替换原文件,如图 14-10 所示。

在菜单栏中选择"文件"→"另存为"命令,系统弹出"另存为"对话框,如图 14-11 所示。单击"保存"按钮完成替换。

执行 shutdown 命令关闭数据库,系统报错,4 号数据文件 users01.dbf 出错,关闭失败,此时数据库处于打开状态。

```
SQL>shutdown
ORA-01122:数据库文件 4 验证失败
ORA-01110:数据文件 4: 'D:\APP\ES\ORADATA\ORCL\USERS01.DBF'
ORA-01210:数据文件标头发生介质损坏
```

下面进行恢复。使用数据字典 dba_data_files 获得要恢复的 4 号数据文件与对应的表空间及它的状态信息。为了输出显示更加清晰,用 SQL*Plus 命令格式化屏幕输出。

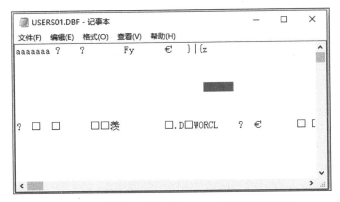

图 14-10　模拟数据文件 users01.dbf 损坏界面

图 14-11　保存损坏的数据文件 users01.dbf

```
SQL>col file_name for a55
SQL>col tablespace_name for a10
SQL>select file_id,file_name,tablespace_name from dba_data_files;

  FILE_ID FILE_NAME                                               TABLESPACE
---------- ------------------------------------------------------- -----------
        4 D:\APP\ES\ORADATA\ORCL\USERS01.DBF                      USERS
        3 D:\APP\ES\ORADATA\ORCL\UNDOTBS01.DBF                    UNDOTBS1
        2 D:\APP\ES\ORADATA\ORCL\SYSAUX01.DBF                     SYSAUX
        1 D:\APP\ES\ORADATA\ORCL\SYSTEM01.DBF                     SYSTEM
        5 D:\APP\ES\ORADATA\ORCL\EXAMPLE01.DBF                    EXAMPLE
```

通过数据字典 v$datafile 查询数据文件的状态。

```
SQL>select file#,status from v$datafile;
  FILE#    STATUS
-------- -----------
      1   SYSTEM
      2   ONLINE
      3   ONLINE
      4   ONLINE
      5   ONLINE
```

结果表明 4 号数据文件处于联机状态。

使用命令 alter database datafile <数据文件号> offline 将 4 号数据文件脱机。

```
SQL>alter database datafile 4 offline;
数据库已更改。
```

使用数据字典 v$datafile 查看数据文件状态信息。

```
SQL>select file#,status from v$datafile;

FILE#     STATUS
------    ----------
   1      SYSTEM
   2      ONLINE
   3      ONLINE
   4      RECOVER
   5      ONLINE
```

结果表明 4 号文件已处于脱机状态。从数据文件备份处复制备份文件到数据库原位置。

```
SQL>host copy e:\hotback\USERS01.DBF D:\APP\ES\ORADATA\ORCL\
已复制         1 个文件。
```

使用 recover 命令将备份在日志文件中的数据复原。

```
SQL>recover datafile 4;
完成介质恢复。
```

使用命令 alter database datafile <数据文件号> online 将 4 号数据文件重新设置为联机状态。

```
SQL>alter database datafile 4 online;
数据库已更改。
```

使用数据字典 v$datafile 查询数据文件的状态。

```
SQL>select file#,status from v$datafile;

FILE#     STATUS
-------   ----------
   1      SYSTEM
   2      ONLINE
   3      ONLINE
   4      ONLINE
   5      ONLINE
```

结果表明 4 号数据文件已处于联机状态,数据库恢复完成。

14.3.5 数据库关闭时数据文件破坏的数据库恢复

数据库在关闭时,如果数据文件被物理破坏,则数据库不能启动,这时如果启动数据库到 mount 状态将自动停止。在这种情况下可以按照以下步骤对数据库进行恢复，此时所需恢复的数据文件不能属于系统表空间或还原/回滚表空间。

（1）使用 startup mount 命令加载数据库。

（2）使用数据字典 v$datafile 确认要恢复的数据文件处于脱机状态还是联机状态。

（3）如果要恢复的数据文件处于联机状态，要先使用命令 alter database datafile <数据文件号> offline 将该数据文件设置为脱机状态。

（4）使用 alter database open 命令将数据库打开。

（5）使用操作系统复制命令将备份的数据文件复制到数据库原来的位置。

（6）使用 recover 命令将所有提交的数据从归档日志文件和重做日志文件中重新写入已经修复的数据文件。这里即可以使用命令 recover tablespace <表空间名>，也可以使用命令 recover datafile <数据文件名>|<数据文件号> 进行恢复。

（7）当恢复完成后，使用命令 alter database tablespace <表空间名> online 或命令 alter database datafile <数据文件号> online 将表空间或数据文件重新设置为联机状态。

例 14-18 数据库关闭时数据文件破坏的数据库恢复过程。

关闭数据库，模拟数据文件损坏，删除表空间 users 对应的数据文件 users01.dbf，启动数据库时发现系统只能启动到 mount 状态，将损坏的数据文件脱机，使用操作系统复制命令将备份的数据文件 users01.dbf 复制到数据库原来的位置。使用 recover 命令将所有提交的数据从归档日志文件和重做日志文件中重新写入已经修复的数据文件。将表空间或数据文件重新设置为联机状态。

模拟数据文件 users01.dbf 损坏。在这里使用删除命令删除数据文件 users01.dbf。当数据库打开时是禁止删除数据文件的，所以先关闭数据库。

```
SQL>shutdown immediate;
数据库已经关闭。
已经卸载数据库。
Oracle 例程已经关闭。
```

模拟数据文件损坏，删除表空间 users 对应的数据文件 users01.dbf。

```
SQL>host del d:\app\es\oradata\orcl\users01.dbf;
```

此时打开数据库，由于数据文件 users01.dbf 不存在，系统检测到控制文件，只能启动到 mount 状态。

```
SQL>startup
Oracle 例程已经启动。

Total System Global Area  1720328192 bytes
Fixed Size                   2176448 bytes
Variable Size             1040190016 bytes
Database Buffers           671088640 bytes
Redo Buffers                 6873088 bytes
数据库装载完毕。
ORA-01157:无法标识/锁定数据文件 4 -请参阅 DBWR 跟踪文件
```

ORA-01110: 数据文件 4: 'D:\APP\ES\ORADATA\ORCL\USERS01.DBF'

由于数据库没有打开，只能使用数据字典视图 v＄datafile，而不能用数据字典 dba_tablespaces 确认要恢复的数据文件是在脱机还是联机状态。

```
SQL>select file#,status from v$datafile;

 FILE#    STATUS
-------- ----------
     1    SYSTEM
     2    ONLINE
     3    ONLINE
     4    ONLINE
     5    ONLINE
```

查询结果表明 4 号数据文件处于联机状态。此时如果使用数据字典 dba_tablespaces，由于数据库没有打开，oracle 将报出错误信息。

```
SQL>select * from dba_tablespaces;
select * from dba_tablespaces
              *
第 1 行出现错误：
ORA-01219: 数据库未打开：仅允许在固定表/视图中查询
```

使用命令 alter database datafile ＜数据文件号＞ offline 将 4 号数据文件脱机。

```
SQL>alter database datafile 4 offline;
数据库已更改。
```

使用数据字典 v＄datafile 查看数据文件状态信息。

```
SQL>select file#,status from v$datafile;

 FILE#    STATUS
------- ------------
     1    SYSTEM
     2    ONLINE
     3    ONLINE
     4    OFFLINE
     5    ONLINE
```

查询结果表明 4 号文件已处于脱机状态。使用 alter database open 命令将数据库打开。打开数据库后，其他数据文件可以继续使用。当数据库文件损坏，造成数据库无法运行时，数据库管理员首先要做的是恢复数据库正常工作，其次是处理损坏的数据文件。

```
SQL>alter database open;
数据库已更改。
```

使用操作系统复制命令将备份的数据文件复制到数据库原来的位置。

```
SQL>host copy e:\hotback\users01.dbf d:\app\es\oradata\orcl\
已复制         1 个文件。
```

使用 recover 命令将备份在日志文件中的数据复原。

```
SQL>recover datafile 4;
完成介质恢复。
```

使用命令 alter database datafile ＜数据文件号＞ online 将 4 号数据文件重新设置为联机状态。

```
SQL>alter database datafile 4 online;
数据库已更改。
```

查询数据文件的状态。

```
SQL>select file#,status from v$datafile;

  FILE#   STATUS
-------  ------------
      1   SYSTEM
      2   ONLINE
      3   ONLINE
      4   ONLINE
      5   ONLINE
```

查询结果表明 4 号数据文件已处于联机状态,数据库恢复完成。

14.3.6 关闭数据库状态下的数据库恢复

一般商业数据库在业务进行期间都是先试着开启数据库的恢复,只有这种方法不能进行时才考虑在关闭状态下进行数据库恢复。在关闭状态下进行的数据库恢复通常适用于如下情形:

(1) 所需恢复的数据文件属于系统表空间或还原/回滚表空间。

(2) 整个数据库或大多数数据文件都需要恢复。

(3) 数据库不是以全天运营的方式操作的,数据库在工作期间可以关闭。

如果恢复的数据量已经接近或超过数据库数据总量的一半或以上,则应该尽量使用关闭数据库的方法恢复数据库。因为在这种情况下,关闭数据库的恢复与开启数据库的恢复时间差别不大,但是关闭数据库的恢复更安全、更可靠。关闭数据库状态下的恢复步骤如下:

(1) 如果数据库是在打开状态,使用数据字典 dba_data_files 获得要恢复的数据库文件与对应的表空间及它们的状态信息。

(2) 如果数据库是在打开状态,使用 shutdown 命令关闭数据库,这时可能要使用 abort 选项 shutdown abort。

(3) 使用 startup mount 命令加载数据库。

(4) 使用操作系统复制命令将备份的数据文件复制回数据库中原来的位置。

（5）使用 recover 命令将所有提交的数据从归档日志文件和重做日志文件中重新写入已经修复的数据文件。

（6）使用 alter database open 命令将数据库打开。

例 14-19 关闭数据库状态下的数据库恢复过程。

在这个例子中模拟 system 系统表空间的数据文件损坏，删除 system 表空间对应的数据文件 system01.dbf，启动数据库时发现系统只能启动到 mount 状态。将损坏的数据文件脱机，使用操作系统复制命令将备份的数据文件 system01.dbf 复制到数据库原来的位置。使用 recover 命令将所有提交的数据从归档日志文件和重做日志文件中重新写入已经修复的数据文件。将表空间或数据文件重新设置为联机状态。

如果没有做过 system 表空间的备份，需要使用如下命令先对该表空间进行备份。

设置表空间备份状态。

```
SQL>alter tablespace system begin backup;
表空间已更改。
```

备份表空间的数据文件。

```
SQL>host copy d:\app\es\oradata\orcl\system01.dbf e:\hotback;
已复制         1 个文件。
```

结束表空间备份状态。

```
SQL>alter tablespace system end backup;
表空间已更改。
```

模拟数据文件 system01.dbf 损坏。在这里使用删除命令删除数据文件 system01.dbf。当数据库打开时是禁止删除数据文件的，所以先关闭数据库。

```
SQL>shutdown immediate;
数据库已经关闭。
已经卸载数据库。
Oracle 例程已经关闭。
SQL>host del d:\app\es\oradata\orcl\system01.dbf;
```

此时打开数据库，由于数据文件 system01.dbf 不存在，系统检测到控制文件，只能启动到 mount 状态。

```
SQL>startup
Oracle 例程已经启动。

Total System Global Area   1720328192 bytes
Fixed Size                    2176448 bytes
Variable Size              1040190016 bytes
Database Buffers            671088640 bytes
Redo Buffers                  6873088 bytes
数据库装载完毕。
ORA-01157:无法标识/锁定数据文件 1 -请参阅 DBWR 跟踪文件
```

ORA-01110：数据文件 1: 'D:\APP\ES\ORADATA\ORCL\SYSTEM01.DBF'

使用操作系统复制命令将备份的 system01.dbf 数据文件复制到数据库原来的位置。

```
SQL>host copy e:\hotback\system01.dbf d:\app\es\oradata\orcl\;
已复制         1 个文件。
```

使用 recover 命令将备份在日志文件中的数据复原。

```
SQL>recover database;
完成介质恢复。
```

使用 alter database open 命令将数据库打开。

```
SQL>alter database open;
数据库已更改。
```

此时可以使用数据字典 dba_data_files 查看恢复的数据文件与对应的表空间及它们的状态信息。

```
SQL>col file_name for a55
SQL>col tablespace_name for a10
SQL>select file_id,file_name,tablespace_name from dba_data_files;

   FILE_ID FILE_NAME                                               TABLESPACE
---------- ------------------------------------------------------- ----------
         4 D:\APP\ES\ORADATA\ORCL\USERS01.DBF                      USERS
         3 D:\APP\ES\ORADATA\ORCL\UNDOTBS01.DBF                    UNDOTBS1
         2 D:\APP\ES\ORADATA\ORCL\SYSAUX01.DBF                     SYSAUX
         1 D:\APP\ES\ORADATA\ORCL\SYSTEM01.DBF                     SYSTEM
         5 D:\APP\ES\ORADATA\ORCL\EXAMPLE01.DBF                    EXAMPLE
```

可以看到，数据库已经完全恢复。

第 15 章 数据库闪回和审计技术

15.1 数据库闪回概述

Oracle 使用了革命性的技术来形容它在 Oracle 10g 中引入的闪回技术,这一技术在某些情况下使数据库的恢复变得非常简单、快捷、可靠。这一技术的引入得益于硬件的快速发展,即持续增加的容量和持续下降的价格。闪回技术可以方便地恢复由于操作失误而造成的数据损失。

在 Oracle 10g 之前的版本中,当用户错误地删除了一个重要的表时,数据库管理员都会感到非常紧张,因为此时如果没有可用的逻辑备份就只能进行不完全恢复,这种恢复比较复杂和耗时,闪回技术基本上解决了这一难题。

闪回技术首先以闪回查询(Flashback Query)出现在 Oracle 9i 版本中,后来在 Oracle 10g 中对该技术进行了全面扩展,提供了闪回数据库、闪回删除、闪回表、闪回事务及闪回版本查询等功能,在 Oracle 11g 中继续对该技术进行了改进和增强,增加了闪回数据归档的功能。在 Oracle 11g 中,闪回技术包括以下各项:

(1)查询闪回技术。查询闪回使管理员或用户能够查询过去某些时间点的任何数据,这一功能可用于查看和重建因意外被删除或更改而丢失的数据。

(2)表闪回技术。使用该特性可以确保数据表能够被恢复到之前的某一个时间点上。

(3)删除闪回技术。类似于操作系统的垃圾回收站,可以从其中恢复被删除掉的表或索引。该功能基于撤销数据。

(4)闪回数据库技术。闪回数据库特性允许复原整个数据库到某个时间点,从而撤销自该时间以来的所有更改。闪回数据库主要利用闪回日志检索数据块的旧版本,同时它也依赖归档日志完全地恢复数据库,不用复原数据文件和执行传统的介质恢复。

(5)闪回版本查询技术。通过该功能可以看到特定的表在某个时间段内所进行的任何修改操作。

(6)闪回事务查询技术。使用该特性可以在事务级别上检查数据库的任何改变,方便了对数据库的性能优化、事务审计及错误诊断等操作。该功能基于撤销数据。

(7)闪回数据归档技术。通过该技术可以查询指定对象的任何时间点的数据,而且不需要使用回滚数据。

15.1.1 闪回配置

Oracle 闪回时,系统需工作在归档模式,并开启闪回功能。还应建立闪回恢复区,闪回恢复区是一块用来集中存储所有与数据库恢复相关文件的存储区域,它为数据库恢复提供了一个集中化的存储空间,以减少管理开销。

配置闪回恢复区是一个很简单的过程,只需要在初始化参数文件中指定恢复区的位置、大小即可。

确定数据库的归档模式已经开启,使用 SQL 语句在数据字典 v$database 中查询数据库归档模式。

```
SQL>select name,log_mode from v$database;
NAME      LOG_MODE
------    -------------
ORCL      ARCHIVELOG
```

查询结果表明:ORCL 数据库当前已工作在归档模式。否则更改数据库,使数据库工作在归档模式。

确认当前闪回模式,使用 SQL 语句在数据字典 v$database 中查询数据库当前闪回模式。

```
SQL>select flashback_on from v$database;
FLASHBACK_ON
------------------
NO
```

查询结果表明:ORCL 数据库当前已关闭闪回模式。更改数据库,使数据库开启闪回模式。

```
SQL>shutdown immediate
SQL>startup mount                          //以 mount 方式启动数据库
SQL>alter database flashback on;           //修改数据库的闪回模式
SQL>alter database open;                   //打开数据库
SQL>select flashback_on from v$database;

FLASHBACK_ON
------------------
YES
```

查询结果表明:数据库已开启闪回模式。

15.1.2 查询闪回

查询闪回使管理员或用户能够查询过去某些时间点的任何数据,这一功能可用于查看和重建因意外被删除或更改而丢失的数据。例如开发人员可以使用该特性在其应用程序中构建自动错误更正功能,使最终用户能够及时撤销和更正错误,而不需要将此任务留给管理员来执行。

查询利用的是 undo 表空间里记录的被改变前的值,因此,如果查询闪回时所需要的 undo 表空间数据由于保留时间超过了初始化参数 undo_retention 所指定的值,从而导致 undo 数据库数据被其他事务覆盖,那么将不能恢复到指定的时间。

使用 show 命令查看 undo 相关参数。

```
SQL>show parameter undo
NAME                 TYPE         VALUE
------------------   -----------  ----------
undo_management      string       AUTO
undo_retention       integer      900
undo_tablespace      string       UNDOTBS1
```

查询结果表明:系统 undo 表空间采用自动管理模式,撤销保持时间 900s(15min),undo 表空间名为 UNDOTBS1。使用 SQL 命令将撤销保持时间改为 1800s(30min),可以保证闪回 30 分钟之内的 DML 操作,适当的 undo_retention 设置可避免 undo 数据被覆盖。

```
SQL>alter system set undo_retention =1800;
系统已更改。


SQL>show parameter undo
NAME                 TYPE         VALUE
------------------   -----------  ----------
undo_management      string       AUTO
undo_retention       integer      1800
undo_tablespace      string       UNDOTBS1
```

在执行查询闪回操作时需要使用时间函数 timestamp 及 to_timestamp。其中函数 to_timestamp 的格式为 to_timestamp('时间点','格式'),'时间点'则表示某表在该时间点的数据。

例 15-1 在表空间 users 上建立表 test,插入两行数据,记录此时的时间点,删除数据,用普通查询语句将看不到数据,使用查询闪回能看到被删除的两条数据。

```
SQL>create table test(a int) tablespace users;
表已创建。
SQL>insert into test values(3);
已创建 1 行。
SQL>insert into test values(7);
已创建 1 行。
SQL>commit;
提交完成。

SQL>select * from test;
    A
---------
    3
    7
```

查询系统当前时间,删除 test 表的数据。

```
SQL>select to_char(sysdate,'yyyy-mm-dd hh24:mi:ss') from dual;
TO_CHAR(SYSDATE,'YY
-------------------
2017-03-03 12:47:08

SQL>delete from test;
已删除 2 行。
```

使用普通查询语句查询 test 表数据。

```
SQL>select * from test;
未选定行。
```

查询结果表明:看不到被删除的数据。使用查询闪回查询表在 2017-03-03 12:47:08 时间点的状态。

```
SQL>select * from test as of timestamp to_timestamp('2017-03-03 12:47:08 ','
yyyy-mm-dd hh24:mi:ss');
         A
----------
         3
         7
```

可以看到 test 表中删除前的数据,此时系统只是查询以前的一个快照点,并不改变当前表的状态。

15.1.3 表闪回

执行表闪回的用户需要有 flashback any table 的系统权限或者是该表的 flashback 对象权限;需要有被闪回表的 select、insert、delete、alter 权限;必须保证被闪回的表启动行移动(Row Movement)功能。

表闪回语法格式如下:

```
flashback table [schema.]<table_name>
to
{
[before drop [rename to table] |
[scn | timestamp] expr [enable | disable] triggers]
}
```

- schema:模式名,一般为用户名。
- timestamp:系统时间戳,包含年、月、日、时、分、秒。
- scn:系统更改号,可从数据字典中查到。
- enable:表示触发器恢复以后为 enable 状态,而默认状态为 disable 状态。
- before drop:表示恢复到删除之前。
- rename to table:表示更换表名。

例 15-2 在表空间 users 上建立 user01 的表 test,插入两行数据,记录此时的时间点,删除数据,用查询语句将看不到数据,使用表闪回恢复被删除的两条数据。

新建用户 user01,user01 的默认表空间设为 users,授予 user01 登录数据库及建表权限,对表空间 users 的使用配额是 200k。

```
SQL>create user user01 identified by a;
用户已创建。
SQL>grant create session,create table to user01;
授权成功。
SQL>alter user user01 Quota 200k on users;
用户已更改。
```

切换到用户 user01,建立 test 表,并插入两条数据。

```
SQL>conn user01/a;
已连接。
SQL>create table test(a int) tablespace users;
表已创建。
SQL>insert into test values(3);
已创建 1 行。
SQL>insert into test values(7);
已创建 1 行。
SQL>commit;
提交完成。
SQL>select * from test;
         A
----------
         3
         7
```

启动 test 表的行移动功能,Oracle 默认状态是关闭的。

```
SQL>alter table test enable row movement;
表已更改。
```

查询系统当前时间。

```
SQL>select to_char(sysdate,'yyyy-mm-dd hh24:mi:ss') from dual;

TO_CHAR(SYSDATE,'YY
-------------------
2017-03-03 20:30:55
```

在当前时间点 2017-03-03 20:30:55,表 test 存在。删除表 test 数据,利用表闪回功能恢复表 test 中的数据到以上指定时间。

```
SQL>delete from test;
已删除 2 行。
```

此时查看数据，test 表中已没有数据。

```
SQL>select * from test;
未选定行。
```

利用表闪回功能闪回到时间点 2017-03-03 20:30:55，恢复表 test 中的数据。

```
SQL>flashback table test to timestamp to_timestamp('2017-03-03 20:30:55','yyyy
-mm-dd hh24:mi:ss');
闪回完成。
SQL>select * from test;

       A
-------------
       3
       7
```

也可以将表闪回到指定的 SCN，查看当前系统的 SCN，在这个 SCN 点，表 test 存在。删除表 test 中的数据，检查数据，确认数据被删除，利用表闪回功能恢复表 test 中的数据到指定 SCN。

15.1.4 删除闪回

删除闪回为删除 Oracle 中的数据库实体提供了一个安全机制，当用户删除一个表时，Oracle 会将该表放到回收站中，回收站中的对象会一直保留，直到用户决定永久删除它们或出现表空间不足时才会被删除。回收站是一个虚拟容器，用于存储所有被删除的对象，包括表、索引、约束、触发器、大的二进制对象等。回收站中的数据存放在被删除表所在的表空间上。Oracle 并不保证所有删除的表都能闪回成功，因为当用户在某个表空间上创建一个新表时，首先使用空闲的磁盘空间，如果没有足够的磁盘空间，Oracle 将使用回收站的磁盘空间，因此在创建表空间时最好留有足够的磁盘空间，以方便日后进行恢复工作。

Oracle 回收站将用户所做的删除操作记录在一个系统表里，即将被删除的对象写到一个数据字典中，当确认不再需要被删除的对象时，可以使用 PURGE 命令对回收站空间进行清除。为了避免被删除表与同类对象名称重复，被删除的表或其他对象放入回收站以后，Oracle 系统对被删除的对象名作了转换，其名称转换格式如下：

```
BIN$globaiUID$version
```

- globaiUID：全局唯一的、24 个字母长的标识对象。它是 Oracle 内部使用的标识，对用户来说没有任何实际意义，该标识与对象未删除前的名称没有关系。
- $version：Oracle 数据库分配的版本号。

如果要对删除过的表进行恢复操作，则可以使用下面格式的语句：

```
flashback table table_name to before drop;
```

例 15-3 用户 user01 在表空间 users 上建立表 test，插入两行数据，删除表，用查询语句将显示表不存在，使用删除闪回将恢复被删除的表 test。

```
SQL>conn user01/a;
```
已连接。
```
SQL>create table test(a int) tablespace users;
```
表已创建。
```
SQL>insert into test values(3);
```
已创建 1 行。
```
SQL>insert into test values(7);
```
已创建 1 行。
```
SQL>commit;
```
提交完成。

用查询语句查看当前用户所有的表或视图信息。

```
SQL>select * from tab;
TNAME            TABTYPE     CLUSTERID
---------------- ----------- -------------

SYS_TEMP_FBT                 TABLE
TEST                         TABLE
```

删除表 test，使用 show 命令显示回收站信息。

```
SQL>drop table test;
```
表已删除。
```
SQL>show recyclebin;
ORIGINAL NAME   RECYCLEBIN NAME                       OBJECT TYPE     DROP TIME
--------------- ------------------------------------- --------------- -------------------
TEST            BIN$pTBJEn03Rse5bB0BdMu65w==$0        TABLE           2017-03-04:09:54:49
```

回收站中以 BIN 开头的表就是被删除的表。再用查询语句查看当前用户所有的表或视图信息。

```
SQL>select * from tab;
TNAME                                  TABTYPE    CLUSTERID
-------------------------------------- ---------- ----------
BIN$pTBJEn03Rse5bB0BdMu65w==$0         TABLE
SYS_TEMP_FBT                           TABLE
```

查询结果表明：test 表已经不见了，多了一个以 BIN 开头的删除到回收站中的 test 表。此时查询数据字典 user_recyclebin，可以看到被删除表的相关信息。

```
SQL>select object_name,ts_name,space from user_recyclebin;
OBJECT_NAME                            TS_NAME        SPACE
-------------------------------------- -------------- ----------
BIN$pTBJEn03Rse5bB0BdMu65w==$0         USERS          8
```

查询结果表明：被删除的 test 表被放在用户 user01 的默认表空间 USERS 上，占用 8 个数据块。使用 SQL 语句测试被删除的 test 表。

```
SQL>select * from test;
```

```
select * from test
          *
第 1 行出现错误：
ORA-00942：表或视图不存在
```

显示结果表明：test 表已经被删除，如果此时发现删除这个表是错误的，则可以使用删除闪回恢复。

```
SQL>flashback table test to before drop;
闪回完成。
```

再使用 show 命令显示回收站中的内容，发现回收站已经被清空了。

```
SQL>show recyclebin;
SQL>
```

再用查询语句查看当前用户所有的表或视图信息。

```
SQL>select * from tab;
TNAME              TABTYPE    CLUSTERID
---------------    ----------  -------------
SYS_TEMP_FBT                  TABLE
TEST                          TABLE
```

查询结果表明：test 表被成功恢复，可以使用查询命令测试一下表中的数据。

```
SQL>select * from test;
     A
-----------
     3
     7
```

真正删除某一个表，而不进入回收站，可以在删除表时增加 purge 选项，使用 purge 选项后将不能使用删除闪回恢复数据表。如将 test 表彻底删除，使用 purge 选项后查询回收站信息，将没有数据行。也可以使用 purge recyclebin 命令清空回收站。

```
SQL>drop table test purge;
表已删除。

SQL>show recyclebin;
SQL>
SQL>purge recyclebin;
回收站已清空。
```

15.1.5　数据库闪回

数据库闪回是当数据库出现逻辑错误时，能够将整个数据库回退到出错前的某个时间点上。闪回数据库的日志文件不是由传统的日志写进程（Log Writer，LGWR）写入，而是由恢复写进程（Recovery Writer，RVWR）写入，闪回日志文件由 RVWR 进程在恢复区中自动创建和维护。

实现闪回数据库的基础是闪回日志,配置了闪回数据库,系统就会自动创建闪回日志。此时如果数据库中的数据发生变化,Oracle 就会将数据被修改前的旧值保存在闪回日志里,当需要闪回数据库时,Oracle 就会读取闪回日志里的记录并应用到数据库上,从而将数据库回退到历史的某个时间点。

闪回恢复区主要通过三个初始化参数来设置和管理。

- db_recovery_file_dest:指定闪回恢复区的位置。
- db_recovery_file_dest_size:指定闪回恢复区的可用空间大小。
- db_flashback_retention_target:指定数据库可以回退的时间,单位为分钟,默认为 1440min。当然,实际上可回退的时间还决定于闪回恢复区的大小,因为里面保存了回退所需要的 flash log。所以这个参数要和 db_recovery_file_dest_size 配合设置。

使用 show 命令显示 db_recovery_file_dest 信息。

```
SQL>show parameter db_recovery_file_dest
NAME                                 TYPE              VALUE
------------------------------------ ----------------- --------------------------------
db_recovery_file_dest                string            D:\app\ES\flash_recovery_area
db_recovery_file_dest_size           big integer       3912M
```

查询结果显示:闪回恢复区的位置是 D:\app\ES\flash_recovery_area,闪回恢复区的可用空间为 3912MB。可以使用 SQL 命令修改 db_recovery_file_dest 和 db_recovery_file_dest_size 参数,如将 db_recovery_file_dest_size 修改成 1G。

```
SQL>alter system set db_recovery_file_dest_size=1g;
系统已更改。
```

使用 show 命令显示 db_recovery_file_dest 信息,发现 db_recovery_file_dest_size 已被成功设置成 1G。

```
SQL>show parameter db_recovery_file_dest

NAME                                 TYPE              VALUE
------------------------------------ ----------------- --------------------------------
db_recovery_file_dest                string            D:\app\ES\flash_recovery_area
db_recovery_file_dest_size           big integer       1G
```

使用 show 命令显示 db_flashback_retention_target 信息,db_flashback_retention_target 参数用来控制 flashback log 数据保留的时间,默认值是 1440,单位是 minute,即 24h。

```
SQL>show parameter db_flashback_retention_target;
NAME                                 TYPE              VALUE
------------------------------------ ----------------- --------
db_flashback_retention_target        integer           1440
```

显示结果表明:当前回退时间是 1400min,可以使用 SQL 命令修改 db_flashback_retention_target 的值,如改成 2880min。

```
SQL>alter system set db_flashback_retention_target =2880;
```
系统已更改。

闪回数据库的语法格式如下:
```
flashback [standby] database <database_name>
to
{[scn | timestamp] |
[before [scn | timestamp]
}
```

- standby:指定恢复备用的数据库到某个 SCN 或某个时间点上。
- scn | timestamp:系统改变号或系统时间戳。
- before [scn | timestamp]:恢复到之前的系统改变号或系统时间戳。

例 15-4 以 SYS 登录数据库,建立表 test,插入两行数据,记录系统时间或 SCN 值,删除表,使用数据库闪回恢复数据库数据。

```
SQL>conn / as sysdba;
已连接。
SQL>create table test(a int) tablespace users;
表已创建。
SQL>insert into test values(3);
已创建 1 行。
SQL>insert into test values(7);
已创建 1 行。
SQL>commit;
提交完成。
```

使用数据字典获取当前时间点或 SCN 值。

```
SQL>select dbms_flashback.get_system_change_number from dual;
GET_SYSTEM_CHANGE_NUMBER
--------------------------
        1317025
SQL>select to_char(systimestamp,'yyyy-mm-dd HH24:MI:SS') as sysdt from dual;
SYSDT
--------------------------
2017-03-04 15:06:17
```

在当前时间点 2017-03-04 15:06:17 或 SCN 值 1317025,表 test 存在。删除表 test 数据,利用数据库闪回功能将恢复表 test 中的数据到指定时间或 SCN。

```
SQL>drop table test;
表已删除。
```

执行数据库闪回指令 flashback database 需要关闭数据库并重启到 mount 状态,数据库闪回实际上是对数据库的不完全恢复操作。

```
SQL>shutdown immediate;
```

数据库已经关闭。
已经卸载数据库。
Oracle 例程已经关闭。
SQL>startup mount;
Oracle 例程已经启动。

```
Total System Global Area   1720328192 bytes
Fixed Size                    2176448 bytes
Variable Size              1040190016 bytes
Database Buffers            671088640 bytes
Redo Buffers                  6873088 bytes
```
数据库装载完毕。

利用数据库闪回指令 flashback database 将数据库恢复到指定 SCN 值 1317025。

SQL>flashback database to scn 1317025;
闪回完成。

不完全恢复，需使用 alter database open resetlogs 打开数据库，指定 SCN 或者 timestamp 时间点之后产生的数据将丢失。

SQL>alter database open resetlogs;
数据库已更改。

可以使用查询命令测试 test 表中的数据。

```
SQL>select * from test;
        A
-----------------
        3
        7
```

查询结果显示：数据库中 test 表的数据被成功恢复。不完全恢复之后都必须用 resetlogs 的方式打开数据库，建议马上再做一次全备份，因为 resetlogs 之后很难再用以前的备份恢复数据。

15.1.6 闪回版本查询

除了前面讲解的 4 种常用闪回技术之外，还有闪回版本查询（flashback version query）、闪回事务查询（flashback transaction query）、闪回数据归档（flashback data archive）等技术。下面对这些闪回技术进行介绍。

使用 flashback version query 返回在指定时间间隔或 SCN 间隔内的所有版本，一次 commit 命令就会创建一个版本。

语法如下：

select …from tablename versions {between {scn | timestamp} start and end}

start 和 end 是代表开始和结束的表达式，表示被查询的时间区间。start、end 的时间点可以是时间表达式，也可以是 SCN 值。

闪回版本查询返回一个表，包含数据行在指定时间区间中的所有改动版本。在表中的每行都包含关于行版本的元数据伪列，这些信息可以显示数据库何时及如何发生特定的改变。flashback version query 伪列说明如下：

- versions_start{scn|time}：版本开始的 scn 或时间戳。
- versions_end{scn|time}：版本结束的 scn 或时间戳。如果有值，表明此行后面被更改过，是旧版本。如果为 null，则说明行版本是当前版本或行被删除（即 versions_operation 值为 D）。
- versions_xid：创建行版本的事务 ID。
- versions_operation：在行上执行的操作(I=插入，D=删除，U=更新)。

例 15-5 切换到用户 user01，建立 emp 表，插入第一条数据，empno 值为 0001，执行一次 commit，再插入第二条数据，empno 值为 0003，再修改第一条数据。对于 emp 表中数据改变，执行一次 commit 将产生一个新的版本。

```
SQL>conn user01/a
已连接。
SQL>create table emp
  2  (empno char(10) not null,
  3   ename  char(20) not  null,
  4   sal   smallint,
  5   comm smallint,
  6   job   char(20),
  7   hiredate date,
  8   deptno number(14)
  9  );
表已创建。
```

查询系统当前时间作为指定时间间隔的起点。

```
SQL>select to_char(sysdate,'YYYY-MM-DD HH24:MI:SS') from dual;
TO_CHAR(SYSDATE,'YY
-------------------
2017-03-05 15:16:24
SQL>insert into emp values ('0001','张蓓',1800,500,'经理',sysdate,'10');
已创建 1 行。
SQL>commit;
提交完成。
SQL>insert into emp values ('0003','黄欣懿',2800,500,'职员',sysdate,'20');
已创建 1 行。
SQL>commit;
提交完成。
SQL>update emp set sal=5888 where empno=0001;
已更新 1 行。
SQL>commit;
```

提交完成。

查询系统当前时间作为指定时间间隔的终点。

```
SQL>select to_char(sysdate,'YYYY-MM-DD HH24:MI:SS') from dual;
TO_CHAR(SYSDATE,'YY
-------------------------------
2017-03-05 15:21:35
```

此时用查询命令查询 emp 表中的数据。

```
SQL>select * from emp;
EMPNO      ENAME      SAL    COMM    JOB      HIREDATE       DEPTNO
---------  -------   ------  ------  ------   -------------  --------
0001       张蓓      5888    500     经理     05-3月-17      10
0003       黄欣懿    2800    500     职员     05-3月-17      20
```

使用 flashback version query 查询 emp 表的数据改变信息。为了输出显示更加清晰，用 SQL＊Plus 命令格式化屏幕输出。

```
SQL>col versions_startscn for a30
SQL>col versions_starttime for a30
SQL>col versions_endscn for a20
SQL>col versions_endtime for a30
SQL>col versions_xid for a20
SQL>col versions_operation for a20

SQL> select versions_starttime, versions_endtime, versions_xid, versions_
operation,empno from emp versions between timestamp to_timestamp('2017-03-05
15:16:24','YYYY-MM-DD HH24:MI:SS') and to_timestamp('2017-03-05 15:21:35','
YYYY-MM-DD HH24:MI:SS');

VERSIONS_STARTTIME        VERSIONS_ENDTIME          VERSIONS_XID       VERSIONS_OPERATION EMPNO
------------------------  ------------------------  -----------------  ------------------ -----
05-3月-17 03.19.23 下午                             050021003F040000   U                  0001
05-3月-17 03.16.47 下午                             05000E0040040000   I                  0003
05-3月-17 03.16.32 下午   05-3月-17 03.19.23 下午   0A001C002F030000   I                  0001
```

查询结果表明：一次 commit 是一个版本，当前版本的 versions_endscn 或 versions_endtime 值为空，旧版本则有值。此例中对 empno 为 0001 的记录进行了一次更新，产生旧版本，versions_endtime 的值为"05-3月-17 03.19.23 下午"。emp 表的数据变化为插入两行记录，修改一行记录。

15.1.7 闪回事务查询

flashback version query 虽然可以审计一段时间内表的所有改变，但也仅仅是能发现问题，对于错误的事务没有解决办法。flashback transaction query 则可以从 flashback_transaction_query 视图中获得事务的历史信息及 Undo_sql 列值，据此可以回滚一个已经提交的事务。

Oracle 的 flashback transaction query 确保在一个事务级别上检查数据库的任何改变，可以利用此功能进行诊断问题、性能分析和审计事务。它其实是 flashback version query 查询的一个扩充。

flashback_transaction_query 列说明如表 15-1 所示。

表 15-1　flashback_transaction_query 列说明

XID	事务 ID
start_scn	事务起始 SCN，即第一个 DML 的 SCN
start_timestamp	事务起始时间戳，即第一个 DML 的时间戳
commit_scn	提交事务时的 SCN
commit_timestamp	提交事务时的时间戳
logon_user	本次事务的用户
undo_change#	撤销 SCN
operation	执行的 DML 操作
table_name	DML 更改的表
table_owner	表的所有者
row_id	修改行的 ROWID
undo_sql	撤销 DML 的 SQL 语句

例 15-6　撤销例 15-5 中第二条插入数据的操作，此时如果用表闪回，则对第一条的修改操作也将被撤销。从例 15-5 中可得到插入第二条数据的 versions_xid 为 05000E0040040000，使用 flashback_transaction_query 查询 versions_xid 的回滚 SQL 语句。

为了输出显示更加清晰，用 SQL * Plus 命令格式化屏幕输出。切换到 SYS 用户才能查看 flashback_transaction_query 数据字典。

```
SQL>conn / as sysdba
已连接。
SQL>col logon_user for a20
SQL>col operation for a20
SQL>col table_name for a20
SQL>col logon_user for a20
SQL>col undo_sql for a50
SQL> select logon_user, operation, table_name, undo_sql from flashback_
transaction_query where xid=hextoraw('05000E0040040000');

LOGON_USER  OPERATION  TABLE_NAME          UNDO_SQL
----------- ---------- ------------------  --------------------------------------
USER01      INSERT     EMP                 delete from "USER01"."EMP" where
                                           ROWID ='AAASRPAAEAAAAIXAAD'
```

查询结果表明：撤销插入第二条数据的 SQL 语句为 delete from "USER01"."EMP" where rowid = 'AAASRPAAEAAAAIXAAD'，执行此语句完成数据恢复。

```
SQL>delete from "USER01"."EMP" where ROWID ='AAASRPAAEAAAAIXAAD';
```
已删除 1 行。

此时 emp 表只有第一条数据了。
```
SQL>select * from user01.emp;
    EMPNO  ENAME    SAL    COMM   JOB    HIREDATE      DEPTNO
   -------  -------  ------ ------- ------ ------------- --------
     0001   张蓓    5888    500    经理   05-3月 -17      10
```

15.1.8 闪回数据归档

Oracle11g 为闪回家族带来一个新的成员——闪回数据归档技术。由于撤销（UNDO）表空间里面的数据是循环复写的，当时间超过参数 undo_retention 的设置时，可能会因为找不到回滚的数据而报错，因此 Oracle 11g 里面引入了闪回数据归档技术，用于存储数据的所有改变，时间由用户设定，消耗更多的磁盘空间换取更长时间的回滚数据。该技术与上面所说的诸多闪回技术在实现机制上是不同的，它通过将变化的数据存储到创建的闪回归档区中，从而与撤销表空间区别开来，这样就可以通过为闪回归档区单独设置存储策略，闪回到指定时间前的旧数据，而不影响撤销表空间的策略。并且可以根据需要确定哪些数据库对象需要保存历史变化数据，而不是将数据库中所有对象的变化数据都保存下来，减少空间消耗。

闪回数据归档是一种历史数据存储。Oracle 11g 通过新的闪回数据归档后台进程自动归档设置了闪回数据归档的表的数据。使用此功能可满足超过 undo_retention 保留期的保留要求。

闪回数据归档由一个或多个表空间组成，可以设置多个闪回数据归档。每个闪回数据归档都具有特定的保留持续时间，可根据保留持续时间的要求创建不同的闪回数据归档。例如，为必须保留一年的所有记录创建一个闪回数据归档，为必须保留两年的所有记录创建另一个闪回数据归档等。

闪回数据归档技术与闪回数据库的比较如下：

（1）使用闪回数据归档可以访问任意时间点的数据，而不会实际更改当前数据。这与闪回数据库相反，闪回数据库会使数据库实际返回到某个时间点。

（2）使用闪回数据归档必须启用跟踪才能访问历史记录，而闪回数据库需要预配置。闪回数据库属于脱机操作，闪回数据归档属于联机操作。由于使用了新的后台进程，所以它对现有的进程几乎没有影响。

（3）闪回数据归档在表级别启用，而闪回数据库只能在数据库级别运行。

（4）使用闪回数据归档可以返回到一个表的不同行或多个不同表的多个不同时间点，而使用闪回数据库则只能返回到特定调用的一个时间点。

创建并使用闪回数据归档的基本步骤：

例 15-7 创建名为 fla1 的闪回数据归档，这最多占用 10GB 的 tbs1 表空间，其中的数据会保留五年。

```
SQL>create flashback archive fla1tablespace tbs1 quota 10g retention 5 year;
```

对表 inventory 启用闪回数据归档。

```
SQL>alter table inventory flashback archive fla1;
```

使用查询显示所访问的历史记录数据。

```
SQL>select * from inventory as of timestamp to_timestamp('2017-01-01 00:00:00',
'YYYY-MM-DDHH24:MI:SS');
```

可以使用查询结果恢复数据。

```
SQL>insert into inventory select * from inventory as of timestampto_timestamp
('2017-01-01 00:00:00','YYYY-MM-DD HH24:MI:SS') where name ='JOE';
```

如果发现错误删除了 JOE 的雇员记录,但该记录在 2017-01-01 00:00:00 时仍然存在,可以重新将其插入数据表。

15.2 数据库审计

在 Oracle 中,系统通过安全措施防止非法用户对数据库进行存储,保证数据库安全运行。数据库审计(Database Audit)就是其中措施之一。本节介绍 Oracle 数据库审计的概念、审计分类、审计设置及相关数据字典。

15.2.1 审计概述

审计就是对指定用户在数据库中的操作情况进行监控和记录的一种数据库功能。审计在启动后可以审查用户的相关活动。例如,数据被非授权用户删除、用户越权操作、用户获得不应有的系统权限等。

审计用于监视用户所执行的数据库操作,审计结果存放在数据字典表中,称为审计记录。这些记录通常存储在 SYSTEM 表空间中的 SYS.AUD$ 表中,可通过视图 dba_audit_trail 查看,或存储在操作系统的审计文件中,默认位置为 $oracle_base/admin/$oracle_sid/adump/。

默认情况下审计是不开启的。当数据库的审计开启时,在执行语句阶段将产生审计记录。审计记录包含设定的审计操作、操作的日期和时间等信息。

15.2.2 审计的分类

Oracle 审计可分为"标准审计"和"细粒度审计",后者也称为"基于政策的审计",在 Oracle 10g 之后审计功能得到很大增强,其中标准审计可分为用户级审计和系统级审计。用户级审计是任何 Oracle 用户都可设置的审计,主要是用户针对自己创建的数据库表或视图进行审计,记录所有用户对这些表或视图的一切成功或不成功的访问,以及各种类型的 SQL 操作。系统级审计只能由 DBA 设置,用以监测成功或失败的登录要求、监测授权(GRANT)和收回权限(REVOKE)操作,以及其他数据库级权限下的操作。

Oracle 分别支持以下三种标准审计类型:
- 语句审计:对某种类型的 SQL 语句审计,不指定结构或对象。
- 权限审计:对执行系统权限的操作审计。

- 对象审计:对模式对象上的指定语句审计。

这三种标准审计类型分别对以下三方面进行审计:

(1) 审计语句的成功执行、不成功执行,或两者都审计。

(2) 按照用户会话方式审计,被审计的操作如果相同,只审计一次或者按存取方式审计,每执行一次被审计的操作,审计一次。

(3) 对全部用户或指定用户进行审计。

15.2.3 审计的设置

通过数据库初始化参数文件中的 AUDIT_TRAIL 参数进行设定,启用或禁用数据库审计。AUDIT_TRAIL 的取值如下:

- DB/TRUE:启动审计功能,并且把审计结果存放在数据字典 SYS.AUD$表中。
- OS:启动审计功能,并把审计结果存放在操作系统的审计信息中,可以用 AUDIT_FILE_DEST 初始化参数来指定审计文件存储的目录。
- DB_EXTENDED:具有 DB/TRUE 的功能,另外填写 AUD$ 的 SQLBIND 和 SQLTEXT 字段。
- NONE/FALSE:关闭审计功能,系统默认值。
- XML:Oracle10g 新增,将 AUDIT TRAIL 以 XML 格式记录在操作系统文件中。
- XML,EXTENDED:Oracle 10g 新增,启用数据库审计和打印所有列的审计跟踪。

参数 AUDIT_TRAIL 不是动态的,为了使 AUDIT_TRAIL 参数中的改动生效,需关闭数据库并重新启动。查看审计参数:

```
SQL>show parameter audit
NAME                                 TYPE        VALUE
------------------------------------ ----------- ------------------------------
audit_file_dest                      string      D:\APP\ES\ADMIN\ORCL\ADUMP
audit_sys_operations                 boolean     FALSE
audit_trail                          string      DB
```

audit_sys_operations 默认为 false。当设置为 true 时,所有 SYS 用户(包括以 SYSDBA、SYSOPER 身份登录的用户)的操作都会被记录。

查询结果表明:ORCL 当前已开启审计功能。如果是关闭的,需激活审计功能,将 AUDIT_TRAIL = DB 写入 ORCL 的参数文件 init.ora,重启数据库后生效。

```
SQL>startup pfile=D:\app\ES\admin\orcl\pfile\init.ora force;
```

以上操作也可以通过 alter 命令修改,语句如下:

```
SQL>alter system set audit_trail=db,extended scope=spfile;
系统已更改。

SQL>startup force;
Oracle 例程已经启动。

Total System Global Area  1720328192 bytes
```

```
Fixed Size                  2176448 bytes
Variable Size               1207962176 bytes
Database Buffers            503316480 bytes
Redo Buffers                6873088 bytes
```
数据库装载完毕。
数据库已经打开。
```
SQL>show parameter audit
NAME                                 TYPE        VALUE
------------------------------------ ----------- ------------------------------
audit_file_dest                      string      D:\APP\ES\ADMIN\ORCL\ADUMP
audit_sys_operations                 boolean     FALSE
audit_trail                          string      DB, EXTENDED
```

15.2.4 语句审计

当开启审计功能后,可在 Statement(语句)、Privilege(权限)和 Object(对象)三个级别对数据库进行审计。

对预先指定的某些 SQL 语句进行审计。这里从 SQL 语句的角度出发,审计只关心执行的语句。例如 audit table 命令,表明对 create table、drop table 语句的执行进行记录,不管这语句是否针对某个对象的操作。

设置语法如下:

```
audit sql 语句
by 用户名
by session/access
whenever (not) successful;
```

- by access:每一个被审计的操作都会生成一条 audit trail。
- by session:一个会话里面同类型的操作只会生成一条 audit trail,默认为 by session。
- whenever successful:对成功的数据库操作审计。
- whenever not successful:对不成功的数据库操作审计。如果省略该子句,则不管操作成功与否都会审计。

对于大多数类别的审计方法,如果确实希望审计所有类型的表访问或某个用户的任何权限,则可以指定 all 而不是单个的语句类型或对象。表 15-2 列出了可以审计的语句类型,在每个类别中给出了简要描述。如果指定 all,则审计该列表中的任何语句。

表 15-2 all 类别中的语句选项

语句选项	SQL 操作
alter system	所有 alter system 选项,例如动态改变实例参数,切换到下一个日志文件组,以及终止用户会话
cluster	create、alter、drop 或 truncate 集群
context	create context 或 drop context

续表

语句选项	SQL 操作
database link	create 或 drop 数据库链接
dimension	create、alter 或 drop 维数
directory	create 或 drop 目录
index	create、alter 或 drop 索引
materialized view	create、alter 或 drop 视图
not exists	由于不存在的引用对象而造成的 sql 语句的失败
procedure	create 或 drop function、library、package、package body 或 procedure
profile	create、alter 或 drop 配置文件
public database link	create 或 drop 公有数据库链接
public synonym	create 或 drop 公有同义词
role	create、alter、drop 或 set 角色
rollback segment	create、alter 或 drop 回滚段
sequence	create 或 drop 序列
session	登录和退出
synonym	create 或 drop 同义词
system audit	系统权限的 audit 或 noaudit
system grant	grant 或 revoke 系统权限和角色
table	create、drop 或 truncate 表
tablespace	create、alter 或 drop 表空间
trigger	create、alter(启用/禁用)、drop 触发器；具有 enable all riggers 或 disable all triggers 的 alter table
type	create、alter 和 drop 类型以及类型主体
user	create、alter 或 drop 用户
view	create 或 drop 视图

有的审计语句类型在启用审计时不属于 all 类别，必须在 audit 命令中显式地指定它们，这些语句如表 15-3 所示。

表 15-3　显式指定审计的语句类型

语句选项	SQL 操作
alter sequence	任何 alter sequence 命令
alter table	任何 alter table 命令
comment table	添加注释到表、视图、物化视图或它们中的任何列
delete table	删除表或视图中的行

续表

语句选项	SQL 操作
execute procedure	执行程序包中的过程、函数或任何变量或游标
grant directory	grant 或 revoke directory 对象上的权限
grant procedure	grant 或 revoke 过程、函数或程序包上的权限
grant sequence	grant 或 revoke 序列上的权限
grant table	grant 或 revoke 表、视图或物化视图上的权限
grant type	grant 或 revoke type 上的权限
insert table	insert into 表或视图
lock table	表或视图上的 lock table 命令
select sequence	引用序列的 currval 或 nextval 的任何命令
select table	select from 表、视图或物化视图
update table	在表或视图上执行 update

例 15-8 对用户 user01 建表、索引的操作进行审计。无论成功与否,每操作一次,记录一次。新建用户 user01,并授予建表、索引的权限。

```
sql>create user user01
  2    identified by a
  3    default tablespace users
  4    temporary tablespace temp
  5    quota 500k on users;
```

用户已创建。
```
SQL>grant create session,create table to user01;
```
授权成功。
```
SQL>audit table,index by user01 by access;
```
审计已成功。

查看数据字典 dba_stmt_audit_opts,该字典存放 statement 语句级别的审计设置,可查到审计设置情况。为了输出显示更加清晰,用 SQL * Plus 命令格式化屏幕输出。

```
SQL>col audit_option1 for a10
SQL>col user_name for a10
SQL>select user_name,audit_option,success,failure from dba_stmt_audit_opts
where user_name='USER01';
USER_NAME   AUDIT_OPTION        SUCCESS       FAILURE
----------  ------------------  ------------  ------------
USER01      TABLE               BY ACCESS     BY ACCESS
USER01      INDEX               BY ACCESS     BY ACCESS
```

结果表明:用户 user01 已经成功设置语句级别审计,对 user01 建表、索引的操作审计,无论成功与否,每操作一次,记录一次。下面对 user01 的操作进行审计,切换到用户 user01,建立 course 表。

```
SQL>conn user01/a
```

已连接。
```
SQL>create table course
  2    (cno    char(4) primary key,
  3     cname  char(20) unique,
  4     cpno   char(4),
  5     ccredit smallint);
```

表已创建。

用户 user01 为 course 表建立索引,按先行课程号 cpno 升序建立唯一索引。

```
SQL>create unique index coucno on course(cpno);
```
索引已创建。

切换到 SYS 用户,在数据字典 dba_audit_object 中查看审计结果。数据字典 dba_audit_object 存放系统中所有对象的审计跟踪记录。为了输出显示更加清晰,用 SQL * Plus 命令格式化屏幕输出。

```
SQL>col username for a10
SQL>col timestamp for a10
SQL>col obj_name for a8
SQL>col owner for a6
SQL>col action_name for a15
SQL>select username, to_char(timestamp,'yyyy-mm-dd hh24:mi:ss'),owner,action_
name,obj_name from dba_audit_object where username='USER01';
USERNAME   TO_CHAR(TIMESTAMP,'      OWNER    ACTION_NAME       OBJ_NAME
---------  ----------------------   ------   ---------------   ---------------
USER01     2017-03-06 14:46:00      USER01   CREATE INDEX      SYS_C0011272
USER01     2017-03-06 14:46:00      USER01   CREATE INDEX      SYS_C0011273
USER01     2017-03-06 14:46:00      USER01   CREATE TABLE      COURSE
USER01     2017-03-06 14:46:41      USER01   CREATE INDEX      COUCNO
```

结果表明:用户 user01 的建表和建索引的操作都被记录到数据字典 dba_audit_object 中。

其中 SYS_C0011272 和 SYS_C0011273 是建立 COURSE 表时系统为 primary key 和 unique 约束自动建立的索引。通过下面的查询命令可以查看该信息。

```
SQL>conn user01/a
```
已连接。
```
SQL>select constraint_name, constraint_type from user_constraints where table_
name='COURSE';
CONSTRAINT_NAME       C
------------------    ------
SYS_C0011272          P
SYS_C0011273          U
```

撤销审计设置,可使用命令 noaudit,如将已设置的用户 user01 的语句级审计功能撤销。

```
SQL>noaudit table by user01;
审计未成功。
SQL>noaudit index by user01;
审计未成功。
```

如果此时查询数据库字典 dba_stmt_audit_opts，将没有语句审计设置的记录。

```
SQL>select user_name,audit_option,success,failure from dba_stmt_audit_opts;
未选定行。
```

15.2.5 权限审计

对涉及某些权限的操作进行审计。有时候"语句审计"和"权限审计"是相互重复的，这里强调"涉及权限"。例如 audit create table;命令，表明对涉及 create table 权限的操作进行审计。所以在这种命令的情况下，既产生一个权限审计，又产生一个语句审计。

设置语法如下：

```
audit sql 权限名称
by 用户名
by session/access
whenever (not) successful;
```

例 15-9 对用户 usr01 插入表的权限操作进行审计。只审计成功的操作，每操作一次，记录一次。

```
SQL>audit insert any table by user01 by access whenever successful;
审计已成功。
```

查看数据字典 dba_priv_audit_opts，该字典存放 privilege 级别的审计设置，可查到审计设置情况。

```
SQL>select user_name,privilege,success,failure from dba_priv_audit_opts where
user_name='USER01';
USER_NAME   PRIVILEGE              SUCCESS       FAILURE
----------  --------------------   ------------  ----------
USER01      INSERT ANY TABLE       BY ACCESS     NOT SET
```

结果表明：用户 user01 已经成功设置权限审计，并且只审计成功的操作。下面对 user01 插入表的权限操作进行审计。切换到用户 user01，对表 coures 插入数据。

```
SQL>conn user01/a
已连接。
SQL>insert into course values ('01','数据库','01',4);
已创建 1 行。
SQL>insert into course values ('02','操作系统','03',3);
已创建 1 行。
SQL>commit;
```

提交完成。

切换到 SYS 用户,在数据字典 dba_priv_audit_opts 中查看审计结果。

```
SQL>conn / as sysdba
```
已连接。

```
SQL>select username, to_char(timestamp,'yyyy-mm-dd hh24:mi:ss'),owner,action_
name,obj_name from dba_audit_object where username='USER01';
USERNAME   TO_CHAR(TIMESTAMP,'       OWNER    ACTION_NAME      OBJ_NAME
---------  -----------------------   -------  ---------------  ---------------
USER01     2016-03-31 10:43:36       USER01   CREATE TABLE     COURSE
USER01     2016-03-31 10:46:45       USER01   CREATE INDEX     CPNO
USER01     2016-03-31 12:01:28       USER01   INSERT           COURSE
```

结果表明:用户 user01 对表 course 插入数据的操作已被记录到数据字典中。

如果撤销审计设置,使用命令 noaudit,如将已设置的用户 user01 的权限级审计功能撤销。

```
SQL>noaudit insert any table by user01 whenever successful;
```
审计未成功。

如果此时查询数据库字典 dba_priv_audit_opts,将没有设置插入表权限审计的记录。

```
SQL>select user_name,audit_option,success,failure from dba_priv_audit_opts;
```
未选定行。

15.2.6 对象审计

对象审计(ObjectAuditing)用于监视所有用户对某一指定用户的数据对象的存取情况。对象审计是不区分具体用户的,数据库管理员关心的重点是哪些用户操作了某一指定用户的数据对象。对象审计的语法如下:

```
audit 实体选项 on schema
by 用户名
by session/access
whenever (not) successful;
```

实体选项指定访问的类型以及访问的对象。可以审计特定对象上 14 种不同的操作类型,如表 15-4 所示。

表 15-4 实体审计对象上可以审计的操作类型

对象选项	说　　明
alter	改变表、序列或物化视图
audit	审计任何对象上的命令
comment	添加注释到表、视图或物化视图
delete	从表、视图或物化视图中删除行
execute	执行过程、函数或程序包
flashback	执行表或视图上的闪回操作

续表

对象选项	说明
grant	授予任何类型对象上的权限
index	创建表或物化视图上的索引
insert	将行插入表、视图或物化视图中
lock	锁定表、视图或物化视图
read	对 directory 对象的内容执行读操作
rename	重命名表、视图或过程
select	从表、视图、序列或物化视图中选择行
update	更新表、视图或物化视图

例 15-10 对用户 usr01 的 course 表插入、删除操作进行审计，审计所有用户，审计成功的操作，每操作一次，记录一次。

```
SQL>audit insert,delete on user01.course by access whenever successful;
审计已成功。
```

查看数据字典 dba_obj_audit_opts,该字典存放 object 级别的审计设置，可查到审计设置情况。为了输出显示更加清晰，用 SQL * Plus 命令格式化屏幕输出。

```
SQL>col owner for a10
SQL>col object_name for a10
SQL>col object_type for a10

SQL>select owner,object_name, object_type,del,ins,sel,upd from dba_obj_audit_
opts where owner='USER01';

OWNER     OBJECT_NAM   OBJECT_TYP      DEL     INS     SEL    UPD
--------  -----------  -------------   -----   -----   ----   -------
USER01    COURSE       TABLE           A/-     A/-     -/-    -/-
```

结果表明：用户 user01 的 course 表已经成功设置对象审计，对删除、插入操作进行了审计，对查询、更新操作没有进行审计。

- "—"表示没有设置该选项的审计。
- S 表示使用 by session 选项进行审计。
- A 表示使用 by access 选项进行审计。
- "/"表示使用过 whenever（not）successful 选项值。

下面对 user01 插入表的操作进行审计。切换到用户 user01,对表 coures 插入数据。

```
SQL>conn user01/a
已连接。
SQL>insert into course values ('03','数字电路','05',2);
已创建 1 行。
SQL>delete from user01.course where cno=01;
已删除 1 行。
```

```
SQL>select * from user01.course;
CNO    CNAME         CPNO     CCREDIT
----   ------------  -------  ----------
03     数字电路       05       2
02     操作系统       03       3
```

切换到 SYS 用户，在数据字典 dba_audit_opts 中查看审计结果。为了输出显示更加清晰，用 SQL * Plus 命令格式化屏幕输出。

```
SQL>col username for a10
SQL>col timestamp for a10
SQL>col action_name for a15
SQL>col obj_name for a15
SQL>select username,to_char(timestamp,'yyyy-mm-dd hh24:mi:ss'),owner,action_
  name,obj_name from dba_audit_object where owner='USER01';

USERNAME   TO_CHAR(TIMESTAMP,'    OWNER    ACTION_NAME       OBJ_NAME
---------  --------------------  --------  ----------------  ---------------
USER01     2017-03-06 14:46:00   USER01    CREATE INDEX      SYS_C0011272
USER01     2017-03-06 14:46:00   USER01    CREATE INDEX      SYS_C0011273
USER01     2017-03-06 14:46:41   USER01    CREATE INDEX      COUCNO
USER01     2017-03-17 15:25:10   USER01    DELETE            COURSE
USER01     2017-03-17 15:24:23   USER01    INSERT            COURSE
USER01     2017-03-06 14:46:00   USER01    CREATE TABLE      COURSE
已选择 6 行。
```

结果表明：用户 user01 对表 course 插入、删除数据的操作已被记录到数据字典中。

撤销审计设置，可使用命令 noaudit，如将已设置的对用户 user01 的表 course 插入、删除操作进行审计的对象审计功能撤销。

```
SQL>noaudit insert,delete on user01.course whenever successful;
审计未成功。
```

与审计相关的部分数据字典视图如表 15-5 所示。

表 15-5 与审计相关的部分数据字典视图

对 象 名 称	说　　明
sys.aud$	唯一保留审计结果的表，其他的都是视图
dba_stmt_audit_opts	描述由用户设置的当前系统审计选项
dba_priv_audit_opts	描述由用户正在审计的当前系统权限
dba_obj_audit_opts	描述在所有对象上的审计选项
user_obj_audit_opts	user 视图描述当前用户拥有的所有对象上的审计选项
dba_common_audit_trail	描述标准的审计和细粒度的审计结合的审计选项

存放审计记录的部分数据字典视图如表 15-6 所示。

表 15-6 存放审计记录的部分数据字典视图

对象名称	说明
dba_audit_trail	列出所有审计跟踪条目
user_audit_trail	user 视图显示与当前用户有关的审计跟踪条目
dba_audit_object	包含系统中所有对象的审计跟踪记录
dba_audit_session	列出涉及 connect 和 disconnect 的所有审计跟踪记录
dba_audit_statement	列出涉及数据库全部的 grant revoke audit noaudit 和 alter system 语句的审计跟踪记录
audit_actions	包含审计跟踪动作类型代码的描述,如 insert、drop view、delete、logon 和 lock
dba_audit_policies	显示系统上的所有审计策略
dba_fga_audit_trail	列出基于值的审计的跟踪记录

15.2.7 细粒度审计

细粒度审计(Fine Grained Auditing,FGA)可以理解为"基于政策的审计",与标准的审计功能相反,细粒度审计可指定生成审计记录必需的条件。

细粒度审计政策通过使用 DBMS_FGA 程序包以编程方式绑定到对象。它允许用户创建任何需要的条件,例如仅当以下条件为真时启动审计:

(1) 在早上 9 点到下午 6 点之间或在星期六和星期日对某个表进行了访问。
(2) 使用了公司网络外部的某个 IP 地址。
(3) 选定或更新了特定列。
(4) 使用了该列的特定值。

细粒度审计创建更高效的审计线索,不需要记录对表的每一次访问。从 Oracle 10g 开始,FGA 支持在一个策略中使用"选择""插入""更新""删除"语句的任意组合。绑定到表的细粒度审计政策简化了审计政策的管理。

Oracle 默认情况下会对被审计对象的所有列开启审计,当任何一列被访问时都会记录一条审计信息,这对资源的消耗很大,造成存储空间的压力,因此通常都会设置审计条件,当触发审计条件时才进行审计。

细粒度审计策略通过编写程序包 DBMS_FGA 实现,该过程的主要参数含义如下:

- object_schema:定义了 FGA 策略的表或视图的所有者。
- object_name:表或视图的名称。
- policy_name:策略的名称,由用户自定义。
- policy_text:在添加策略时指定的审计条件。
- policy_column:审计的列。
- enabled:如果启用细粒度审计则为 yes,否则为 no。

例 15-11 用户 user01 创建表 emp,创建细粒度审计策略 emp_access,当对表的 sal 列进行查询时才发起审计。下面切换到 user01,创建表 emp,插入数据。

```
SQL>conn user01/a
已连接。
SQL>create table emp
  2  (empno char(10) not null,
  3  ename char(20) not null,
  4  sal smallint);
表已创建。

SQL>insert into emp values ('0001','张蓓',1800);
已创建 1 行。
SQL>insert into emp values ('0003','黄欣懿',2800);
已创建 1 行。
SQL>insert into emp values ('0004','邓瑞峰',3800);
已创建 1 行。
SQL>commit;
提交完成。
SQL>select * from emp;
EMPNO      ENAME              SAL
------     ------------       ----------
0001       张蓓                1800
0003       黄欣懿              2800
0004       邓瑞峰              3800
```

使用查询语句查看 emp 表中的数据,结果表明数据已插入成功。切换到 SYS 用户,编写细粒度审计策略 emp_access,审计表的 sal 列。

```
SQL>conn / as sysdba
已连接。
SQL>begin
  2  dbms_fga.add_policy (
  3  object_schema=>'user01',
  4  object_name=>'emp',
  5  policy_name=>'emp_access',
  6  audit_column =>'sal'
  7  );
  8  end;
  9  /

PL/SQL 过程已成功完成。
```

切换到 user01 用户,分别对 emp 表的 sal 列和 empno 列进行查询。

```
SQL>conn user01/a
已连接。
SQL>select sal from emp;
SAL
----------
```

```
1800
2800
3800

SQL>select empno from emp;
EMPNO
----------
0001
0003
0004
```

切换到用户 SYS,查看数据字典 dba_fga_audit_trail,检索审计情况。为了输出显示更加清晰,用 SQL*Plus 命令格式化屏幕输出。

```
SQL>conn / as sysdba
SQL>col timestamp for a10
SQL>col db_user for a10
SQL>col os_user for a10
SQL>col object_schema for a10
SQL>col object_name for a10
SQL>col sql_text for a20
SQL>set linesize 500
SQL>select timestamp,db_user,os_user,object_schema,object_name,sql_text from
dba_fga_audit_trail;
TIMESTAMP  DB_USER        OS_USER              OBJECT_SCH OBJECT_NAM SQL_TEXT
---------- ---------- -------------------- ------------ ----- --------------------
17-3月-17   USER01     DESKTOP-PFT9224\ES   USER01       EMP   select sal from emp
```

查询结果表明:只有对 sal 列的查询被审计,而对 empno 列的查询因为不在细粒度审计策略 emp_access 中,所以未被审计。

在某些情况下,使用列的组合可以进行更细致的审计操作。在定义策略时,使用新的参数 audit_column_opts => dbms_fga.all_columns,这个参数在策略中使用的组合列都满足审计条件时才创建审计线索目录。

例 15-12 创建细粒度审计策略 emp_sal_ empno,当用户 user01 对表中大于 2000 的 sal 列进行查询 empno 列时,才发起审计。

```
SQL>conn / as sysdba
已连接。
SQL>begin
2   dbms_fga.add_policy (
3   object_schema=>'user01',
4   object_name=>'emp',
5   policy_name=>'emp_sal_ empno ',
6   audit_column =>' empno,sal ',
7   audit_condition =>'sal >=2000',
8   audit_column_opts =>dbms_fga.all_columns
```

```
 9      );
10  end;
11  /
```

PL/SQL 过程已成功完成。

切换到 user01 用户,分别执行如下两个查询:

```
select empno from emp where sal<2000;
select * from emp;
SQL>conn user01/a
已连接。
SQL>select empno from emp where sal<2000;
EMPNO
----------
0001
SQL>select empno from emp;
EMPNO
----------
0001
0003
0004
```

执行 select empno from emp where sal<2000 时不满足审计条件,不会产生审计线索目录,执行 select empno from emp 时将进行审计。即使用户没有明确指定列 sal,empno 也隐含地选择了它,将会产生审计线索项目。切换到用户 SYS,访问数据字典 object_sch object_nam sql_text,查看细粒度审计结果。

```
SQL>conn / as sysdba
SQL>select timestamp,db_user,os_user,object_schema,object_name,sql_text from
dba_fga_audit_trail;

TIMESTAMP  DB_USER      OS_USER              OBJECT_SCH OBJECT_NAM SQL_TEXT
---------- --------  --------------------    ------------ -----  --------------------
18-3月-17  USER01   DESKTOP-PFT9224\ES      USER01      EMP   select empno from emp
```

15.2.8 细粒度审计策略的管理

删除细粒度审计策略可以通过编写程序包 DBMS_FGA 实现,例如使用以下语句删除策略 emp_sal_ empno。

```
SQL>begin
2   dbms_fga.drop_policy (
3    object_schema =>'user01',
4    object_name =>'emp',
5    policy_name =>'emp_sal_ empno'
6      );
7   end;
```

```
    8  /
```

PL/SQL 过程已成功完成。

要更改策略中的任何参数都必须删除策略,将更改后的参数添加到策略。但是可以暂时禁用已有策略,例如禁用策略 emp_sal_ empno。

```
SQL>begin
  2    dbms_fga.enable_policy (
  3    object_schema =>'user01 ',
  4    object_name =>'emp ',
  5    policy_name =>' emp_sal_ empno ',
  6    enable =>   FALSE
  7    );
  8    end;
  9  /
```

PL/SQL 过程已成功完成。

若要重新启用它,可使用同一函数,只需将参数 enable 设为 true。

15.2.9 细粒度审计数据字典视图

细粒度审计策略的审计结果可通过视图 dba_fga_audit_trail 查询。该视图中各列的含义如表 15-7 所示。

表 15-7 视图 dba_fga_audit_trail 中各列的含义

列 名 称	说 明
session_id	审计会话标识符,与 V$SESSION 视图中的会话标识符不同
timestamp	审计记录生成时的时间标记
db_user	发出查询的数据库用户
os_user	操作系统用户
userhost	用户连接的机器的主机名
client_id	客户标识符
ext_name	外部认证的客户名称
object_schema	对该表的访问触发了审计的表所有者
object_name	对该表的 DML 操作触发了审计的表名称
policy_name	触发审计的策略名称(如果对表定义了多个策略,则每个策略将插入一条记录。在此情况下,该列显示哪些行是由哪个策略插入的)
scn	记录了审计的 Oracle 系统更改号
sql_text	由用户提交的 SQL 语句
sql_bind	由 SQL 语句使用的绑定变量(如果存在)

第 16 章 Oracle 图形管理工具

CHAPTER 16

16.1 Oracle 企业管理器

Oracle 企业管理器(Oracle Enterprise Manager,OEM)是一个图形化的数据库管理员工具,它为数据库管理员提供了一个集中的系统管理方法,是一个功能强大而且操作简单的图形化工具。

Oracle 10g 及以后版本企业管理器的使用方法和以前的版本有所不同,以前版本的企业管理器类似 SQL Server 中的企业管理器,是可视化的树形管理方式,Oracle 10g 等较新版本的企业管理器采用的是基于 Web 的管理工具,它通过在客户端的浏览器中访问企业管理器控制台来实现管理功能。

使用 Oracle 企业管理器主要实现如下管理任务:
(1) 创建各类对象,如表、视图和索引等。
(2) 用户安全性管理。
(3) 数据库内容与存储空间管理。
(4) 数据库备份与恢复,数据的导入与导出。
(5) 监控数据库的执行性能与运行状态。

启动 OEM 的方法如下:

启动 OEM,要保证"OracleDBConsole 实例名"服务已运行,可在"此电脑"→"管理"→"服务和应用程序"→"服务"中查看此服务的运行情况。在浏览器地址栏中输入 OEMDC URL 地址 http://localhost:1158/em。

在进入主界面前先输入相应的用户名、密码和连接身份等信息。要以 SYSDBA 的身份连接数据库,这里选择 SYS 或 SYSTEM 用户登录,如图 16-1 所示。通过身份验证后进入 OEM 监控与管理主操作 Web 界面,如图 16-2 所示。

16.1.1 数据库性能

在 Oracle 企业管理器中可以查看 Oracle 数据库的实时或历史性能信息。在图 16-2 中单击"性能"链接可进入图 16-3 所示的性能界面查看。

在该界面中以图表的形式实时刷新显示数据库在当前一段时间内的性能数据,包括主机、平均激活会话数、吞吐量、I/O、并行执行及服务等。用户也可以单击"其他监视链接"查

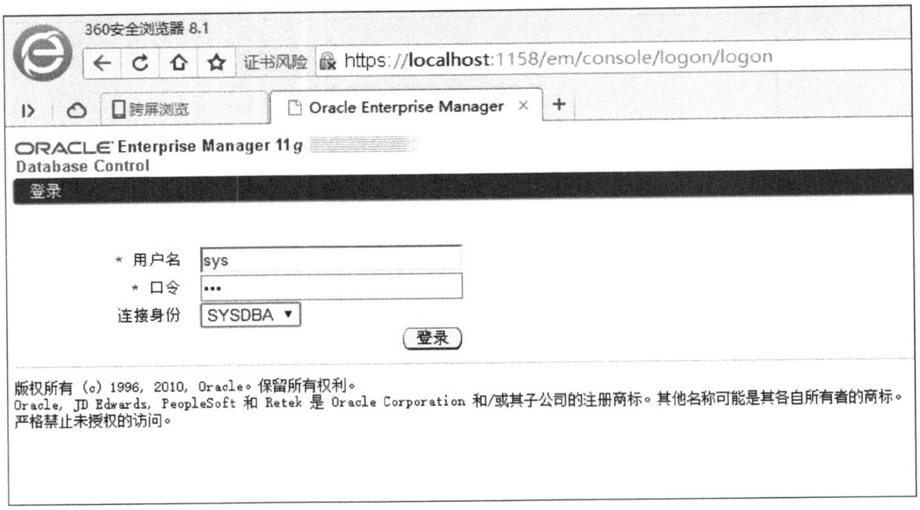

图 16-1　登录界面

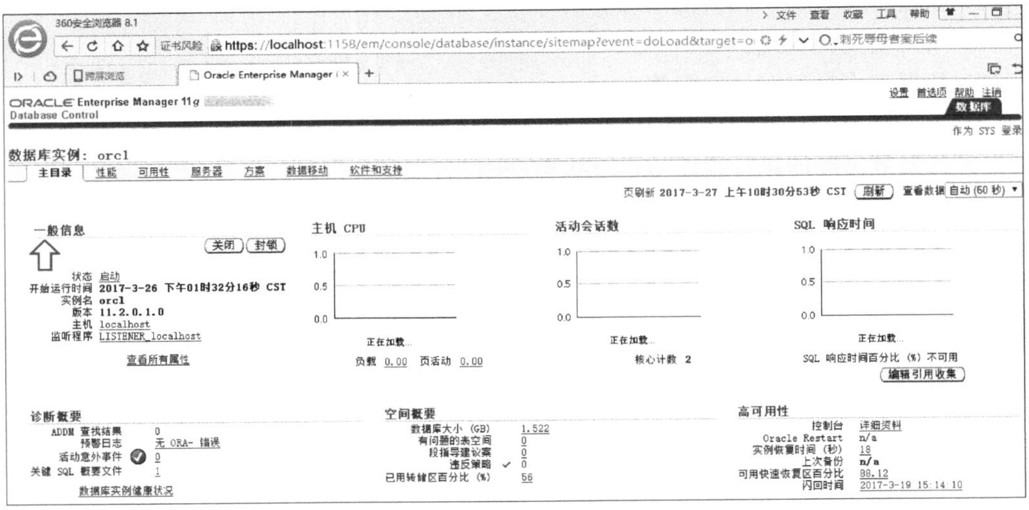

图 16-2　OEM 监控与管理主操作 Web 界面

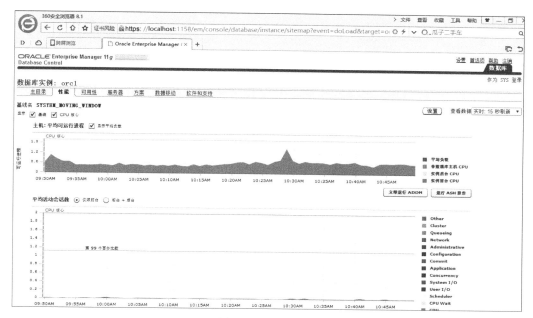

图 16-3　性能界面

看其他性能指标。如果要查看历史性能数据,可在"查看数据"下拉列表中选择"历史"选项,打开图 16-4 所示的历史性能界面。

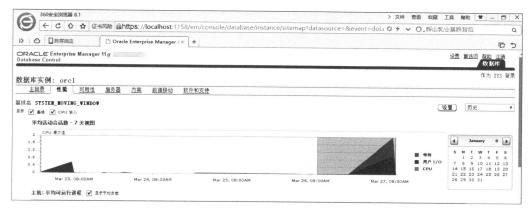

图 16-4　历史性能界面

16.1.2　数据表的管理

在图 16-2 所示主操作 Web 界面单击"方案"链接打开图 16-5 所示的"方案"界面,从"数据库对象"选项区域中单击"表"链接即可进入"表管理"界面,如图 16-6 所示。

在"表管理"界面中可以进行如下操作:

(1)创建表。

(2)查看、修改表。

(3)删除表。

Oracle数据库管理与开发

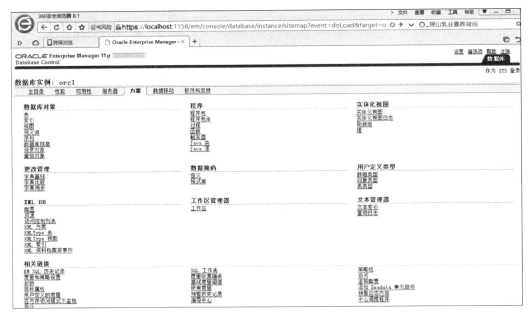

图 16-5 "方案"界面

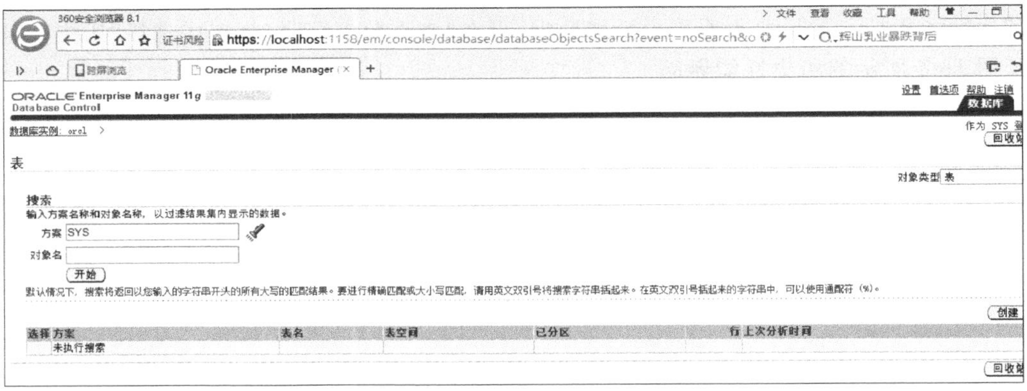

图 16-6 "表管理"界面

单击"创建"按钮进入创建表界面,如图 16-7 所示。

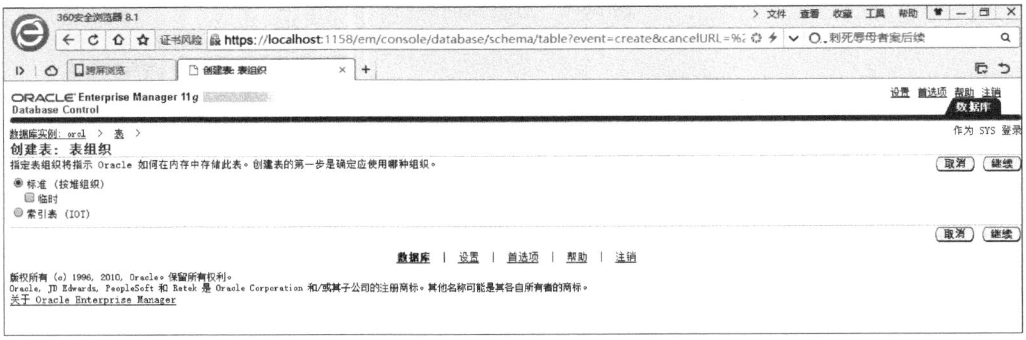

图 16-7 "创建表:表组织"界面

指定表组织将指示 Oracle 如何在内存中存储此表。创建表的第一步是确定使用哪种组织。选择"标准"单选按钮，单击"继续"按钮，进入图 16-8 所示的"表：一般信息"界面。
- 标准（按堆组织）：创建以堆形式组织的标准表。
- 索引表（IOT）：创建以索引形式组织的表。

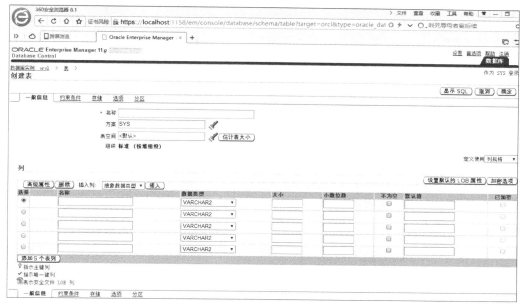

图 16-8　"表：一般信息"界面

在"表：一般信息"界面中指定表名称、方案、表空间和表列等信息。

本例定义了一个学生登记表 student，包括学号 sno、姓名 sname、性别 ssex、年龄 sage、院系 sdept 这 5 个字段。选定各个字段的数据类型，"表空间"选择 USERS，可以使用键盘输入，也可以单击"表空间"文本框后面的"手电筒"图标查找，如图 16-9 所示。

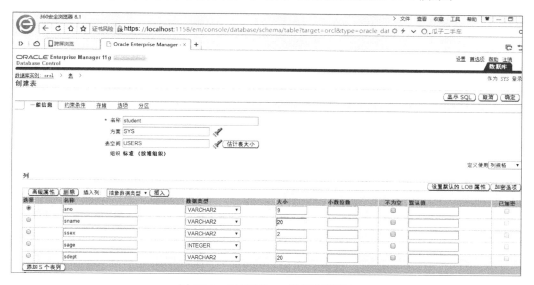

图 16-9　添加"表：一般信息"界面

填入各个表列定义以后，单击"约束条件"链接可以进入"约束条件"界面，如图16-10所示。

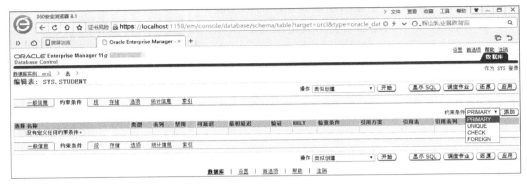

图16-10 "约束条件"界面

在"约束条件"下拉列表中可以选择 PRIMARY、UNIQUE、CHECK、FOREIGN 添加约束。选择 PRIMARY 选项后，单击后面的"添加"按钮，进入添加 PRIMARY 约束条件界面，如图16-11所示。

图16-11 添加 PRIMARY 约束条件界面

在"可用列"列表框中选中 sno 列，单击"移动"按钮将学号 sno 移到"所选列"列表框。单击"继续"按钮返回创建表界面，单击"显示SQL"按钮，可以看到创建表的语句如图16-12所示。单击"返回"按钮回到创建表界面，可以看到主键约束已设置成功，如图16-13所示。同样，可设置其他约束。

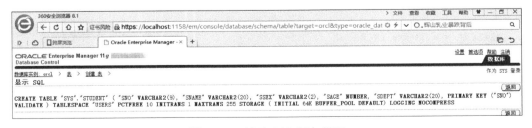

图16-12 显示 SQL 语句界面

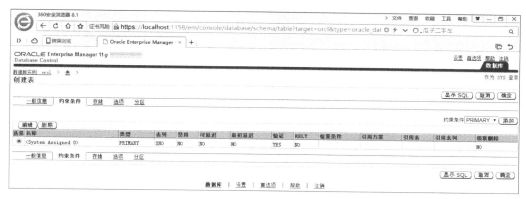

图 16-13　主键约束设置成功界面

单击"确定"按钮完成表的创建。表创建成功后，可以进行编辑、查看、删除等操作。在图 16-6 所示"表管理"界面的"对象名"文本框中输入 student，单击"开始"按钮，将出现 student 表的信息，如图 16-14 所示。

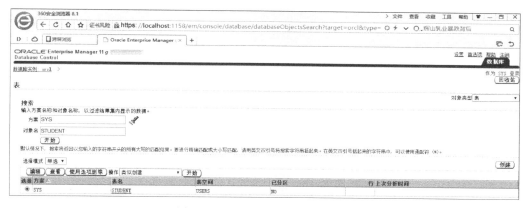

图 16-14　STUDENT 表信息界面

选中 STUDENT 表，可以单击"编辑"按钮对表进行修改；或单击"查看"按钮进入 STUDENT 表查看界面，如图 16-15 所示。在"操作"下拉列表中选择"查看数据"选项，可看到 STUDENT 表中的数据。在"查询"文本框中可以看到对应的 SQL 语句，如图 16-16 所示。注意：Oracle 企业管理器中不能实现插入数据的操作，可在命令环境中或使用 Oracle SQL Developer 完成插入数据操作。

单击"确定"按钮返回 STUDENT 表信息界面，如图 16-14 所示，单击"使用选项删除"按钮进入表的删除界面，如图 16-17 所示。各删除选项的含义如下：

- 删除表定义，其中所有数据和从属对象（DROP）：除了删除表结构和表中的所有数据外，还会删除从属该表的索引和触发器，与之相关的视图、PL/SQL 程序和同义词将会变为无效。
- 仅删除数据（DELETE）：使用 DELETE 语句删除表中的数据，数据可以回退。
- 仅删除不支持回退的数据（TRUNCATE）：使用 TRUNCATE 语句删除表中的数据，执行效率更高，但是不可回退数据。

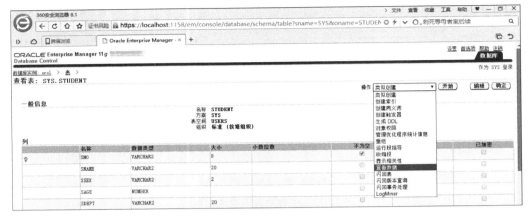

图 16-15 选择"查看数据"选项

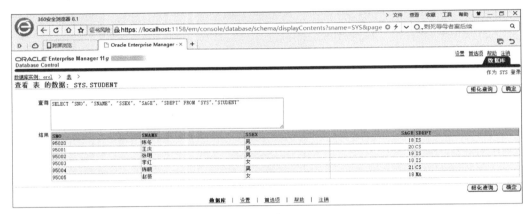

图 16-16 "查看表的数据"界面

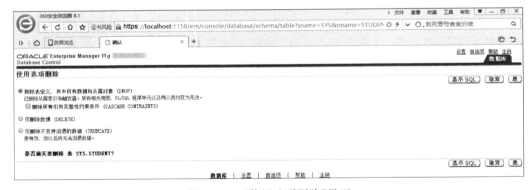

图 16-17 "使用选项删除"界面

　　选中"删除表定义,其中所有数据和从属对象(DROP)"单选按钮,单击"是"按钮完成删除操作。其他数据对象如索引、视图、序列等,其管理模式与表管理模式相似,这里不再赘述。

16.1.3 表空间与数据文件

在 OEM 管理页面中可以方便地管理与操作表空间与数据文件。在图 16-2 所示主操作界面中单击"服务器",在"服务器"界面上单击"存储"列表中的"表空间"链接,出现图 16-18 所示的"表空间"界面,可以看到当前数据库共有 6 个表空间,分别是 EXAMPLE、SYSAUX、SYSTEM、TEMP、UNDOTBS1、USERS。图 16-18 中列出了这几个表空间的名称、类型、状态、大小等信息。

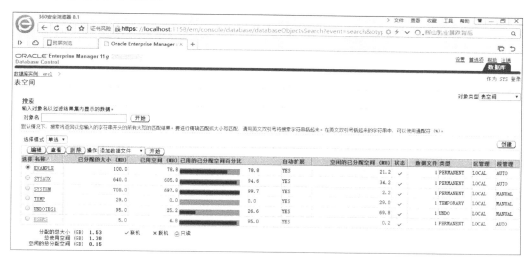

图 16-18 "表空间"界面

单击"创建"按钮进入表空间创建界面,如图 16-19 所示。在"名称"文本框中输入 TESTTS1,在"区管理"选项区域中选择"本地管理"单选按钮,在"类型"选项区域中选择"永久"单选按钮,在"状态"选项区域中选择"读写"单选按钮。然后单击"添加"按钮进入添加数据文件界面,如图 16-20 所示。

图 16-19 "创建表空间"界面

图 16-20　添加数据文件界面

在"文件名"文本框中输入 TESTTS1.dbf，采用默认文件目录，在"文件大小"文本框中输入 100，在"存储"选项区域中选中"数据文件满后自动扩展（AUTOEXTEND）"复选框，在"增量"文本框中输入 100，在"最大文件大小"选项组中的"值"单选按钮后的文本框中输入 200。

单击"继续"按钮返回"创建表空间"界面，如图 16-21 所示，可以看到数据文件 TESTTS1.dbf 已成功添加。单击"添加"按钮可继续添加数据文件。

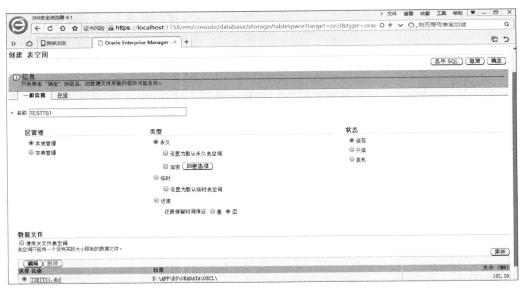

图 16-21　添加数据文件成功界面

如果数据文件添加完毕，单击"确定"按钮创建表空间，表空间创建成功界面如图 16-22 所示。可以看到表空间 TESTTS1 已在列表中，可以直接选中 TESTTS1。当表空间数目较多时，在"对象名"文本框中输入 TESTTS1，单击"开始"按钮，查到 TESTTS1 表空间，可以看到 TESTTS1 表空间相关信息，如图 16-23 所示。

第16章　Oracle图形管理工具

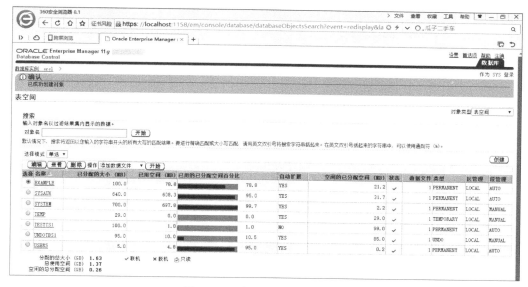

图 16-22　表空间创建成功界面

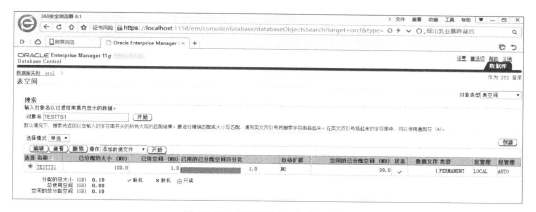

图 16-23　TESTTS1 表空间界面

在图 16-23 中单击"编辑""查看""删除"按钮可以进行相应的操作。

在图 16-2 所示主操作界面中单击"服务器",在"服务器"界面上单击"存储"列表中的"数据文件"链接,进入"数据文件"管理界面,如图 16-24 所示,可以对数据文件进行编辑、查看、删除和创建等操作,这里不再赘述。

16.1.4　用户管理

在 Oracle 企业管理器主界面单击"服务器"链接,如图 16-25 所示。在"安全性"列表中单击"用户"链接,进入用户搜索界面,如图 16-26 所示。

图 16-26 列出了已存在的用户及用户的状态、使用的概要文件和创建时间等基本信息。单击"创建"按钮进入"创建用户"界面,如图 16-27 所示。

"一般信息"界面包括如下几个选项:
- 名称:将创建的用户名,最长为 30 个字节。

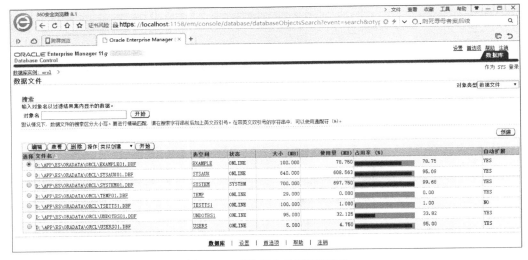

图 16-24　"数据文件"管理界面

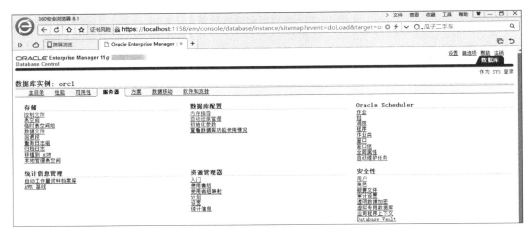

图 16-25　选择用户界面

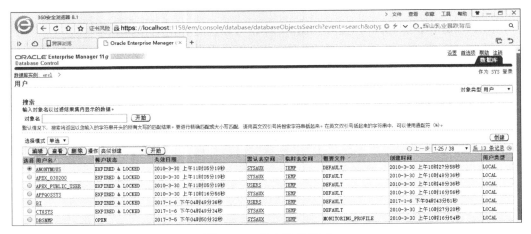

图 16-26　用户搜索界面

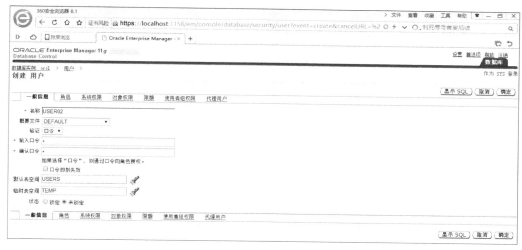

图 16-27 "创建用户"界面

- 概要文件：指定分配给用户的概要文件。默认分配一个 DEFAULT 概要文件。
- 验证：指定 Oracle 用来验证用户的方法。Oracle 有三种验证用户的方法，即口令、外部和全局。当使用口令验证时选择"口令"选项；当使用操作系统用户名时选择"外部"选项；当用户在多个数据库中被全局标识时选择"全局"选项。
- 默认表空间：在"默认表空间"文本框后单击"手电筒"图标，选择 USERS，或者在"默认表空间"文本框中输入 USERS。
- 临时表空间：在"临时表空间"文本框后单击"手电筒"图标，选择 TEMP，或者在"临时表空间"文本框中输入 TEMP。
- 状态：在"状态"选项组中选择"未锁定"单选按钮。

在"限额"界面可以指定用户在其中分配空间的表空间以及用户在每个表空间可分配的最大空间数量，如图 16-28 所示。其他几个选项如角色、系统权限、对象权限等的设置在 16.1.5 节介绍。

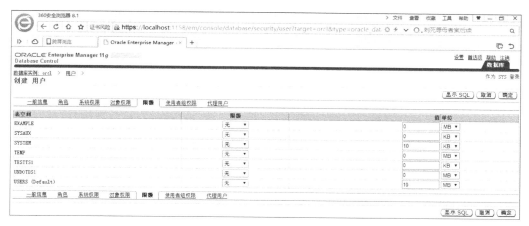

图 16-28 "限额"设置界面

在"使用者组权限"界面可以为新用户授予相应的使用者权限,如图 16-29 所示。单击"编辑列表"按钮进入修改使用者组界面,如图 16-30 所示,可以在此进行相应设置。

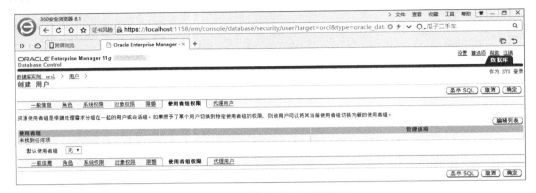

图 16-29 "使用者组权限"界面

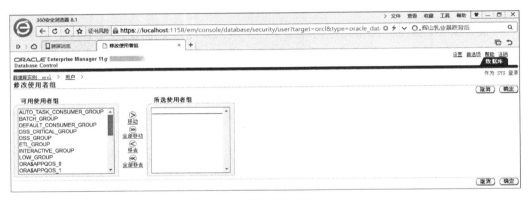

图 16-30 修改使用者组界面

在"代理用户"界面可以指定可代理新用户的用户和指定新用户可代理的用户,如图 16-31 所示。

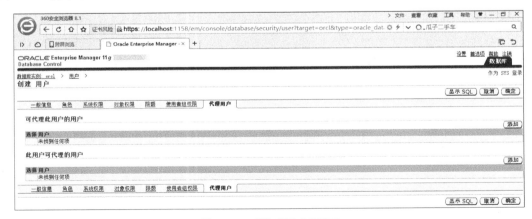

图 16-31 "代理用户"界面

单击"添加"按钮进入"选择用户"界面,如图 16-32 所示。选中可代理新用户的用户,单击"选择"按钮返回图 16-31 所示界面,此时"可代理此用户的用户"选项区域中出现刚才选中的所有用户。若要删除某个用户,选中用户名前的单选按钮,单击"移去"按钮即可。

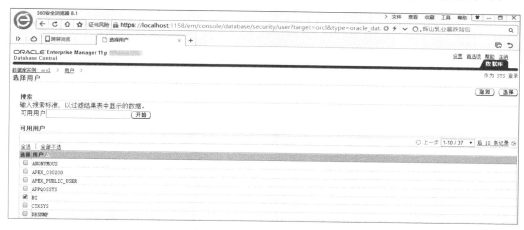

图 16-32 "选择用户"界面

至此,新用户的所有信息以及权限都已设置完成,单击"显示 SQL"按钮可以查看创建该用户相应的 SQL 命令,单击"确定"按钮即可完成创建操作。如创建成功,系统会显示成功创建信息,如图 16-33 所示。

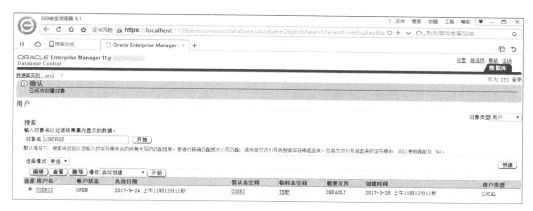

图 16-33 用户创建成功界面

在图 16-33 中选择"编辑""查看""删除"按钮可完成相应的操作。在图 16-26 中搜索指定用户也可以完成上述操作。

16.1.5 权限管理

在创建用户时,可以在图 16-27 所示的"创建用户"界面单击"系统权限"按钮,或者修改已创建用户的属性时,单击"编辑用户"界面的"系统权限"按钮,向用户授予系统权限,如图 16-34 所示。

如果向用户授予系统权限,只需单击"编辑列表"按钮即可进入修改系统权限界面,如图 16-35 所示。

"可用系统权限"列表框中包含了一个数据库所有的可用系统权限。"所选系统权限"列

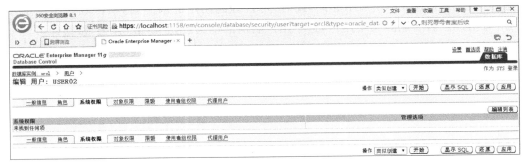

图 16-34 "编辑用户"系统权限设置界面

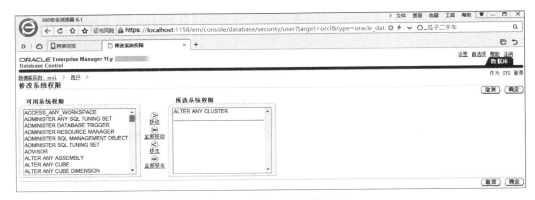

图 16-35 修改系统权限界面

表框代表着用户所拥有的系统权限,列表会根据选择而变化。可以使用"移动""全部移动"或"全部移去"按钮为用户授予或撤销系统权限。单击"确定"按钮进入"编辑用户"界面,可以看到为用户 USER02 选择的系统权限 ALTER ANY CLUSTER、ALTER ANY TABLE 已经加入,如图 16-36 所示,单击"显示 SQL"按钮可查看 SQL 语句。单击"应用"按钮使选择的系统权限生效,如图 16-37 所示。

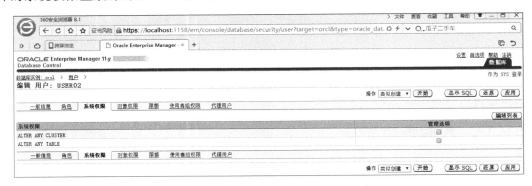

图 16-36 "编辑用户"系统权限设置成功界面

可以在图 16-27 所示的"创建用户"界面单击"对象权限"按钮,或者修改已创建用户的属性时,单击"编辑用户"界面的"对象权限"按钮向用户授予对象权限,如图 16-38 所示。

如果向用户授予对象权限,首先确定要添加对象权限针对的对象类型。在"选择对象类

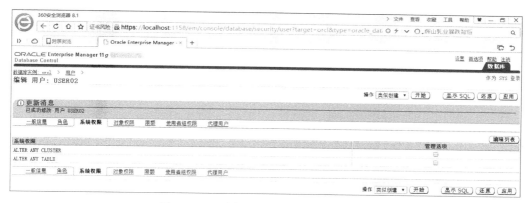

图 16-37 "编辑用户"系统权限生效界面

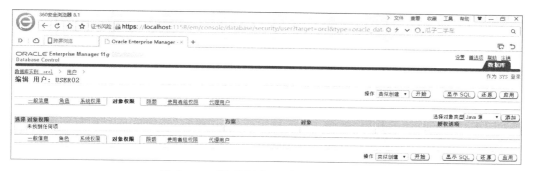

图 16-38 "编辑用户"对象权限设置界面

型"下拉列表中选择适当的对象类型,这里选择的是表,然后单击"添加"按钮进入"添加表对象权限"界面,如图 16-39 所示。

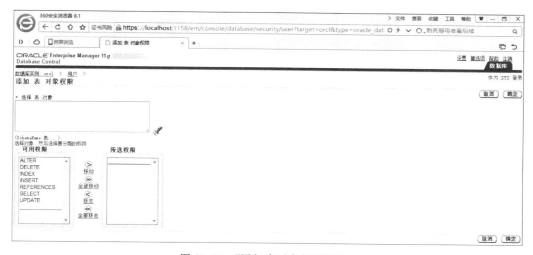

图 16-39 "添加表对象权限"界面

在"选择表对象"文本框中直接输入表名 user01.emp,或者单击文本框后的"手电筒"图标,进入"选择表对象"界面,如图 16-40 所示。在"选择表对象"界面的"方案"下拉列表中选择用户 USER01，单击"开始"按钮，在出现的列表中选择 EMP 表，然后单击"选择"按钮，返回"添加表对象权限"界面。

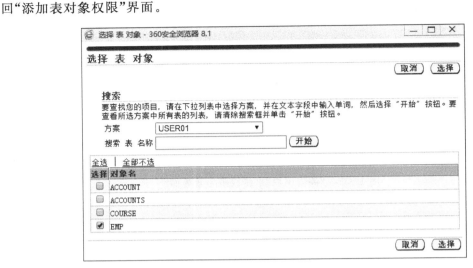

图 16-40　"选择表对象"界面

在图 16-39 中依次把指定权限从"可用权限"列表框移动到"所选权限"列表框中。这里选择 DELETE、SELECT 权限，如图 16-41 所示。单击"确定"按钮完成对象权限添加，返回"编辑用户"界面，可以看到新增的对象权限已添加成功，如图 16-42 所示。

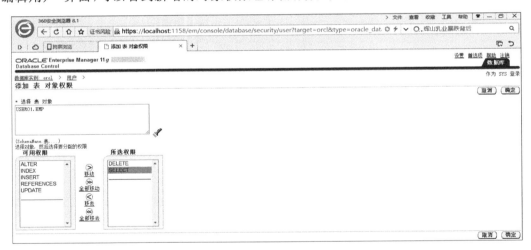

图 16-41　选择对象权限界面

单击"显示 SQL"按钮可查看 SQL 语句。单击"应用"按钮使选择的对象权限生效。单击"删除"按钮可撤销对象权限的授权，单击"添加"按钮可授予更多的对象权限，如图 16-43 所示。

16.1.6　角色管理

在 Oracle 企业管理器主界面选择"服务器"选项，如图 16-25 所示。在"安全性"列表中

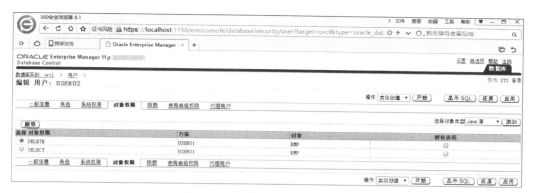

图 16-42　对象权限添加成功界面

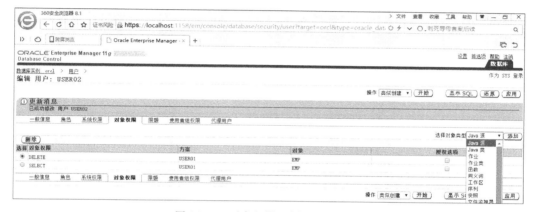

图 16-43　对象权限已授予成功界面

单击"角色"链接,进入角色搜索界面,如图 16-44 所示。

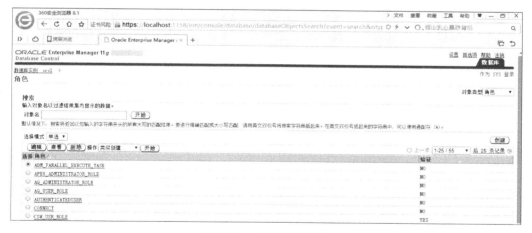

图 16-44　角色搜索界面

单击"创建"按钮进入角色创建界面,如图 16-45 所示。单击"一般信息"链接,在"名称"文本框中输入 EMPROLE,在"验证"下拉列表中选择"口令"选项。

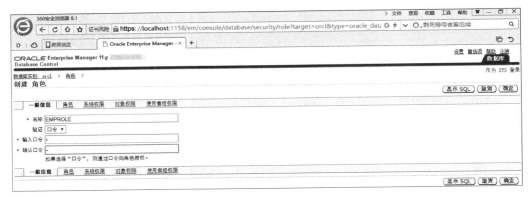

图 16-45 "创建角色"界面

单击"角色"链接,进入"角色"选择界面,如图 16-46 所示,可以看到当前角色未添加任何角色。

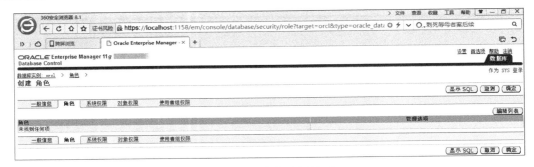

图 16-46 角色选择界面

单击"编辑列表"按钮,进入"修改角色"界面,为当前角色添加角色,如图 16-47 所示。单击"移动"按钮添加系统已有的角色,这里选择 CONNECT。可以使用"移动""全部移动""移去"或"全部移去"按钮为角色授予或撤销角色。单击"确定"按钮返回"创建角色"界面,可以看到选定的 CONNECT 角色已加入列表,如图 16-48 所示。

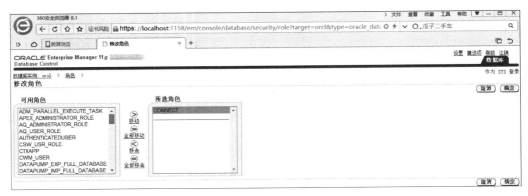

图 16-47 "修改角色"界面

在图 16-48 中单击"系统权限""对象权限""使用者组权限"链接可做相应的设置,与设

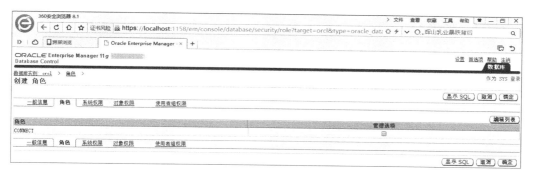

图 16-48　角色添加成功界面

置用户相似。单击"显示 SQL"按钮可查看 SQL 语句。单击"确定"按钮完成角色的创建，如图 16-49 所示。

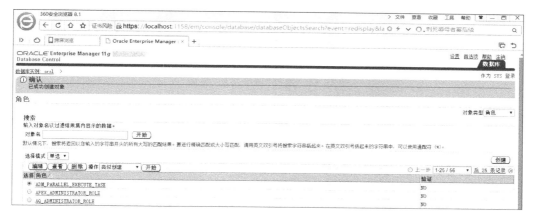

图 16-49　角色创建成功界面

在图 16-49 中的"对象名"文本框中输入刚创建的角色 EMPROLE，然后单击"开始"按钮进入"角色"界面，如图 16-50 所示。可以单击"编辑""查看""删除"按钮对选定的角色进行相应的操作。

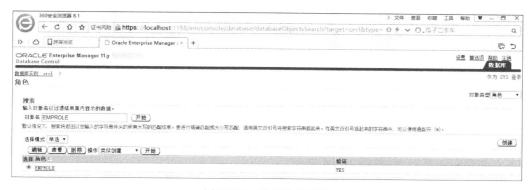

图 16-50　搜索角色界面

16.1.7 备份

Oracle 企业管理器可以用来备份数据库、数据文件、表空间和重做日志文件等各种数据对象，也可以制作数据文件和重做日志文件的副本。在 Oracle 企业管理器主界面单击"可用性"链接，如图 16-51 所示。在"管理"选项区域中单击"调度备份"链接，进入"调度备份"界面，如图 16-52 所示。

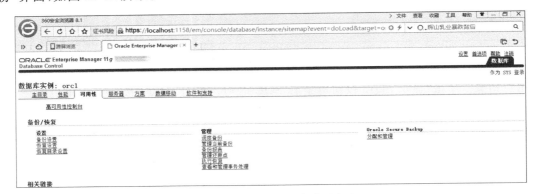

图 16-51　选择"调度备份"界面

图 16-52　"调度备份"设置界面

在图 16-52 所示界面可以选择备份整个数据库、表空间、数据文件、归档日志、磁盘上的所有恢复文件，这里选择备份表空间。单击"调度定制备份"按钮进入"调度定制备份：表空间"界面，如图 16-53 所示。此时没有选定任何表空间，单击"添加"按钮添加要备份的表空间，进入表空间选择界面，如图 16-54 所示。

在图 16-54 中的"表空间名称"文本框中输入要备份的表空间名称，单击"开始"按钮进行搜索，也可以在"搜索结果"列表框中选择。这里选择备份 TESTTS1 表空间，单击"选择"按钮返回"调度定制备份：表空间"界面，可以看到 TESTTS1 表空间已在列表中，如图 16-55 所示。

图 16-53 "调度定制备份：表空间"界面

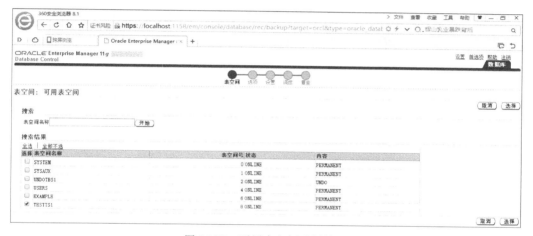

图 16-54 可用表空间选择界面

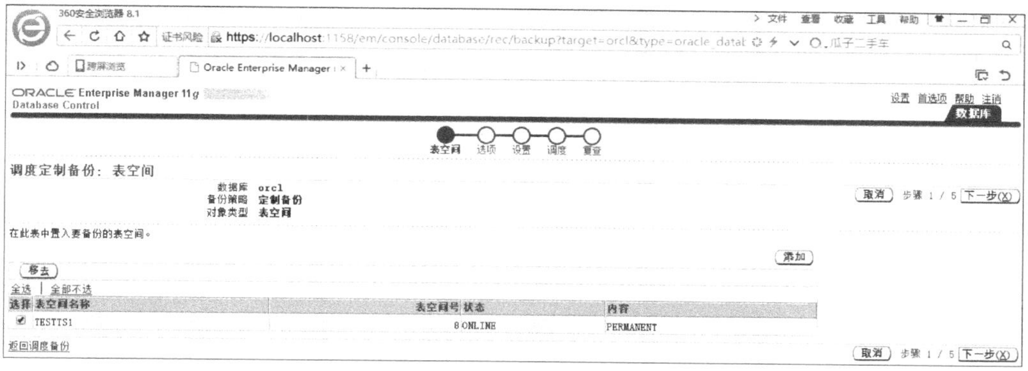

图 16-55 选定"TESTTS1 表空间"界面

选中 TESTTS1 表空间，单击"下一步"按钮，进入"调度定制备份：选项"界面，可以对备份类型等选项进行设置，如图 16-56 所示。单击"下一步"按钮，进入"调度定制备份：设置"界面，可以指定将数据库备份到的介质类型，如图 16-57 所示。单击"下一步"按钮，进入"调度定制备份：调度"界面，如图 16-58 所示。

在"调度定制备份：调度"界面可以设置"调度备份"开始的日期和时间，可以选择立即

图 16-56 "调度定制备份：选项"界面

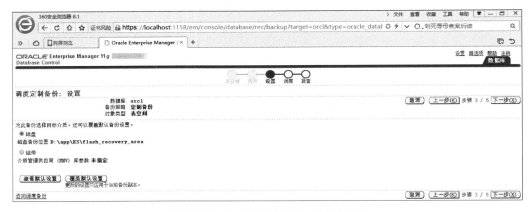

图 16-57 "调度定制备份：设置"界面

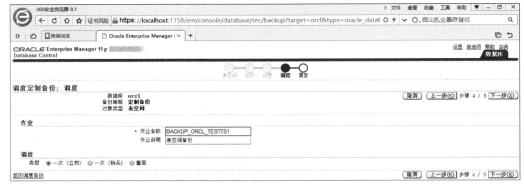

图 16-58 "调度定制备份：调度"界面

开始备份作业,也可以选择以后再执行,还可以使用"重复"和"一直重复到"设置重复执行备份的各种参数。在"作业名称"和"作业说明"文本框中输入内容,单击"下一步"按钮,进入"调度定制备份:复查"界面,如图16-59所示。

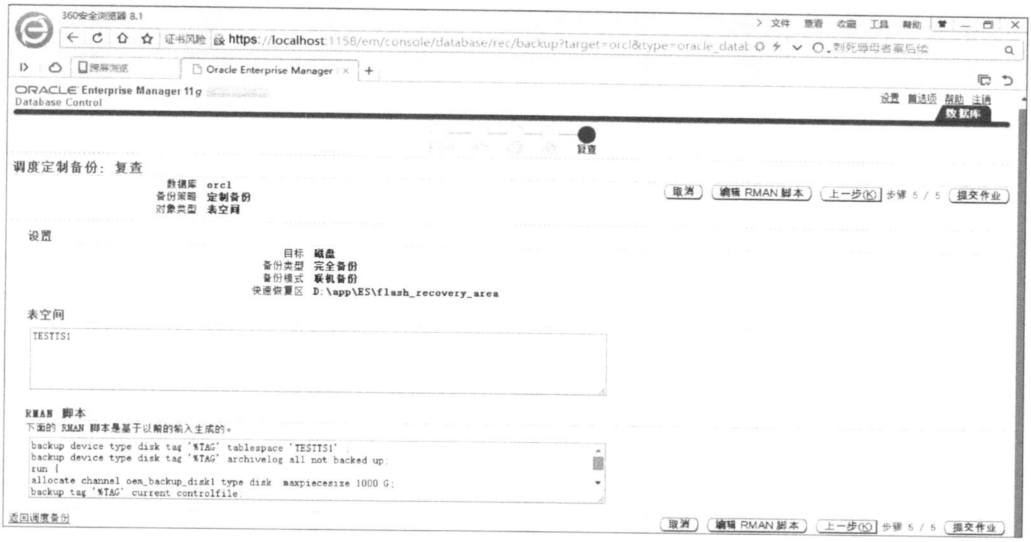

图 16-59 "调度定制备份:复查"界面

在此可以复查前几步所有的选择,单击"提交作业"按钮进入"状态"界面,单击"查看作业"按钮监控备份进程,单击"确定"按钮完成备份操作。

16.1.8 恢复

Oracle 企业管理器可以用来恢复数据库、数据文件、表空间等数据对象。在图 16-2 所示 Oracle 企业管理器主界面中单击"可用性"选项,在"管理"列表中单击"执行恢复"链接,进入"执行恢复"界面,如图 16-60 所示。

图 16-60 "执行恢复"界面

本节主要介绍数据库运行在 ARCHIVELOG 下使用 OEM 的恢复步骤，如果数据库处于 NO ARCHIVELOG 模式下，需要先将数据库设置成 ARCHIVELOG 模式。在图 16-2 所示 Oracle 企业管理器主界面中单击"可用性"选项，在"设置"列表中单击"恢复设置"链接，进入"恢复设置"界面，如图 16-61 所示。

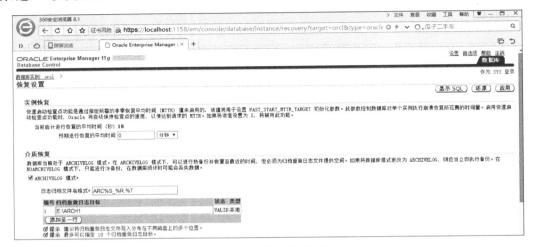

图 16-61 "恢复设置"界面

在图 16-61 中选中"ARCHIVELOG 模式"复选框，设置"归档重做日志目标"等选项，单击"应用"按钮完成 ARCHIVELOG 模式的设置。

在图 16-60 所示"执行恢复"界面中，恢复范围选定为整个数据库，并输入主机身份证明，即主机用户名和口令后，单击"恢复"按钮，系统会判断是否在可恢复状态，若数据库不在装载状态，将出现对话框提示先关闭数据库，如图 16-62 所示。单击"是"按钮，启动/装载数据库，并重定向到恢复进程，如图 16-63 所示。

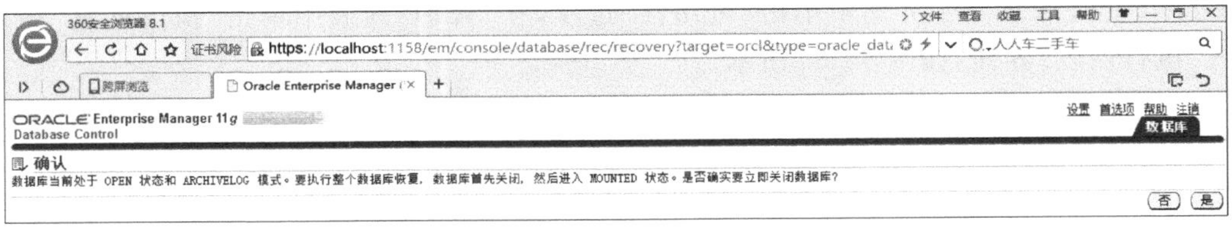

图 16-62 确认关闭数据库界面

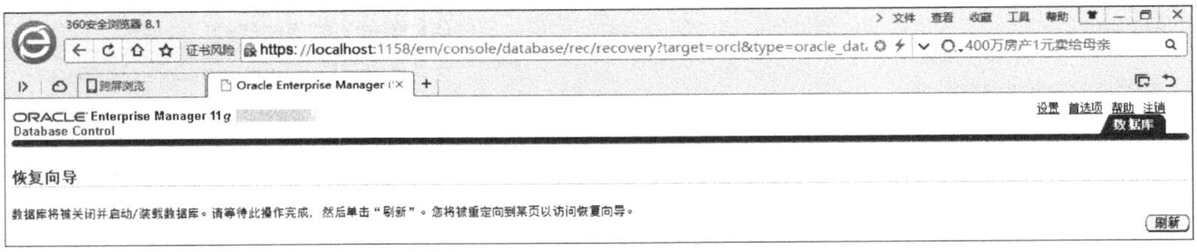

图 16-63 重定向到"恢复向导"界面

单击"刷新"按钮，进入数据库装载状态，如图 16-64 所示。

图 16-64　数据库装载界面

此时数据库已处于装载状态,单击"执行恢复"按钮,系统会要求输入主机身份证明与数据库登录信息,系统信息核查正确后将再次进入"执行恢复"界面,如图 16-65 所示。选择恢复范围,可选择恢复整个数据库或表空间等。这里选择恢复"整个数据库",操作类型选择"恢复到当前时间或过去的某个时间点"。

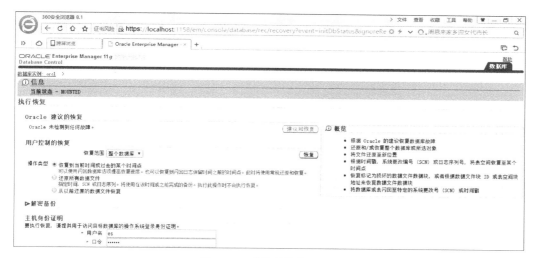

图 16-65　"执行恢复"界面

单击"恢复"按钮,进入"执行整个数据库恢复:时间点"界面,如图 16-66 所示。选中"恢复到当前时间"单选按钮,单击"下一步"按钮,进入"执行整个数据库恢复:重命名"界面,如图 16-67 所示。

设置文件还原位置,选中"否,将文件复原到默认位置。"单选按钮,将文件复原到默认位置。单击"下一步"按钮,进入"执行整个数据库恢复:复查"界面,如图 16-68 所示。

单击"提交"按钮后显示"处理:执行整个数据库恢复"界面,如图 16-69 所示。如果恢复成功,将显示执行恢复操作成功。

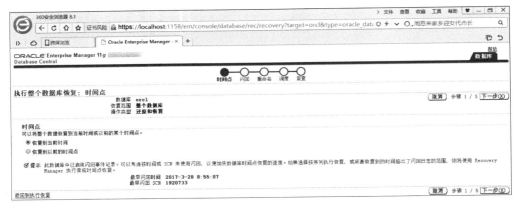

图 16-66 "执行整个数据库恢复：时间点"界面

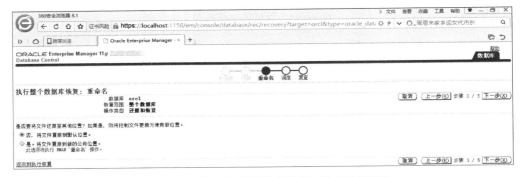

图 16-67 "执行整个数据库恢复：重命名"界面

图 16-68 "执行整个数据库恢复：复查"界面

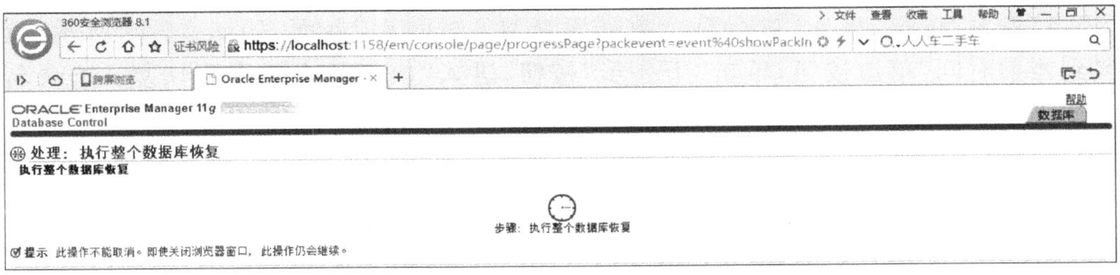

图 16-69 "处理：执行整个数据库恢复"界面

16.1.9 数据泵

Oracle 企业管理器可以使用 Oracle 数据泵技术移动数据。首先创建目录对象。在图 16-2 所示 Oracle 企业管理器主界面中单击"方案"链接，在"数据库对象"列表中单击"目录对象"链接，进入"目录对象"界面，如图 16-70 所示。

图 16-70 "目录对象"界面

在"对象名"文本框中输入目录对象名，搜索已有的目录对象，并对其进行编辑、查看和删除等操作。这里新建一个目录对象，单击"创建"按钮进入"创建目录对象"界面，如图 16-71 所示。

图 16-71 "创建目录对象"界面

该界面包含"一般信息"和"权限"两个选项，在"一般信息"界面可以指定"目录对象"的详细资料。在"名称"文本框中输入名称 BAK_DIR，在"路径"文本框中输入路径名称 D:\，然后单击"测试文件系统"按钮，以确保输入的路径信息有效。

单击"权限"链接，进入"权限"设置界面，如图 16-72 所示。可以看到，此时没有用户对目录有使用权限，单击"添加"按钮进入"选择用户"界面，如图 16-73 所示。

在图 16-73 中为"目录对象"选择可以访问它的数据库用户，选择 SYSMAN、SYSTEM、USER01 和 USER02 用户，单击"确定"按钮返回"权限"设置界面，如图 16-74 所示，此时在界面中可以看到所选择的用户已经加入列表中。

图 16-72 "权限"设置界面

图 16-73 "选择用户"界面

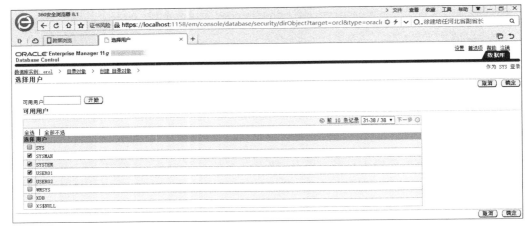

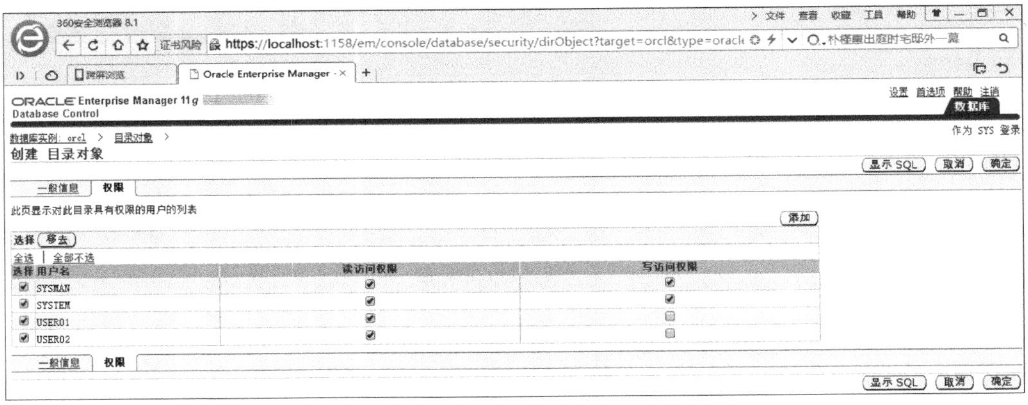

图 16-74 "权限"设置界面(已选用户)

可以修改活动表中所列数据库用户的"目录对象"使用权限。为用户 SYSMAN 和 SYSTEM 对新建目录对象的访问权限授予读写权限,选中"读访问权限"和"写访问权限"复选框。为 USER01 和 USER02 授予读权限,单击"确定"按钮完成"目录对象"的创建。

对于以 SYSDBA 角色登录的用户,Oracle 11g 不支持进行导出和导入操作,这里使用

SYSTEM 用户以 normal 身份登录企业管理器。在图 16-2 所示 Oracle 企业管理器主界面中单击"数据移动"选项,在"移动行数据"列表中单击"导出到导出文件"链接,进入"导出:导出类型"界面,如图 16-75 所示。导出类型选择"表",单击"继续"按钮进入"导出:表"界面,如图 16-76 所示。

图 16-75 "导出:导出类型"界面

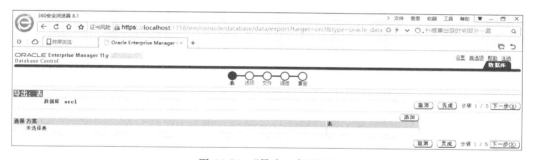

图 16-76 "导出:表"界面

在图 16-76 中可以看到没有选择任何数据表,单击"添加"按钮进入"导出:添加表"界面,如图 16-77 所示,在"方案"文本框中直接输入用户名,或单击"手电筒"图标搜索用户。单击"开始"按钮选择要导出的表,这里选择用户 USER01 的 EMP 表导出。

单击"选择"按钮重新回到"导出:表"界面,可以看到用户 USER01 的 EMP 表已经加入到列表中,如图 16-78 所示。单击"下一步"按钮,进入"导出:选项"界面,如图 16-79 所示。

该界面可以为导出操作设置线程选项、估计磁盘空间和指定可选文件。"生成日志文件"的"目录对象"选择前面创建的 BAK_DIR 目录对象,然后单击"高级选项"按钮,出现导出其他选项设置。

单击"下一步"按钮,进入"导出:文件"界面,如图 16-80 所示。在该界面可以为导出文件指定目录名、文件名和最大文件大小。

单击"下一步"按钮,进入"导出:调度"界面,如图 16-81 所示。

在"作业参数"选项区域中的"作业名称"和"说明"文本框中输入名称和说明性文字,在"启动"选项区域中单击"立即"单选按钮,单击"下一步"按钮,进入"导出:复查"界面,如

图 16-77 "导出：添加表"界面

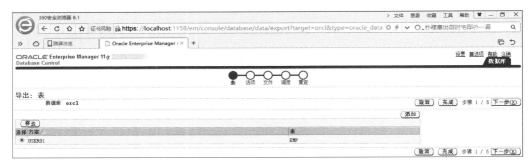

图 16-78 "导出：表"界面（已选择表）

图 16-79 "导出：选项"界面

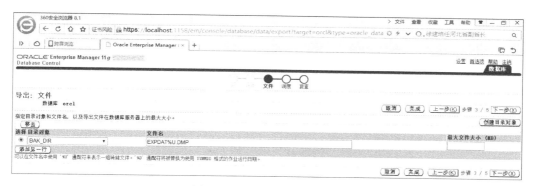

图 16-80 "导出:文件"界面

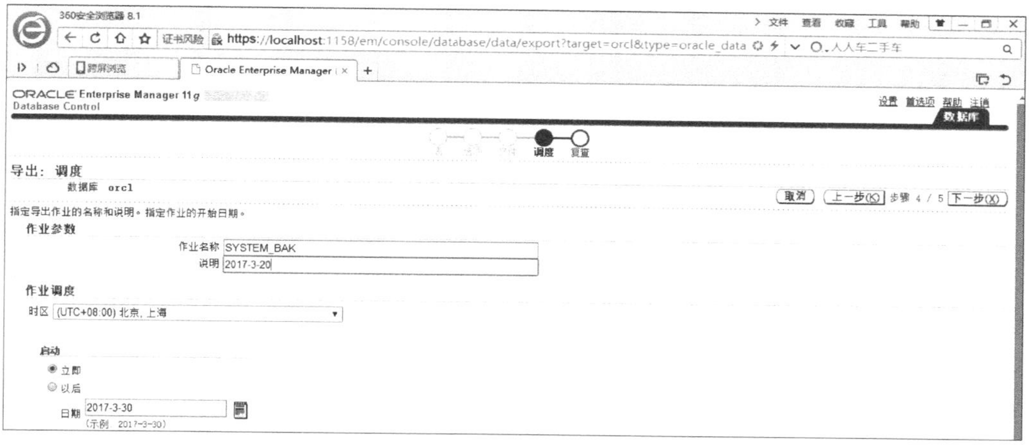

图 16-81 "导出:调度"界面

图 16-82 所示。

图 16-82 "导出:复查"界面

在图 16-82 中可以对之前设置的参数进行复查。单击"提交作业"按钮,进入"正在处理"界面,如图 16-83 所示。

系统正在处理导出作业,导出成功后进入"作业活动"界面,如图 16-84 所示。

在图 16-84 中单击导出作业名称 SYSTEM_BAK,进入"作业运行情况界面",该界面显示导出正在进行中的基本信息,运行完后将显示"成功"状态,如图 16-85 所示。

图 16-83　"正在处理"界面

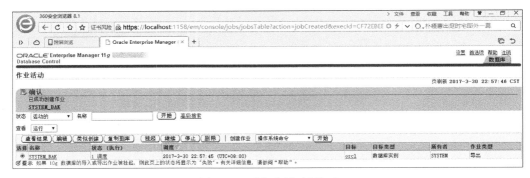

图 16-84　"作业活动"界面

图 16-85　导出作业运行情况界面

在图 16-2 所示 Oracle 企业管理器主界面中单击"数据移动"选项,在"移动行数据"列表中单击"从导出文件导入"链接,进入"导入：文件"界面,如图 16-86 所示。在"选择目录对象"下拉列表中选择 BAK_DIR 选项,在"文件名"文本框中输入 EXPDAT01.DMP(之前导出的文件),导入类型选择"表",单击"继续"按钮进入"导入：重新映射"界面,如图 16-87所示。

在图 16-87 中指定数据的来源和导入的位置,可以采用将用户的数据导入到同一个用

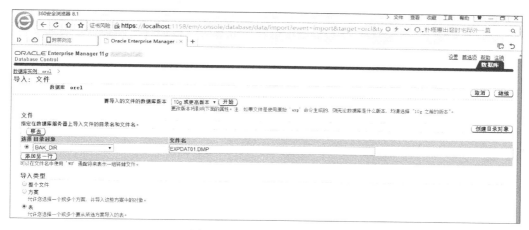

图 16-86 "导入：文件"界面

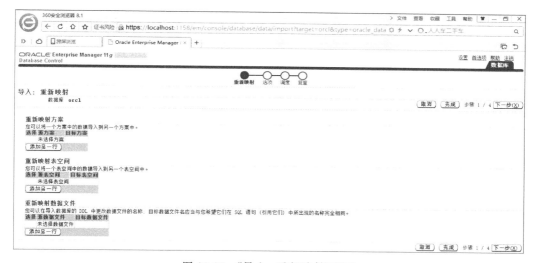

图 16-87 "导入：重新映射"界面

户的方案，还可以选择导入源用户和目标用户为不同用户的方案。单击"下一步"按钮，进入"导入：选项"界面，如图 16-88 所示。

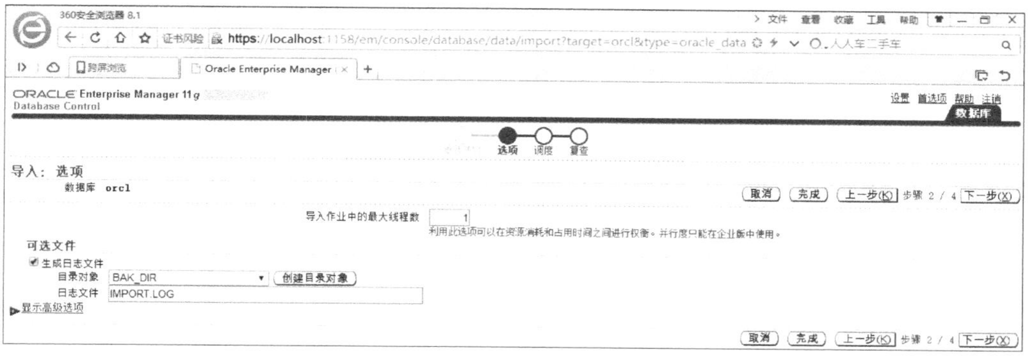

图 16-88 导入：选项"界面

在图 16-88 中设置导入作业的最大线程数以及是否生成日志文件。如果选中"生成日志文件"复选框，则要在"目录对象"下拉列表中选择生成日志文件的存放路径，在"日志文件"文本框中输入日志文件名称。单击"下一步"按钮，进入"导入：调度"界面，如图 16-89 所示。

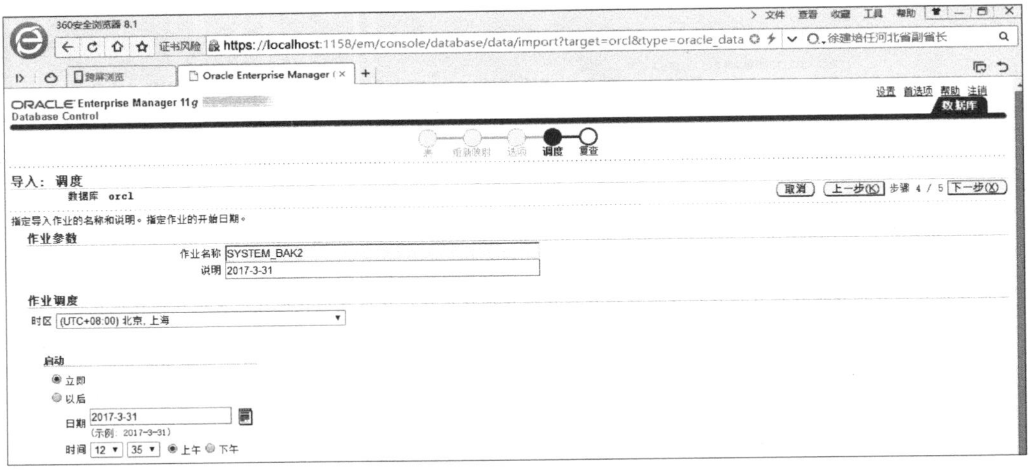

图 16-89 "导入：调度"界面

在图 16-89 中输入作业参数和作业调度等信息，单击"下一步"按钮，进入"导入：复查"界面，如图 16-90 所示。

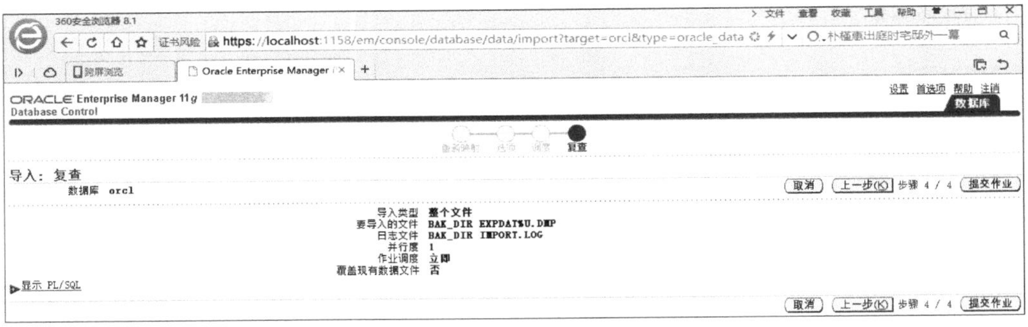

图 16-90 "导入：复查"界面

在图 16-90 中可以对之前设置的参数进行复查。单击"提交作业"按钮，进入"正在进行中"界面，开始导入过程，如图 16-91 所示。

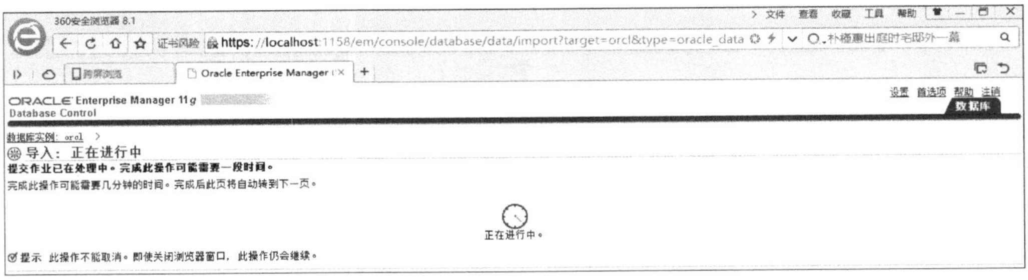

图 16-91 "正在进行中"界面

系统正在处理导入作业,导入成功后进入"作业活动"界面,如图 16-92 所示。

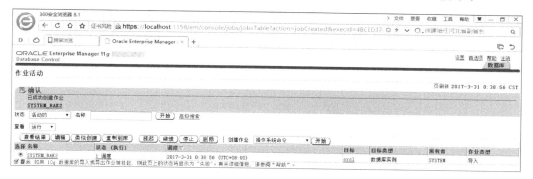

图 16-92 "作业活动"界面

在图 16-92 中单击导入作业名称 SYSTEM_BAK2,进入作业运行情况界面,该界面显示导入正在进行中的基本信息,运行完后将显示"成功"状态,如图 16-93 所示。

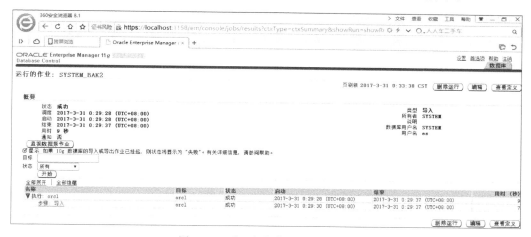

图 16-93 "运行的作业"信息界面

16.2 Oracle SQL Developer

Oracle SQL Developer 是一个图形化的数据库开发工具,使用 SQL Developer 可以浏览数据库对象、运行 SQL 语句和 SQL 脚本,并且还可以编辑和调试 PL/SQL 语句。还可以管理所提供的数据报表,以及创建和保存用户的数据表。Oracle SQL Developer 可以提高工作效率并简化数据库开发任务。

Oracle SQL Developer 可以连接到 9.2.0.1 版和更高版本的 Oracle 数据库,并且可以在 Windows、Linux 和 mac OSX 上运行。

Oracle SQL Developer 包含了移植工作台,它是一个重新开发的工具,扩展了原有 Oracle 移植工作台的功能和可用性。通过 Oracle SQL Developer 紧密集成,使用户在一个地方就可以浏览第三方数据库中的数据库对象和数据,以及将这些数据库移植到 Oracle。

安装 Oracle 11g 数据库服务器就含有 SQL Developer,也可以单独免费在 Oracle 官网下载 SQL Developer。

将下载的 Oracle SQL Developer 程序包解压后，双击 sqldeveloper.exe 文件，出现 SQL Developer 启动界面，如图 16-94 所示。

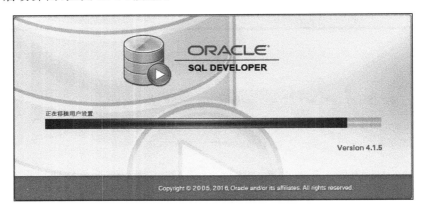

图 16-94　SQL Developer 启动界面

SQL Developer 启动后，首先进入"起始页"，如图 16-95 所示。单击"＋"按钮进入"新建/选择数据库连接"界面，如图 16-96 所示。

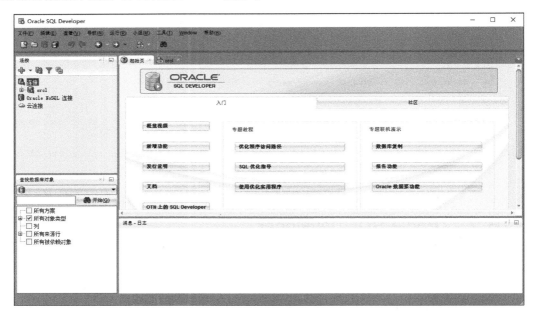

图 16-95　SQL Developer 起始页界面

在图 16-96 中，填写连接名 USER01_CONN、用户名 USER01、口令 A 等信息后，单击"保存"按钮，建立连接。

建立连接后，展开 SQL Developer 操作主界面，如图 16-97 所示，这里每个数据库分类节点都可以通过单击"＋"或双击节点名称展开，从而能方便地找到连接用户有权限查看或管理的全部对象。

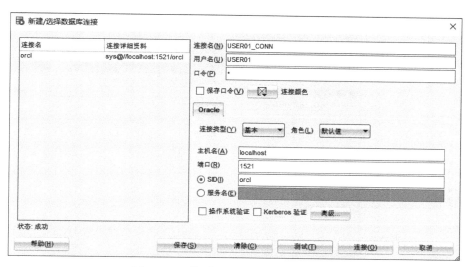

图 16-96 "新建/选择数据库连接"界面

图 16-97 SQL Developer 操作主界面

在图 16-97 中单击连接 USER01_CONN 的"表"对象,可以看到用户 USER01 拥有的数据表。选中 EMP 表,可以查看 EMP 表的列、数据、约束条件等信息,如图 16-98 所示。

右键单击"表"对象,在弹出的快捷菜单中选择"新建表"命令,进入"创建表"界面,如图 16-99 所示。

在图 16-99 中可以创建 STUDENT 表,设定相应的字段、主键等信息。单击"确定"按钮可返回查看表信息界面,此时新建的 STUDENT 表已存在,在左侧的窗体内选中 STUDENT 表,在右侧窗体内出现表的管理选项中可以查看表的字段、插入数据、设定约束等。在右侧窗体内单击"数据"选项,进入数据编辑界面,可以对行数据进行插入、删除、修改

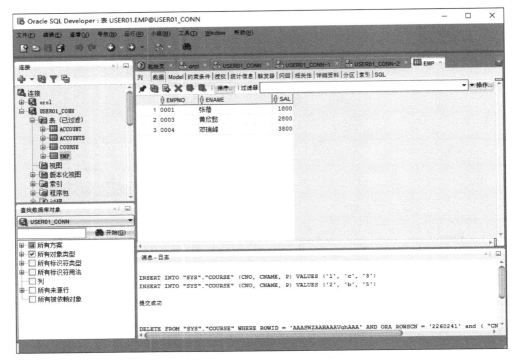

图 16-98　查看表信息界面

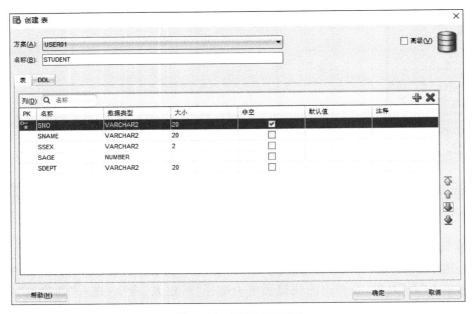

图 16-99　"创建表"界面

操作,如图 16-100 所示。

单击图 16-100 中的 图标,提交更改,可以在右侧窗体的"消息-日志"栏内看到对应的 SQL 语句,如图 16-101 所示。

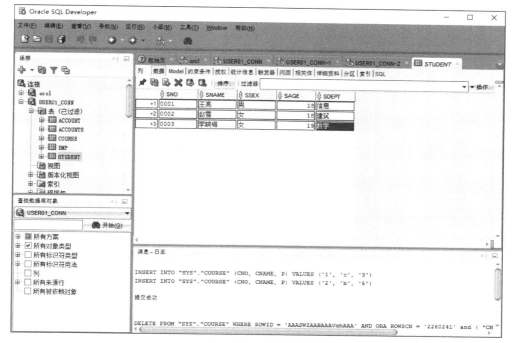

图 16-100　编辑表界面

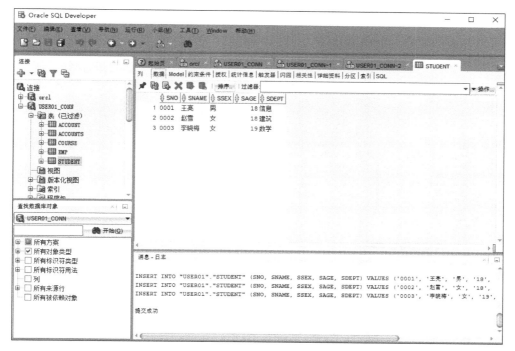

图 16-101　表数据提交界面

当要执行 SQL 命令时，单击 USER01_CONN 连接的 SQL 图标，SQL Developer 界面右边出现交互式 SQL 命令输入区，如图 16-102 所示。在其中输入若干命令后单击"运行语句"图标,在 SQL 命令输入区下方出现执行结果。

图 16-102　SQL 运行语句界面

如果想创建新用户,以 SYSDBA 身份建立连接,可在左侧窗体内右击"其他用户",如图 16-103 所示,在弹出的快捷菜单中选择"创建用户"命令,进入"创建用户"界面,如图 16-104 所示。

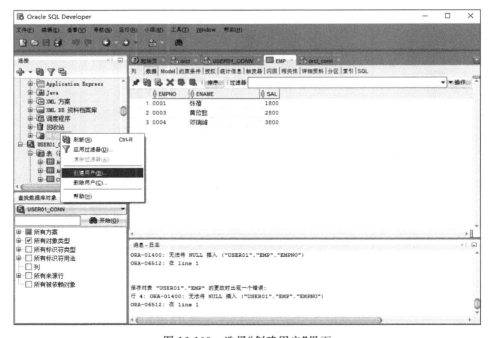

图 16-103　选择"创建用户"界面

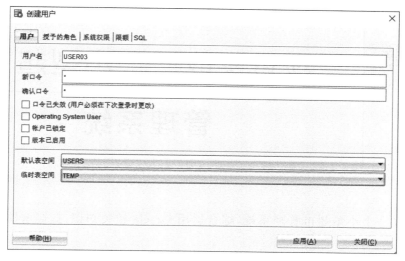

图 16-104 "创建用户"界面

在图 16-104 中设置用户名、口令、表空间、权限、限额等信息，完成用户的创建。

除了以上所介绍的功能外，SQL Developer 还包含许多程序开发和调试的功能，可以选择"帮助"菜单，如图 16-105 所示。

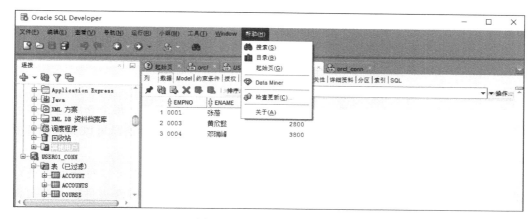

图 16-105 "帮助"菜单界面

第 17 章 项目实战——小型超市管理系统

CHAPTER 17

通过开发一个小型超市管理系统,综合运用 Oracle 相关知识,提高解决实际问题的能力。

17.1 任务与要求

17.1.1 任务描述

(1) 小型超市管理系统中有各种商品的详细信息及其供应关系,以及员工和顾客的详细信息。

(2) 每种商品都有商品名称、商品编号、库存、单价、供应商。

(3) 每名员工都有员工编号、姓名、性别、工资、职务、电话。

(4) 每位顾客都有顾客编号、姓名、电话、地址。

(5) 每种商品可被多个顾客购买,每个顾客可以购买多种商品。每个仓库储存多种商品,每种商品存储在多个仓库中。每个员工可以销售多种商品,每种商品可以被多个员工销售。每个供应商供应多种商品,每种商品被多个供应商供应。

(6) 经理可对所有信息进行插入、查询、修改、删除等操作,员工可以对仓库表进行查询,对储存表、商品表进行查询和修改操作,收银员只能对销售表、顾客表进行查询和修改操作。

17.1.2 设计要求

(1) 实现对所有信息的数据录入、查询、更新、删除。

(2) 能够进行商品销售信息的管理。

(3) 能够进行员工管理。

(4) 设计一个完整的数据库。要求掌握数据库设计的每个步骤;掌握数据设计各阶段的目标和方法;熟练使用 SQL 语言实现数据库以及数据库对象的建立、应用和维护。

17.2 需求分析

17.2.1 数据需求

小型超市管理信息系统需要完成的功能如下：

（1）商品信息的更新、查询，包括商品名称、商品编号、商品库存、商品单价。

（2）员工基本信息的查询、修改、删除，包括员工编号、姓名、性别、职务、工资、电话。

（3）新员工基本信息的插入，包括员工编号、姓名、性别、职务、工资、电话。

（4）新储存信息的输入，包括商品编号、仓库编号、数量、种类。

（5）新供应关系的插入和查询，包括商品编号、供应商编号、数量、日期。

（6）经理对所有员工及商品的添加、删除。

17.2.2 事务需求

（1）在员工信息管理部分，要求：

① 可以查询员工信息。

② 可以对员工信息进行维护，包括添加、删除及修改操作。

（2）在商品信息管理部分，要求：

① 可以查询商品信息。

② 可以对商品信息进行维护，包括添加、删除及修改操作。

（3）在供应商信息管理部分，要求：

① 可以查询供应商信息。

② 可以对供应商信息进行维护，包括添加、删除及修改操作。

（4）在仓库信息管理部分，要求：

① 可以查询仓库信息。

② 可以对仓库信息进行维护，包括添加、删除及修改操作。

（5）在顾客信息管理部分，要求：

① 可以查询顾客信息。

② 可以对顾客信息进行维护，包括添加、删除及修改操作。

17.3 概要设计

根据所要实现的功能设计，建立实体之间的关系，进而实现逻辑结构功能。小型超市管理信息系统可以划分的实体有员工信息实体、仓库信息实体、供应商信息实体、顾客信息实体、商品信息实体。用 E-R 图描述这些实体，如图 17-1 所示。

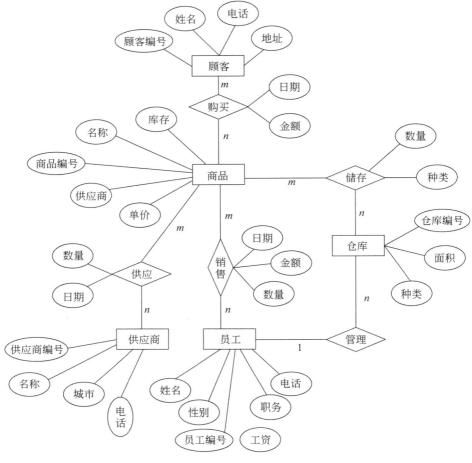

图 17-1　系统 E-R 图

17.4　逻辑设计

根据图 17-1 建立系统的基本表，如表 17-1～表 17-9 所示。

表 17-1　员工信息表

表中列名	数据类型	可否为空	说明
yname	Char(10)	not null	姓名
ynum	Char(10)	not null(主键)	员工编号
ysex	Char(10)	not null	性别
ysalary	Int	not null	工资
yduty	Char(10)	not null	职务
ytel	Int	not null	电话

表 17-2　商品信息表

表中列名	数据类型	可否为空	说明
snum	Char(10)	not null（主键）	商品编号
scount	Char(10)	not null	库存
sname	Char(10)	not null	名称
sprovider	Char(10)	not null	供应商
sprice	Float	not null	单价

表 17-3　供应商信息表

表中列名	数据类型	可否为空	说明
gnum	Char(10)	not null（主键）	供应商编号
gname	Char(10)	not null	名称
gcity	Char(10)	not null	城市
gtel	Int	not null	电话

表 17-4　仓库信息表

表中列名	数据类型	可否为空	说明
cnum	Char(10)	not null（主键）	仓库编号
carea	Char(10)	not null	面积
ckind	Char(10)	not null	种类

表 17-5　顾客信息表

表中列名	数据类型	可否为空	说明
knum	Char(10)	not null（主键）	顾客编号
kname	Char(10)	not null	姓名
ktel	Int	not null	电话
kaddress	Char(10)	not null	地址

表 17-6　购买信息表

表中列名	数据类型	可否为空	说明
snum	Char(10)	not null（主键）	商品编号
knum	Char(10)	not null（主键）	顾客编号
mdate	Char(10)	not null	日期
mmoney	Float	not null	金额

表 17-7　供应信息表

表中列名	数据类型	可否为空	说明
snum	Char(10)	not null（主键）	商品编号
gnum	Char(10)	not null（主键）	供应商编号
gcount	Int	not null	数量
gdate	Char(10)	not null	日期

表 17-8 销售信息表

表中列名	数据类型	可否为空	说明
snum	Char(10)	not null(主键)	商品编号
ynum	Char(10)	not null(主键)	员工编号
xdate	Char(10)	not null	日期
xmoney	Float	not null	金额
xcount	Int	not null	数量

表 17-9 储存信息表

表中列名	数据类型	可否为空	说明
snum	Char(10)	not null(主键)	商品编号
cnum	Char(10)	not null(主键)	仓库编号
rcount	Int	not null	数量
rkind	Char(10)	not null	种类

17.5 物理设计

数据库物理设计阶段的任务是根据具体计算机系统的特点，为给定的数据库模型确定合理的存储结构和存取方法。所谓的"合理"主要有两个含义：一是使设计出的物理数据库占用较少的存储空间；二是对数据库的操作具有尽可能高的速度。确定数据库的存储结构主要是指确定数据的存放位置和存取方法，包括确定关系、索引、日志、备份等的存储安排，适当的存取方法以及确定系统存储参数的配置。

（1）对员工信息表（staff）在 yduty 属性列上建立索引。

```
create index staff_yduty on staff(yduty);
```

（2）对商品信息表（product）在 sprovider 属性列上建立索引。

```
create index product_sprovider on product(sprovider);
```

（3）对供应商信息表（supplier）在 gcity 属性列上建立索引。

```
create index supplier_gcity on supplier (gcity);
```

（4）对仓库信息表（house）在 supplier 属性列上建立索引。

```
create index house_supplier on house(supplier);
```

17.6 数据库建立

17.6.1 创建数据表

1. 员工信息表建立

```
create table staff (
```

```
ynum char(10) primary key,
yname char(10) not null,
ysex char(10) not null,
ysalary int not null,
yduty char(10) not null,
ytel int not null);
```

2. 商品信息表建立

```
create table product (
snum char(10) primary key,
sname char(10) not null,
scount char(10) not null,
sprovider char(10) not null,
sprice float not null);
```

3. 供应商信息表建立

```
create table supplier (
gnum char(10) primary key,
gname char(10) not null,
gcity char(10) not null,
gtel int not null);
```

4. 仓库信息表建立

```
create table house(
cnum char(10) primary key,
carea char(10) not null,
ckind char(10) not null);
```

5. 顾客信息表建立

```
create table customer(
knum char(10) primary key,
kname char(10) not null,
ktel int not null,
kaddress char(10) not null);
```

6. 购买信息表建立

```
create table buy(
snum char(10),
knum char(10),
mdate char(10) not null,
mmoney float not null,
primary key(snum,knum),
foreign key(snum)references product(snum),
foreign key(knum)references customer(knum));
```

7. 供应信息表建立

```
create table provision(
snum char(10),
gnum char(10),
gcount int not null,
gdata char(10) not null,
primary key(snum,gnum),
foreign key(snum)references product(snum),
foreign key(gnum)references supplier(gnum));
```

8. 销售信息表建立

```
create table sale(
snum char(10),
ynum char(10),
xdate char(10) not null,
xmoney float not null,
xcount int not null,
primary key(snum,ynum),
foreign key(snum)references product(snum),
foreign key(ynum)references staff(ynum));
```

9. 存储信息表建立

```
create table save(
snum char(10),
cnum char(10),
rcount int not null,
rkind char(10) not null,
primary key(snum,cnum),
foreign key(snum)references product(snum),
foreign key(cnum)references house(cnum));
```

17.6.2 数据初始化

1. 将员工信息插入表 staff 中

```
insert into staff values('0001','张峰','男',2500,'职员',12301);
insert into staff values('0002','刘奇','男',3500,'职员',12302);
insert into staff values('0003','王娜','女',2000,'经理',12303);
insert into staff values('0004','李薇','女',2500,'职员',12304);
insert into staff values('0005','刘明','男',3000,'收银员',12305);
```

2. 将商品信息插入表 product 中

```
insert into product values('1001','旺仔牛奶','100','旺仔厂家',10);
insert into product values('1002','养乐多','50','养乐多厂家',11);
insert into product values('1003','盼盼小面包','60','盼盼厂家',15);
```

```
insert into product values('1004','大白兔奶糖','20','大白兔厂家',9);
insert into product values('1005','茶派','90','农夫山泉',5);
```

3. 将供应商信息插入表 supplier 中

```
insert into supplier values('2001','旺仔厂家','北京',22301);
insert into supplier values('2002','养乐多厂家','河北',22302);
insert into supplier values('2003','盼盼厂家','上海',22303);
insert into supplier values('2004','大白兔厂家','沈阳',22304);
insert into supplier values('2005','农夫山泉','大连',22305);
```

4. 将仓库信息插入表 house 中

```
insert into house values('3001','200','饮品');
insert into house values('3002','250','糖果');
insert into house values('3003','400','主食');
insert into house values('3004','300','生活用品');
insert into house values('3005','200','膨化食品');
```

5. 将顾客信息插入表 customer 中

```
insert into customer values('4001','刘婷婷',32301,'东港区');
insert into customer values('4002','赵强',32302,'中山区');
insert into customer values('4003','罗晓琪',32303,'甘井子区');
insert into customer values('4004','李晓雪',32304,'沙河口区');
insert into customer values('4005','王军',32305,'金州区');
```

6. 将购买信息插入表 buy 中

```
insert into buy values('1001','4001','10.12',30);
insert into buy values('1002','4002','10.10',22);
insert into buy values('1001','4003','9.30',50);
insert into buy values('1004','4001','11.24',36);
insert into buy values('1003','4005','12.1',15);
```

7. 将供应信息插入表 provision 中

```
insert into provision values('1001','2001',130,'11.20');
insert into provision values('1002','2002',80,'10.28');
insert into provision values('1003','2003',120,'11.12');
insert into provision values('1004','2004',100,'10.24');
insert into provision values('1005','2005',150,'10.18');
```

8. 将销售信息插入表 sale 中

```
insert into sale values('1001','0001','9.15',100,10);
insert into sale values('1002','0002','10.11',55,11);
insert into sale values('1003','0003','9.23',150,15);
insert into sale values('1004','0004','10.28',90,9);
insert into sale values('1005','0005','11.3',100,5);
```

9. 将储存信息插入表 save 中

```
insert into save values('1001','3001',100,'旺仔');
insert into save values('1002','3001',50,'养乐多');
insert into save values('1003','3003',60,'盼盼面包');
insert into save values('1004','3002',20,'大白兔奶糖');
insert into save values('1005','3001',90,'茶派');
```

17.7 数据库用户权限管理

17.7.1 用户权限类型

（1）超级管理员（Manager）即经理拥有所有的权限。
（2）职员可以对仓库表进行查询，对存储表、商品表进行查询和修改。

```
SQL>grant select on house to u1;
SQL>grant select,update on save to u1;
SQL>grant select,update on product to u1;
```

（3）收银员只能对销售表进行查询和修改。

```
SQL>grant select,update on sale to u2;
```

17.7.2 触发器

1. 建立商品表触发器

目的：将 product 表中删除的信息自动备份到 product_one 中，防止 product 表损坏后数据丢失。

通过使用 where 1=2 子句建立数据结构和 product 表一样的备份表 product_one。这里的 1、2 指列的序号，where 1=2 为空集，所以表 product_one 与 product 表结构一样，但数据为空。表 product_one 与 product 表的数据结构一样，保证将 product 的数据成功插入到 product_one 中。

```
SQL>create table product_one as select * from product where 1=2;
Table created.
```

建立触发器 del_product，当 emp 表有数据行被删除时，系统自动将删除记录插入备份表 product_one 中。

```
SQL>create trigger del_product
  2    before delete on product for each row
  3    begin
  4    insert into product_one
  5    values(:old.snum,:old.sname,:old.scount,:old.sprovider,:old.sprice);
  6    end;
  7    /
```

```
trigger created.
SQL>delete product where snum='1001';
1 row deleted.
```
通过查询 product 表、product_one 表验证触发器 del_product 执行结果。
```
SQL>select * from product;

SNUM        SNAME           SCOUNT      SPROVIDER       SPRICE
----------  ------------    ----------  --------------  ---------
1002        养乐多           50          养乐多厂家       11
1003        盼盼小面包       60          盼盼厂家         15
1004        大白兔奶糖       20          大白兔厂家       9
1005        茶派             90          农夫山泉         5


SQL>select * from product_one;

SNUM        SNAME           SCOUNT      SPROVIDER       SPRICE
----------  ------------    ----------  --------------  ---------
1001        旺仔牛奶         100         旺仔厂家         10
```
结果表明：被删除的记录已经成功插入 product_one 表中，通过触发器的设置，能够实现监控对数据库中指定表的 DML 操作。本应用中将删除记录进行了备份。

2. 建立供应商表触发器

目的：将 supplier 表中增加的信息自动备份到 sipplier_one 中，防止 supplier 表损坏后数据丢失。

```
SQL>create table supplier_one as select * from supplier where 1=2;
Table created.
```

建立触发器 ins_supplier，当 supplier 表有数据行插入时，系统自动将插入记录插入备份表 supplier_one 中。

```
SQL>create trigger ins_supplier
  2  before insert on supplier for each row
  3  begin
  4  insert into supplier_one
  5  values(:new.gnum,:new.gname,:new.gcity,:new.gtel);
  6  end;
  7  /
Trigger created.

SQL>insert into supplier values('2008','康师傅','南京',22308);
1 row created.
```

通过查询 supplier 表、supplier_one 表验证触发器 ins_supplier 执行结果。

```
SQL>select * from supplier;
```

```
GNUM        GNAME              GCITY        GTEL
----------  -----------------  -----------  ----------
2001        旺仔厂家            北京          22301
2002        养乐多厂家          河北          22302
2003        盼盼厂家            上海          22303
2004        大白兔厂家          沈阳          22304
2005        农夫山泉            大连          22305
2008        康师傅              南京          22308

6 rows selected.
SQL>select * from supplier_one;
GNUM        GNAME              GCITY        GTEL
----------  -----------------  -----------  ----------
2008        康师傅              南京          22308
```

结果表明：插入到 supplier 表的记录同时成功插入到 supplier_one 表中。本应用中利用触发器将插入记录进行了备份。

参 考 文 献

[1] 李然. Oracle 数据库实验教程[M]. 北京:清华大学出版社,2016.
[2] 何明. Oracle DBA 培训教程:从实践中学习 Oracle 数据库管理与维护[M]. 2版. 北京:清华大学出版社,2009.
[3] 腾永昌. Oracle 10g 数据库系统管理[M]. 北京:机械工业出版社,2005.
[4] 陈俊杰,强彦. 大型数据库 Oracle 实验指导教程[M]. 2版. 北京:科学出版社,2012.